重庆市出版专项资金资助

CHINESE BIRDS ILLUSTRATED

中国鸟类生态大图鉴

郭冬生　　张正旺　◎　主编

重庆大学出版社

内容提要

　　本书收录了我国鸟类1 068种，隶属于24目、99科。书中采用1 438张鸟类图片，主要以图片为主，文字为辅，依据郑光美《中国鸟类分类和分布名录》第二版的分类系统，翔实地展示了每种鸟类的原色生态，真实地反映了鸟类的绚丽色彩、形态特征和自然生态，附有简明扼要的主要分类特征、地理分布和生态习性等相关资料。同时也具有极高的艺术欣赏和收藏价值，是一本兼具科学性和实用性的工具书。

　　本书可供鸟类学、动物学、生态学和生物学专业教师、学生以及农业、林业、环境保护、海关、卫生检疫、航空、野生动物保护专业研究人员、自然爱好者、艺术工作者、摄影爱好者等在工作、学习、欣赏中借鉴参考。

图书在版编目（CIP）数据

中国鸟类生态大图鉴 / 郭冬生，张正旺主编. —重庆：重庆大学出版社，2015.5（2021.5重印）
（好奇心书系. 图鉴系列）
ISBN 978-7-5624-8512-4

Ⅰ.①中…　Ⅱ.①郭…②张…　Ⅲ.①鸟类—中国—图解
Ⅳ.①Q959.7-64

中国版本图书馆CIP数据核字（2014）第187342号

中国鸟类生态大图鉴
ZHONGGUO NIAOLEI SHENGTAI DATUJIAN

郭冬生　张正旺　主编
策　划：鹿角文化工作室
责任编辑：梁　涛　袁文华　　版式设计：周　娟　刘　玲
责任校对：邹　忌　　　　　　　责任印刷：赵　晟

*

重庆大学出版社出版发行
出版人：饶帮华
社址：重庆市沙坪坝区大学城西路21号
邮编：401331
电话：(023) 88617190　88617185（中小学）
传真：(023) 88617186　88617166
网址：http://www.cqup.com.cn
邮箱：fxk@cqup.com.cn（营销中心）
全国新华书店经销
重庆共创印务有限公司印刷

*

开本：889mm×1194mm　1/16　印张：47.75　字数：1192千
2015年5月第1版　　2021年5月第3次印刷
印数：6 001—8 000
ISBN 978-7-5624-8512-4　定价：398.00元

中国鸟类生态大图鉴
Chinese Birds Illustrated

编委会

主　任：张正旺

委　员：（以姓氏笔画为序）

王　宁　冯利民　李元胜　李东来　李建强　张志强

张继达　张巍巍　倪一农　郭冬生　雷维蟠　阚品甲

主　编：郭冬生　张正旺

副主编：雷维蟠　冯利民　阚品甲　倪一农　董江天　朱　英　彭建生　董　磊

编　写：（以姓氏笔画为序）

王鹏程　方　扬　孔祥坤　叶　航　付义强　朱　磊　关　磊　关翔宇　杜　科

李东来　李建强　邱　阳　张宇红　张志强　张建志　倪一农　郭冬生　黄　秦

常雅婧　蒋爱伍　韩　冬　雷维蟠　阚品甲　蔡　益

摄影者：（以照片在书中出现先后为序）

司　晨　董文晓　冯利民　荚长斌　郭冬生　王春芳　董　磊　朱　英　彭建生

孙华金　潘思佳　萧世辉　董江天　王瑞卿　张　明　王晓刚　黎　宏　高云飞

戴美杰　肖克坚　薄顺奇　宋　晔　谭文奇　韩　奔　韦　铭　王　剑　孙　驰

韩　冬　巫嘉伟　王　勇　林宏儒　刘佩琦　邢　睿　阚品甲　黄耀华　王海滨

黄　徐　张继达　胡伟宁　丁进清　唐　军　张正学　张巍巍　顾伯健　戴　波

邓建新　雍严格　李若晗　周华明　罗爱东　李朝红　傅　聪　童巧玲　张　岩

黄　秦　宋　杰　向定乾　李　东　谢志伟　王　宁　倪一农　李　飏　夏　乡

雷维蟠　徐康平　范　毅　张建国

策　划：　鹿角文化工作室

北京自然向导科普传播中心

中国鸟类生态大图鉴
CHINESE BIRDS ILLUSTRATED

序

　　鸟类是动物界中一个十分重要的类群，它种类繁多，是生态系统物种多样性的重要组成部分。与鸟类为伍多年，一直想把图片集成图鉴，几经努力成册，奉献给广大读者。本图鉴收录我国鸟类1 068种，隶属于24目、99科，采用1 438张鸟类图片。主要以图片为主，文字为辅，编排上依循郑光美先生的《中国鸟类分类和分布名录》第二版的分类系统，翔实地展示每种鸟类的原色生态，真实地反映了鸟类的绚丽色彩、形态特征和自然生态。依图直探本源，将鸟类真实的细节呈现给您，它是一本兼具科学性和实用性的工具书，让您以最轻松的姿态、最短的时间来研读鸟类世界。

　　这本书权且是鸟类的收容所，也可以堪称候鸟的驿站，囊尽南来北往的候鸟在此驻足、栖息。在这里，您眼看到大自然的造化，或许还能依稀听到大自然的回声。且看且听那盘冲天际的鹰隼，纵横云月的雁阵，游弋浮萍的凫鸭，探寻沙洲的鸻鹬，击水寻鱼的鸥鸟，放歌高枝的鹛莺，七彩叠翠的雉鸡，窜跳篱笆的黄雀，唤人娇腻的鹦哥，穿堂入庐的轻燕。扶疏茂密，水清如镜，为鸟国鸟家，以天地为囿，见其扬翚振彩，候往候来，各适其天。

　　您能成为本书的读者，分享我们的信息资源，就说明您认同我们，有共同的愿望，能一起跨域、跨界或跨洋欣赏、研究和爱护鸟类。翻开这部书，目之所及，您看到什么，就获得什么，可以无师自通，有助于您冲破固有的鸟类辨识堡垒，能对每种鸟专有特征高度敏感，把握至过目不忘，修炼到熟烂于心的程度，迅速领略鸟类与环境的关系。也会给您开启一个新的选择天地，去拜访、欣赏、感受自然的节律和美丽。也正如打开了鸟的翅膀，让它美丽的翅引领您以窄见宽，稳步拓展自己视野，到未知世界去翱翔。无论怎样，虽然我们的方法不一样，但目的只有一个，即读懂我们的大自然。不识雎鸠，安知河洲之趣；不知鹿，安知食苹之趣。希望国人由此喜鸟，相习永远。

　　要感谢摄影者们，是他们对鸟类的热爱与执着，慕其影，驱使他们携镜带灯，面对烈日蒸烤，朔漠寒袭，登山越岭，跨江渡海，长途奔波追踪，像往来的雁一样，北走胡，南走越，纵横诸邦。为追逐鸟类，风餐露宿，长时间龟缩在伪装网下寂寞苦候，不辞辛劳，无怨无悔。用镜头捕捉到鸟类和自然环境的精彩画面，呈现给我们。付梓是对他们的最好回报。

同时也要感谢编辑们，没有他们的辛劳，这本图鉴难以完成。更要点赞出版社连续出版一系列的生态图鉴，引领人们认识身边的生物多样性，仅以鸟类这个生态系统中的气压计，依据它们数量的消长，推测整个生态系统里的其他生物也会有同样的变化，揪心地看到它们生存空间变得越来越小，继而开始思考周围环境演替变迁以及如何保护。让我们这一世界的管理员，在改善人类对待自然的态度上，从此有了一份责任心，并付诸实际行动，促使人们改变对待世界的方式。

由于作者水平有限，时间仓促，疏漏及错误之处在所难免，尚祈各位读者、专家和朋友不吝指正，以便再版时加以改正，至为铭感。

编者

2014年12月1日

2

目 录 *Contents*

3

5

中国动物地理与鸟类分布

ZOO GEOGRAPHY OF CHINA AND DISTRIBUTION OF BIRDS

自然地理环境是由地貌、气候、水文、土壤和生存于其中的植物、动物等要素组成的复杂系统。在这个系统中,各组成要素之间相互影响、彼此制约、不断地变化和发展。动物地理学是把动物学的内容,用自然地理学的观点来研究的一门科学(张荣祖,2011),主要研究内容是依据动物分类学的成果,探讨各个类群地理分布的普遍规律,从而为生物多样性保护、动物资源的合理利用以及有害动物的危害防治提出理论依据。由于生物类群的分类地位多有变动和争议,因而只有在某一个时期内,分类学研究中最有成效的类群更适于动物地理学的研究。在现有各类动物中,鸟类的研究最为深入,其分类地位相对比较清楚。因此,现在广泛应用的世界动物地理区划即是以分类体系相对完整和稳定的鸟类为依据,结合哺乳类和昆虫等动物类群所划分的。

中国鸟类生态大图鉴
CHINESE BIRDS ILLUSTRATED

【世界动物地理区划简介】

　　动物地理区划是一种规范化的地理标准，是动物地理学研究成果的重要展现形式，反映了动物分布的普遍规律，具有很高的实用性（张荣祖，2011）。自18世纪开始，科学家和探险家就已经意识到，各个生物类群的地理分布常与一定的地理区域相适应，从而提出了生物地理区划的概念。此后陆续提出了几十种区划方案，至今仍争论不休。一般来说，由Wallace（1876）根据脊椎动物，尤其是鸟类和部分昆虫的现代分布格局来划分的世界动物地理界，已被大多数人认可，至今仍是描述全球动物分布格局的基础。

　　世界动物（陆地）地理区划通常划分为7个主要地区（界），即古北界、新北界、埃塞俄比亚界（旧热带界）、东洋界、新热带界、澳洲界（大洋洲界）和南极洲界。动物地理界之间大都存在动物分布的自然屏障，如大陆的边界、巨大的山脉和沙漠等。界线的形成和变迁与大陆漂移、地形改变以及同步发生的气候变化密切相关。

红腹锦鸡
司晨 摄

　　古北界：以欧亚大陆为主，包括整个欧洲，喜马拉雅山脉至秦岭以北的亚洲，以及北回归线以北的非洲和阿拉伯半岛，是世界7个地理界中面积最大的。古北界面积广阔，以森林和草原为主，并具有大面积的干旱、高寒地区。在历史上曾广泛受到冰期的影响，动物种类相对较少；该界与新北界、旧热带界和东洋界相邻，边缘地带具有混杂的动物区系成分。全界约有14目、58科、288属、937种繁殖鸟，近半数为雀形目鸟类。其具代表性的鸟类有：花尾榛鸡*Bonasa bonasia*、柳雷鸟*Lagopus lagopus*、鹊鸭*Bucephala clangula*、红嘴鸥*Larus ridibundus*、黑枕黄鹂*Oriolus chinensis*、松鸦*Garrulus glandarius*、大山雀*Parus major*、云雀*Alauda arvensis*等。

新北界：以北美洲为主，包括美国、加拿大、格陵兰和中美洲北回归线以北的地区。大部分地区位于温带和寒带，以森林和草原为主。历史上曾多次因白令海峡的连接与古北界相通，常与古北界合称为全北界，在区系成分上具有很多相似之处。全界约有15目、52科、302属、732种繁殖鸟，有许多水鸟，是鸟类种数最少的地理区。本区域代表性的鸟类有：山齿鹑*Colinus virginianus*、加拿大黑雁*Branta canadensis*、沙丘鹤*Grus canadensis*、白头海雕*Haliaeetus leucocephalus*、红头拟鹂*Icterus pustulatus*、主红雀*Cardinalis cardinalis*、歌带鹀*Melospiza melodia*等。

埃塞俄比亚界（旧热带界）：主要包括撒哈拉沙漠以南的非洲大陆和马达加斯加岛，是面积最大的热带动物区。与东洋界和新热带界相比，本区域的气候更加干旱。以适应旱季与雨季交替更迭的热带稀疏草原为主要植被类型，也分布有大面积的热带雨林。其中马达加斯加岛很早就与非洲大陆分离，在动物区系上具有很多特殊之处，有时也被单独分为马达加斯加界。全界约有19目、75科、473属、1 950种繁殖鸟，冬季有大量古北界迁徙鸟类进入。本区域代表性的鸟类有：非洲鸵鸟*Struthio camelus*、珠鸡*Numida meleagris*、锤头鹳*Scopus umbretta*、小歌鹰*Micronisus gabar*、灰冕鹤*Balearica regulorum*、紫蕉鹃*Musophaga violacea*、蓝头蜂虎*Merops muelleri*、斑尾弯嘴犀鸟*Tockus fasciatus*、马岛寿带*Terpsiphone mutata*、红顶缝叶莺*Orthotomus metopias*等。

东洋界：主要包括东南亚和南亚，东达华莱士线的地区，分别与古北界和大洋洲界相邻。是一个以热带森林为主、湿地丰富、岛屿众多的热带动物区。本区域所包含的陆地在远古时期分属劳亚古陆和冈瓦纳古陆，随着大陆的连接，动物区系成分逐渐融合。在冰期时所受影响较小，动物的分布格局在较长的历史时期比较稳定。虽然本区域特有的动物类群比较少，但却是许多类群的分布中心。全界约有17目、73科、431属、1 697种繁殖鸟，雉科鸟类最具代表性。本区域代表性的鸟类有：红腹锦鸡*Chrysolophus pictus*、白鹇*Lophura nycthemera*、凤头鹰*Accipiter trivirgatus*、钳嘴鹳*Anastomus oscitans*、蓝喉蜂虎*Merops viridis*、红嘴相思鸟*Leiothrix lutea*、画眉*Garrulax canorus*、寿带*Terpsiphone paradisi*、纯色啄花鸟*Dicaeum concolor*、橙腹叶鹎*Chloropsis hardwickii*、烟腹毛脚燕*Delichon dasypus*和黄颊山雀*Parus spilonotus*等。

新热带界：涵盖整个南美洲以及中美洲北回归线以南的地区，大体相当于拉丁美洲的范围。本区域拥有世界上面积最大的热带雨林，同时有大面积的热带草原和横亘南北的安第斯山脉，生态环境多样，是世界上生物多样性最丰富的区域。原属于冈瓦纳古陆，经历了长时间的与世隔绝和独立演化的过程，此后陆续有一些动物类群从非洲和北美洲扩散过来，形成了现今复杂多样的动物区系组成。全界约有18目、71科、893属、3 370种繁殖鸟，本区域拥有世界上种类最多的鸟类，特有类群的数目也冠绝全球。代表性的鸟类类群有：美洲鸵鸟科Rheidae、凤冠雉科Cracidae、叫鹤科Cariamidae、巨嘴鸟科Ramphastidae、灶鸟科Furnariidae、鸸雀科Dendrocolaptidae、蚁䴗科Thamnophilidae、蚁鸫科Formicariidae、窜鸟科Rhinocryptidae、伞鸟科Cotingidae、娇鹟科Pipridae、霸鹟科Tyrannidae、裸鼻雀科Thraupidae、美洲雀科Cardinalidae、拟鹂科Icteridae等。

澳洲界（大洋洲界）：主要包括澳大利亚、新几内亚岛以及大洋洲的岛屿，与东洋界以华莱士线为分界线，区系间相互渗透的程度较高，同时各自保存了大量的特有类群。本区域的中心是澳洲大陆和新几内亚岛，两者曾长期连接在一起，动物区系组成相似。具有随着地理连接的消失和气候趋漠的多种景观。全界约有16目、73科、457属、1 592种繁殖鸟，本区域形成了许多特有类群。而新西兰岛与各大陆长期分离，保存了许多古老的动物类群。本区域代表性的鸟类类群有：鸸鹋科Dromaiidae、几维目Apterygiformes、塚雉科Megapodiidae、玫瑰鹦鹉Platycercus sp.、薮鸟科Atrichornithidae、琴鸟科Menuridae、刺鹩科Acanthisittidae、啸鹟科Pachycephalidae、刺尾鸫科Orthonychidae、细尾鹩莺科Maluridae、刺嘴莺科Acanthizidae、吸蜜鸟科Meliphagidae、极乐鸟科Paradisaeidae和园丁鸟科Ptilonorhynchidae等。

南极洲界：包括南极洲及附近岛屿，位于南纬50°以南，是动物地理界中面积最小的一个区域。本区域平均海拔较高，达2 350 m，气候严酷，常有暴风雪，超过90%的面积常年被冰雪覆盖。由于恶劣的气候条件和单一的生态环境，本区域的物种组成非常简单，大都具有很强的抗寒能力。代表性的鸟类有：帝企鹅Aptenodytes forsteri、阿德利企鹅Pygoscelis adeliae、阿岛信天翁Diomedea amsterdamensis、雪鹱Pagodroma nivea、灰背海燕Garrodia nereis、南极鸬鹚Phalacrocorax bransfieldensis、鞘嘴鸥科Chionididae、南极燕鸥Sterna vittata和南极鹨Anthus antarcticus等。

我国地处亚欧大陆，幅员辽阔，地形、地貌复杂，气候条件多样。地势由东至西呈阶梯式上升，平均海拔从不足100 m的华北平原和长江中下游平原，跨越至平均海拔超过4 000 m的世界屋脊——青藏高原。气候从南到北迥然不同，历经热带、亚热带、暖温带、寒温带4个气候带，涵盖了从高原到盆地，从荒漠到森林等多种生境，奠定了中国生物多样性丰富的生态基础。我国目前已记录的鸟类有1 371种，丰富的环境和复杂的气候条件塑造了我国鸟类分布的多样化格局。随着近年来区系调查研究和观鸟活动的蓬勃发展，对我国鸟类分布格局的认识也在逐步加深。

【中国动物地理区的划分】

　　我国动物地理区划的研究始于20世纪50年代。自郑作新（1959）首次提出"中国动物地理区划与中国昆虫地理区划"以来，历经多次修订，目前普遍认同我国的动物区系涵盖了古北界和东洋界2界，进一步可划分为3个亚界、7个区和19个亚区（张荣祖，1998；2011）。

界	亚界	区	亚区	主要植被和环境特点
古北界	东北亚界	东北区	大兴安岭亚区	寒温带针叶林（湿润地区）
			长白山亚区	温带针阔叶混交林（湿润地区）
			松辽平原亚区	温带森林草原、草地草原（半湿润地区）
		华北区	黄淮平原亚区	温带落叶阔叶林和森林草原（半湿润地区）
			黄土高原亚区	温带落叶阔叶林和森林草原（半干旱地区）
	中亚亚界	蒙新区	东部草原亚区	温带干草原（半干旱地区）
			西部荒漠亚区	温带荒漠与半荒漠（干旱地区）
			天山山地亚区	温带山地森林与森林草原（半干旱、半湿润）
		青藏区	羌塘高原亚区	高山草甸草原与高寒荒漠（干旱、半干旱）
			青海藏南亚区	高山森林、草甸与草原（半干旱、半湿润）
东洋界	中印亚界	西南区	西南山地亚区	高山草甸与山地森林
			喜马拉雅亚区	高山草甸与山地森林
		华中区	东部丘陵平原亚区	亚热带阔叶林（湿润地区）
			西部山地高原亚区	亚热带阔叶林（湿润地区）
		华南区	闽广沿海亚区	亚热带常绿阔叶林和热带季雨林
			滇南山地亚区	热带季雨林
			海南岛亚区	热带季雨林
			台湾亚区	热带季雨林和山地亚热带常绿阔叶林
			南海诸岛亚区	热带海洋性岛屿森林

中国动物地理区划

仿张荣祖，2011

大鸨

司晨 摄

我国古北界鸟类的分布特点

我国是古北界动物区系最丰富的国家。这与我国所受冰期的影响较小，以及古地质、古气候历史导致的生态环境分化有关。古北界在我国可下分为两个亚界：东北亚界与中亚亚界。

东北亚界

本亚界包括我国的东北地区和华北地区，大体上位于季风区的北部。具有四季交替明显和雨热同期的特点，以温带森林和草原为主。下分为两个区：东北区和华北区。

东北区

本区大多属于寒温带，包括大、小兴安岭，长白山地，辽河平原和三江平原。气候寒冷而湿润。下分为大兴安岭、长白山和松辽平原3个亚区。

松雀
董文晓 摄

大兴安岭亚区

本亚区包括大兴安岭和小兴安岭，呈南北走向，是蒙古高原与松辽平原的分界岭，同时也是季风区与非季风区、半湿润区和半干旱区、森林带与草原带以及种植业与畜牧业的分界带。该地区冬季寒冷而漫长，夏季温暖而短暂，气候条件较为严酷。山峦起伏，森林茂密，是我国重要的林业基地。本亚区植被以寒温带针叶林（泰加林）为主，优势种为兴安落叶松，常与桦树、山杨和蒙古栎等落叶阔叶树混生。野生动物资源丰富，主要由古北型和东北型的动物类群组成，兼有少量的东洋型广布的物种。由于气候寒冷，本地区的鸟类多具有适应寒冷的生态特征。代表性的物种有：黑嘴松鸡*Tetrao parvirostris*、黑琴鸡*Lyrurus tetrix*、雪鸮*Bubo scandiacus*、黑啄木鸟*Dryocopus martius*、北噪鸦*Perisoreus infaustus*、松雀*Pinicola enucleator*、红交嘴雀*Loxia curvirostra*和白头鹀*Emberiza leucocephalos*等。

长白山亚区

本亚区包括自小兴安岭以南至长白山山区。与大兴安岭亚区相比，气候较温暖、湿润，冬季较短而夏季温度较高。本亚区现存大面积的温带森林，以红松为主的针阔混交林是其中面积最大的植被类型。植被覆盖度高，同时具有较大的海拔跨度，生态环境类型丰富。动物物种多样性较高，以东北型成分为主，也是一些南方区系物种分布区的北界。本亚区具代表性的鸟类物种有：中华秋沙鸭 Mergus squamatus、花尾榛鸡 Bonasa bonasia、三趾啄木鸟 Picoides tridactylus、日本松雀鹰 Accipiter gularis、领角鸮 Otus lettia、极北柳莺 Phylloscopus borealis、鹪鹩 Troglodytes troglodytes、红胁蓝尾鸲 Tarsiger cyanurus 和黑尾蜡嘴雀 Eophona migratoria 等。其中夏候鸟所占比例较大。

花尾榛鸡

冯利民 摄

松辽平原亚区

本亚区包括东北平原及其外围的山麓地带，由森林草原、草甸草原、河湖湿地和农耕地等组成，土地肥沃、地势平坦、气候适宜，是我国重要的农作物产区。原始的自然景观为森林草原，由于长期的农业开发，导致生境类型和景观特征发生了较大改变，农田动物群在本亚区有较大范围的分布。同时，本亚区西部与干草原地带相邻，还有局部的沙化现象，部分蒙新区的物种大规模深入，形成了东北区与蒙新区的过渡带。总

丹顶鹤

芙长斌 摄

体上本亚区的动物区系是大兴安岭亚区和长白山亚区的贫乏化。代表性的鸟类物种有：丹顶鹤*Grus japonensis*、白骨顶*Fulica atra*、戴胜*Upupa epops*、松鸦*Garrulus glandarius*、灰椋鸟*Sturnus cineraceus*和栗斑腹鹀*Emberiza jankowskii*等。

华北区

本区位于古北界的东南部，北邻蒙新区和东北区，南至秦岭-淮河一线，包括黄土高原、太行山脉、燕山山脉、华北平原和黄淮平原等。属暖温带大陆性季风气候。地形地貌多样，植被类型丰富，主要是以栎树和松树为优势种的次生林，并广泛分布有灌草丛和农田。动物类群以次生的森林草原动物群和农田动物群为主。本区既是南、北动物区系，也是季风区与非季风区动物相互混杂的地带，具有明显的相互渗透现现象。下分为黄淮平原、黄土高原两个亚区。

黄淮平原亚区

本亚区包括淮河以北、燕山以南，西抵伏牛山、太行山，东临海岸线的广大地区。以平原为主，间有丘陵山地。景观以农耕地为主，同时汇聚了若干大型和特大型城市，是我国重要的粮食产区和经济活动高度集中的区域。动物区系较贫乏，优势物种多为适应于农田生境及山地次生林的种类。迁徙的候鸟在本区域的鸟类区系中占有重要地位，其中旅鸟物种数占本亚区全部鸟类的54%，为全国之最（张荣祖，2011）。因此，不同季节的鸟类优势种存在动态变化。代表性的鸟类有：绿头鸭*Anas platyrhynchos*、大杜鹃*Cuculus canorus*、灰喜鹊*Cyanopica cyanus*、家燕*Hirundo rustica*、棕扇尾莺*Cisticola juncidis*、麻雀*Passer montanus*和金翅雀*Carduelis sinica*等。

黄土高原亚区

本亚区包括山西、陕西和甘肃南部的黄土高原，以及太行山和燕山山脉。西接青藏高原，东邻华北平原，北起内蒙古高原，南至秦岭，具有明显的过渡区特点。本区域是世界上最大的黄土堆积区，地表沟壑纵横，水土流失严重。属暖温带大陆性季风气候，自东至西逐渐由半湿润地区向半干旱地区过渡。本区域几乎全为山地，垂直带丰富。历经长期的农耕开垦，现生植被以次生阔叶林和针阔混交林为主。在动物区系的组成上，自北扩散而来的中

金翅雀
郭冬生 摄

斑翅山鹑

王春芳 摄

亚型与自南扩散而来的喜马拉雅-横断山区型所占比例较高。代表性的鸟类物种有: 褐马鸡*Crossoptilon mantchuricum*、斑翅山鹑*Perdix dauurica*、红嘴山鸦*Pyrrhocorax pyrrhocorax*、山鹛*Rhopophilus pekinensis*、山噪鹛*Garrulax davidi*、褐头鸫*Turdus feae*、绿背姬鹟*Ficedula elisae*、黄腹山雀*Parus venustulus*、黑头鸭*Sitta villosa*、领岩鹨*Prunella collaris*和三道眉草鹀*Emberiza cioides*等。

中亚亚界

本亚界是我国包括大兴安岭以西, 喜马拉雅-横断山脉和华北区以北的广大地区, 涵盖了世界屋脊——青藏高原以及内蒙古高原、塔里木盆地、准噶尔盆地、天山山脉等以草原和荒漠为主的生态景观。属于典型的温带大陆性气候, 以半干旱地区为主, 地广人稀, 环境类型多样, 分布于此区域的动物类群大都有适应于极端环境 (干旱、寒冷) 的生态特征。在动物区系组成上, 主要为中亚型, 其次是北方型和高地型。在一些水热条件良好的"绿岛"地区仍存在森林生境, 吸引了一些适应于暖湿条件的候鸟分布于此。本亚界在我国下分为蒙新区和青藏区。

蒙新区

本区包括内蒙古鄂尔多斯高原、河西走廊、塔里木、柴达木、准噶尔等盆地和天山、阿尔泰山地, 多为典型的荒漠和草原地带, 在天山和阿尔泰山保存有发育良好的森林。动物区系组成上, 东部草原和西部荒漠的区系分化比较明显, 总体上以中亚型和北方型居多, 南方型几乎完全缺失。其中阿尔泰山在动物区系上属于欧洲-西伯利亚亚界, 在我国仅是南缘的小面积山地, 从地缘连接和生态系统组成相似性出发, 将我国的阿尔泰山区域划为中亚亚界的蒙新区, 但是也要注意到此区域动物群落与欧洲-西伯利亚亚界的特殊关系。本区下分为东部草原亚区、西部荒漠亚区和天山山地亚区。

东部草原亚区

本亚区东起大兴安岭南端和内蒙古高原东缘, 西达草原与半荒漠地区的分界线, 大约相当于二连浩特至银川一线, 涵盖了内蒙古高原的东部, 是我国重要的天然牧场。地形平坦, 平均海拔约1 000 m。自然环境比较单一, 冬季漫长, 生长季短, 春季较干旱, 日气温变化幅度大。植被以针茅、羊草、芨芨草和蒿属物种为主, 景观开阔。本亚区动物区系主要由中亚型的东部成分所组成, 鸟类的种类和数量不多, 但分布广泛, 是一些夏候鸟的重要繁殖地。代表性的鸟类有: 大鸨*Otis tarda*、疣鼻天鹅*Cygnus olor*、毛腿沙鸡*Syrrhaptes paradoxus*、草原雕*Aquila nipalensis*、云雀*Alauda arvensis*、角百灵*Eremophila alpestris*、蒙古百灵*Melanocorypha mongolica*和石雀*Petronia petronia*等。

云雀
董磊 摄

西部荒漠亚区

本亚区包括内蒙古高原西部的鄂尔多斯和阿拉善地区，以及塔里木、柴达木和准噶尔等盆地。分布有大面积的沙丘、荒漠和盐碱滩，景色荒凉。仅在河湖湿地和冰雪融水区域分布有少数的绿洲。植被多耐旱，主要有梭梭、骆驼刺、柽柳、麻黄和锦鸡儿等旱生灌木。动物区系组成上，以北方型和中亚型的动物类群为主，普遍具有适应干旱环境的形态、生理和行为特征。代表性的鸟类有：沙䳭*Oenanthe isabellina*、白顶䳭*Oenanthe pleschanka*、凤头百灵*Galerida cristata*、黑百灵*Melanocorypha yeltoniensis*、短趾百灵*Calandrella cheleensis*、荒漠林莺*Sylvia nana*、

黑顶麻雀*Passer ammodendri*、白尾地鸦*Podoces biddulphi*等。在绿洲中常可见到戴胜*Upupa epops*、凤头䴙䴘*Podiceps cristatus*、白鹡鸰*Motacilla alba*和红尾伯劳*Lanius cristatus*等鸟类。

天山山地亚区

本亚区主要包括天山山脉和阿尔泰山地区。具鲜明的大陆性气候，相比荒漠区比较湿润，冬夏季气温趋于极值，昼夜温差大。海拔梯度大，天池所在的博格达峰海拔5 445 m，最高峰托木尔峰海拔7 439 m，最低处的吐鲁番盆地平均海拔不足100 m。整体上呈现南高北低，中间高两端低的趋势。雪线高度在3 500 m以上，发育有大量冰川，是我国西北内陆地区的重要水源。森林资源丰富，是我国重要的牧区，风景壮丽。垂直气候带丰富，生态环境多样。植被以针叶林为主，间有山地草原和高山草甸。动物区系组成上，北方型和中亚型占主要成分，高地型的比例也较大。代表性的鸟类有：白头硬尾鸭*Oxyura leucocephala*、暗腹雪鸡*Tetraogallus himalayensis*、星鸦*Nucifraga caryocatactes*、灰蓝山雀*Parus cyanus*、欧亚旋木雀*Certhia familiaris*、花彩雀莺*Leptopoecile sophiae*、白斑翅雪雀*Montifringilla nivalis*、金额丝雀*Serinus pusillus*和红额金翅雀*Carduelis carduelis*等。

青藏区

本区包括青海、西藏和四川西部，涵盖了全部青藏高原的范围。东起横断山脉北段，南达喜马拉雅山脉，北至昆仑山、阿尔金山和祁连山，西抵帕米尔高原，平均海拔

4 500 m以上，被称为"世界屋脊"，是世界上最高的高原，也是长江、黄河、澜沧江等亚洲诸条大河的发源地，占我国国土面积的1/4。在漫长的地质发育与自然演替的过程中，青藏高原不仅形成了广泛的高寒草原与草甸生态系统，还兼有荒漠、湿地和森林等多种类型的生境，蕴育了绚丽多姿的自然景观和丰富独特的生物多样性。由于海拔较高，空气中含氧量低，降水少，太阳辐射强，气温偏低，形成了特有的高原气候。在动物区系组成上，主要由高地森林-草原和寒漠动物群占据，大多数为高地型。下分为羌塘高原亚区和青海藏南亚区。

羌塘高原亚区

本亚区包括冈底斯山、念青唐古拉山、昆仑山和可可西里山脉组成的"羌塘高原"，并包括喜马拉雅山脉及北麓高原，平均海拔近5 000 m。本区域是我国最大的内流区，分布有众多湖泊和沼泽。气候寒冷而干燥，气温变化大，年平均气温大都在0 ℃以下。生活在这里的动物普遍对高寒、干旱和缺氧的环境具有适应性的生态特征。而自东南向西北，植被由高山荒漠草原转为高山寒漠，气候条件愈加严酷，动物区系也随之贫乏化。主要是以青藏高原特有种为代表的高山型成分。代表性的鸟类有：藏雪鸡*Tetraogallus tibetanus*、赤麻鸭*Tadorna ferruginea*、黑颈鹤*Grus nigricollis*、斑头雁*Anser indicus*、西藏毛腿沙鸡*Syrrhaptes tibetanus*、棕头鸥*Larus brunnicephalus*、地山雀*Pseudopodoces humilis*、棕背雪雀*Pyrgilauda blanfordi*、白腰雪雀*Onychostruthus taczanowskii*等。

斑头雁
彭建生 摄

青海藏南亚区

本亚区包括北起祁连山，南至喜马拉雅山脉中段和东段的高山区，处于青藏高原的东南边缘，地形复杂，河谷切入高原，受印度洋南来暖湿气流的影响较大，具备显著的垂直梯度，气候随海拔降低而逐渐温暖潮湿。高海拔的山地森林以针叶林为主，下部以针阔混交林和落叶阔叶林为主。同时，在高山带分布有杜鹃灌丛和高山草甸，形成亚高山森林和草原景观。山地森林动物群和草原动物群相互混杂和渗透。由于本地区地形复杂，形成了许多环境适宜的小生境，成为第四纪冰期时重要的动植物避难所。本亚区的鸟类物种较多，尤其是一些青藏高原的特有种在此区域分布，同时与横断山区和南亚地区接壤的边缘地带，为东洋界鸟类向本亚区的扩散提供了便利的通道。代表性的鸟类物种有：红喉雉鹑*Tetraophasis obscurus*、白马鸡*Crossoptilon crossoptilon*、血雉*Ithaginis cruentus*、斑尾榛鸡*Bonasa sewerzowi*、黑额山噪鹛*Garrulax sukatschewi*、灰腹噪鹛*Garrulax henrici*、甘肃柳莺*Phylloscopus kansuensis*、灰冠鸦雀*Paradoxornis przewalskii*、藏鹀*Emberiza koslowi*、朱鹀*Urocynchramus pylzowi*、藏雀*Kozlowia roborowskii*、黑头金翅雀*Carduelis ambigua*等。

血雉
董磊 摄

我国东洋界鸟类的分布特点

东洋界在我国范围内都属中印亚界。动物区系主要由东南亚热带-亚热带分布型，南中国型和喜马拉雅-横断山型组成，后两个分布型是东洋界特有的地区性成分。全北型和古北型成分由北向南逐渐减少。东洋界在我国西部由于喜马拉雅山脉的阻隔，与古北界之间界限清晰。而东部以丘陵山地和平原与古北界相连，缺少大的屏障的阻碍作用，两大区系间存在广泛的过渡和混杂，但两者成分优势的转换在秦岭-淮河一带存在明显分野。

西南区

本区包括四川西部、西藏东南部、青海与甘肃南缘、云南北部横断山区以及喜马拉雅山南坡针叶林带以下的山地。本区海拔跨度大，地形复杂，众多山脉南北并列，相互夹峙，气势磅礴。与此相适应，本区动物的分布也以明显的垂直梯度和季节性的垂直迁移为特征。在动物区系组成上，以喜马拉雅-横断山分布型和东洋型（热带亚热带）的种类为主。第四纪气候变化过程中，本区未出现大面积的冰盖，当冰期与间冰期交替发生时，冰川的进退只引起自然带的垂直位移，而且这种位移的尺度较小。在低海拔的河谷地区，气候温暖，主要景观带在冰期时也没有发生明显变化，为动植物提供了重要的避难所，为物种的隔离分化创造了条件。本区分为西南山地亚区和喜马拉雅亚区。

西南山地亚区

本亚区南起云南高黎贡山，北达四川甘孜、阿坝地区。高黎贡山和横断山脉的三江并流区域分布有很多南北走向的深切河谷，山地自然垂直分布明显，是南方暖湿气流北上的重要通道，对本亚区的气候和植被分布具有重要作用，为南北方动物的交流提供了重要的通道。地形上呈三度空间的变化，并随不同的地理位置、海拔和坡向而变化，情况比较复杂。本区域生境多样，既有低海拔的干热河谷，也有丰富的暖温带阔叶林，到高海拔地区则转换为针叶林和高山草甸。因此，古北区的种类可见于高海拔区域，东洋界的种类则广泛分布于较

⬆
绿尾虹雉
董磊 摄

⬇
红眉朱雀
董磊 摄

低海拔，动物区系组成相当复杂。本亚区是大熊猫、小熊猫和羚牛等极具特色的动物产地，也是我国生物多样性的热点地区之一。代表性的鸟类有：绿尾虹雉 *Lophophorus lhuysii*、四川山鹧鸪 *Arborophila rufipectus*、白腹锦鸡 *Chrysolophus amherstiae*、灰胸薮鹛 *Liocichla omeiensis*、火尾绿鹛 *Myzornis pyrrhoura*、斑背噪鹛 *Garrulax lunulatus*、火尾太阳鸟 *Aethopyga ignicauda* 等。

喜马拉雅亚区

本亚区包括喜马拉雅山脉南坡和波密-察隅一线针叶林带以下的山地。海拔梯度大，环境因子的垂直梯度效应比西南山地亚区更为显著。环境的多样性塑造了复杂的植被格局，动物区系组成上也具有明显的垂直分布带：古北界种类主要分布在高山带，喜马拉雅-横断山型主要分布于亚高山针叶林带以下，而东洋型成分最常见于中低海拔的山地常绿阔叶林。一些在其他地方分布仅局限于亚热带或暖温带的物种，在本亚区的分布范围通过垂直迁移可进入寒温带，因此，东洋界与古北界在本区域的分界线并不是山脊，而是具有明显混杂成分的高山暗针叶林地带。代表性的鸟类有棕尾虹雉 *Lophophorus impejanus*、红胸角雉

Tragopan satyra、黑鹇*Lophura leucomelanos*、红腹旋木雀*Certhia nipalensis*、红眉朱雀*Carpodacus pulcherrimus*等。

华中区

本区包括四川盆地、贵州高原及以东的长江中下游地区。西部除四川盆地外，以山地和高原为主。东部主要是平原和丘陵地貌。南北跨度较大，包括整个中亚热带和北亚热带。气候温暖湿润，以常绿阔叶林和针阔混交林为主。本区的动物区系是华南区的贫乏化，大多数类群与华南区共有，是许多南中国型动物分布的北限。下分为东部丘陵平原亚区和西部山地高原亚区。

东部丘陵平原亚区

本亚区以三峡以东的长江中下游流域为主，包含了广阔的冲积平原和长江三角洲以及大别山、黄山、武夷山、罗霄山和南岭北段等山地丘陵。属于东部季风区，夏季高温多雨，冬季阴冷潮湿。天然植被以常绿阔叶林为主，是我国重要的农业区和经济发达地区。农耕开发历史悠久，对原始植被的改造程度较高，现生植被中以次生林地和灌丛、草坡所占比例较大。区域内河汊纵横，湖泊星罗棋布，为湿地生物提供了良好的生境。山峦起伏，峡谷蜿蜒曲折，动物的垂直分布错落有致，体现出相同分布型物种的生态适应互补。在动物区系组成上，以亚热带次生动物群为主，同时兼有农田动物群和森林动物群。代表性的鸟类物种有：灰胸竹鸡*Bambusicola thoracicus*、黄腹角雉*Tragopan caboti*、白颈长尾雉*Syrmaticus ellioti*、白喉林鹟*Rhinomyias brunneatus*、乌鸫*Turdus merula*、画眉*Garrulax canorus*、丽星鹪鹛*Spelaeornis formosus*、黄臀鹎*Pycnonotus xanthorrhous*、领雀嘴鹎*Spizixos semitorques*、强脚树莺*Cettia fortipes*和红头长尾山雀*Aegithalos concinnus*等。

红头长尾山雀

芙长斌 摄

西部山地高原亚区

本亚区包括秦岭、四川盆地、云贵高原的东部以及西江上游的南岭山地。西部和南部与横断山区相连。与东部丘陵平原亚区相比，本亚区海拔更高，地形较复杂，气温较低而降水量相似，自然条件自南至北存在明显差异。以云贵高原为代表的区域具有纬度低、海拔高，同时受季风气候制约的综合影响，形成四季温差小、干湿季分明、环境因子垂直变化显著的低纬度高原季风气候。四川盆地由于四周高山的阻隔，温度较其他同纬度地区偏高，有多个著名的"火炉"城市。而秦岭作为我国南北方的分界线，东洋界

与古北界的分界线,以及暖温带与亚热带的分界线,海拔高而垂直梯度带丰富,存在着更为丰富的自然环境类型。由于本亚区与生物多样性丰富的喜马拉雅山脉及横断山脉相接,区系来源也比较复杂,既有南中国型的广泛分布,也有喜马拉雅-横断山型以及华北型的渗透混杂。代表性的鸟类物种有:红腹锦鸡*Chrysolophus pictus*、白冠长尾雉*Syrmaticus reevesii*、朱鹮*Nipponia nippon*、翠金鹃*Chrysococcyx maculatus*、黑喉歌鸲*Luscinia obscura*、白领凤鹛*Yuhina diademata*、白颊噪鹛*Garrulax sannio*、绿背山雀*Parus monticolus*和棕头鸦雀*Paradoxornis webbianus*等。

华南区

本区包括云南与广东、广西的大部分,以及福建东南沿海一带、台湾岛、海南岛和南海诸岛。大陆部分的海拔自东向西逐步攀升,东部沿海地区以低矮丘陵山地为主,同时也是重要的农业区,经济较发达。中部内陆地区以喀斯特山地为主,地下河丰富。西部山区为横断山脉的南延部分,海拔梯度大,垂直自然带明显。台湾岛和海南岛以山地为主,南海诸岛均为平坦的滩涂或珊瑚礁。在动物的区系组成上,随着区域环境的改变存在自东向西和自大陆向岛屿的逐级替代,总体上西部山区的鸟类多样性非常高,东部地区是西部的贫乏化。岛屿上分布着许多特有种类,南海诸岛分布着许多海洋性生活的鸟类。大陆部分的北部属于亚热带气候,南部和岛屿区域属于热带,全区温暖炎热,全年无霜。自然植被以亚热带-热带常绿阔叶林为主,在人类开发程度较高的地区,次生林和灌草坡的比例较高。植物种类繁多,滕攀萝缠,全年花繁果茂,无脊椎动物丰盛,为鸟类等脊椎动物提供了充足的食物,加之长期稳定的气候和地质条件,成为众多动物类群生息繁衍的理想场所,是我国生物多样性的热点地区之一。

闽广沿海亚区

本亚区包括广东、广西南部和福建东南的沿海地区,多丘陵山地,天然植被以落叶阔叶林为主。由于农业发达,次生林和次生动物类群在本亚区占主要地位。在动物区系组成上,以南方型为主,是滇南山地亚区的贫乏化。同时,与华中区之间没有明显的地理阻隔,且所处位置是东部季风区的南部,成为许多北方型鸟类分布的南缘,也是许多候鸟越冬和迁徙的必经之地。代表性的鸟类物种有:黑脸琵鹭*Platalea minor*、海南

鸦*Gorsachius magnificus*、白眉山鹧鸪*Arborophila gingica*、黑颈长尾雉*Syrmaticus humiae*、棕背伯劳*Lanius schach*、褐翅鸦鹃*Centropus sinensis*、小鸦鹃*Centropus. bengalensis*、弄岗穗鹛*Stachyris nonggangensis*、叉尾太阳鸟*Aethopyga christinae*、灰喉山椒鸟*Pericrocotus solaris*等。

黑脸琵鹭
孙华金 摄

滇南山地亚区

本亚区包括云南西部和南部地区,涵盖了怒江、澜沧江和元江等国际河流的中游地区,是高黎贡山和横断山的南延。高山峡谷与宽谷盆地并存,气候温热湿润,一年之中分为明显的旱季和雨季。植被以常绿阔叶林为主,是我国大陆上热带季雨林分布最广的区域,天然林保存相对完好,动物栖息条件优越。在地理位置上,北接青藏高原,南邻中南半岛,自然垂直带丰富,提供了多样化的生态环境,是我国许多热带种类分布的北界和温带种类分布的南界,因而脊椎动物种类居全国之首。该区域也是我国许多动物新记录的发现地。动物区系组成复杂,在低海拔的河谷可见一些典型的热带类群,在高海拔的草甸草原分布着一些温带物种。代表性的鸟类有:钳嘴鹳*Anastomus oscitans*、绿孔雀*Pavo muticus*、灰孔雀雉*Polyplectron bicalcaratum*、河燕鸥*Sterna aurantia*、双角犀鸟*Buceros bicornis*、紫金鹃*Chrysococcyx xanthorhynchus*、长尾阔嘴鸟*Psarisomus dalhousiae*、和平鸟*Irena puella*、厚嘴啄花鸟*Dicaeum agile*、黄腰太阳鸟*Aethopyga*

黄腰太阳鸟
冯利民 摄

siparaja、黄胸织雀*Ploceus philippinus*等。

海南岛亚区

本亚区包括海南岛及周边小岛，为典型的海洋性热带季风气候，岛内山地起伏，南高北低，最高峰为五指山，海拔1 867 m。东南部山地为湿润的热带季雨林，西南部为热带稀树草原，西北部地区由于中部山地的阻隔属于半干旱区，北部地区与雷州半岛隔海相望，呈现典型的火山熔岩地貌，东北部地区受季风影响显著，夏季降水量高。夏季炎热多雨，冬季温暖舒适，热带雨林景观丰富，沿海分布有大面积的红树林。山地森林的原始性保存得较好，低山丘陵带受农业开发的影响，次生植被发达，以草原动物群和农田动物群为主。由于与大陆的隔离时间较长，且在冰期时多次与大陆相连接，在动物区系组成上与闽广沿海亚区及中南半岛存在相似之处。代表性的鸟类物种有：原鸡*Gallus gallus*、海南孔雀雉*Polyplectron katsumatae*、海南山鹧鸪*Arborophila ardens*、塔尾树鹊*Temnurus temnurus*、海南柳莺*Phylloscopus hainanus*、海南蓝仙鹟*Cyornis hainanus*和橙腹叶鹎*Chloropsis hardwickii*等。

橙腹叶鹎

关长斌 摄

◇
褐头凤鹛

潘思佳 摄

台湾亚区

本亚区包括台湾岛及澎湖列岛、钓鱼岛等周边岛屿。在地质历史上由欧亚大陆板块与太平洋板块挤压而成，位于环太平洋地震带和火山带上，形成了以中央山脉和玉山山脉为主的多山地形，海拔超过3 000 m的山峰有60余座，最高峰为玉山山脉主峰，海拔达3 952 m，是中国东部的最高峰。同时，高山阻隔形成的降雨促进了西部地区冲积平原的形成，自然垂直带丰富，生态环境多样。在动物区系组成上，与大陆西南山地的相似性很高，而在东南丘陵地区呈现间断分布，表明了一些动物类群在台湾岛与大陆分离前在南方地区广泛分布，随后局域性灭绝的过程。这也与本区域的高山环境有助于容纳不同区系成分的种类有关，从水平分布带向垂直分布带转移是山地动物区系的典型特征。因而，本亚区也是一些动物类群的重要避难地。同时，由于台湾岛与大陆在近一百万年内缺少长时间的连接，特有种数量相比海南岛更多。代表性的鸟类有：蓝腹鹇*Lophura swinhoii*、黑长尾雉*Syrmaticus mikado*、台湾蓝鹊*Urocissa caerulea*、台湾噪鹛*Garrulax morrisonianus*、白耳奇鹛*Heterophasia auricularis*、褐头凤鹛*Yuhina brunneiceps*、台湾黄山雀*Parus holsti*、台湾画眉*Garrulax taewanus*等。

褐鲣鸟（雄）

萧世辉 摄

南海诸岛亚区

本亚区涵盖了我国南海领土范围内的东沙群岛、西沙群岛、中沙群岛和南沙群岛，为典型的海洋性季风气候，终年高温潮湿。这些岛屿均为珊瑚礁演替而成，远离大陆，在地质历史上长期孤立地存在于海洋中，缺乏陆生脊椎动物的交流。动物区系主要以海鸟和候鸟为主。繁殖的种类少，但数量多，营巢密集。代表性的鸟类物种有：红脚鲣鸟*Sula sula*、褐鲣鸟*Sula leucogaster*、乌燕鸥*Sterna fuscata*、红嘴鹲*Phaethon aethereus*、白斑军舰鸟*Fregata ariel*等。

中国鸟类生态图鉴

CHINESE BIRDS
ILLUSTRATED

中国鸟类生态大图鉴
CHINESE BIRDS ILLUSTRATED

潜 鸟 目

GAVIIFORMES

潜鸟目鸟类在全世界仅有1科1属5种，广泛分布于古北界、新北界的高纬度地区，冬季南迁。我国有1科1属4种，均为冬候鸟。

潜鸟体长53～91 cm，体重在1～6.4 kg，是体型介于鸭类与雁类之间的圆筒形矮胖的大型水鸟，雄性比雌性相对大。头较圆，具强直而尖的喙，鼻孔细长，具膜，潜水时闭合。颈长而粗壮。翅窄，尾短。腿侧扁，前3趾间具蹼，短而强壮的蹼足位于体后部。寿命可达30年。繁殖期主要栖息于北极苔原和森林苔原带的湖泊、江河与水塘岛上或者是沼泽地上营巢。每窝大多产2枚卵，雌雄共孵卵，孵卵期28天，雏鸟早成性。

它们食物广泛，更喜爱大水面湖泊，那里易于找到丰富的食物，如鱼类、两栖类、甲壳类的虾和蟹、软体动物和蚂蟥等水生动物。用尖喙刺或抓住猎物，对脊椎动物头朝下整体吞下。时常吃些水底小卵石，在胃中碾碎动物内、外骨骼，助消化。

潜鸟是极好的游泳和潜泳者，游泳时身体下沉，潜泳时在翅膀的协助下，脚在水中有足够的推力，潜水深达70 m，时间最长达90 s。水面上起飞，颈前伸，脚延伸到尾后，多贴水面飞行。岸上活动能力很差，不能直立，常常匍匐前进。陆上很难起飞，除非为了造巢繁殖才上岸。最初2周雏鸟喜欢躲藏在双亲背上休息。

潜鸟在陆地由于很艰难行走的姿势，在北美被称为"loon"；在欧洲依据潜鸟在水下猎鱼的习性被叫作"diver"。

红喉潜鸟（非繁殖羽） 朱英 摄　　红喉潜鸟（非繁殖羽） 董江天 摄

黑喉潜鸟（非繁殖羽） 朱英 摄

潜鸟科 Gaviidae（Loons，Divers）

红喉潜鸟 Red-throated Diver *Gavia stellata*

【识别特征】体型最小的灰棕色潜鸟（55～69 cm）。体形和鸭相似。喙长、黑色、微上翘。在喉下有一栗红色三角形斑，颈后具纵纹。冬羽上体黑褐色且具白色条纹，下体白色。【生态习性】栖息于沿海海面或较大的湖泊中，常见其快速潜水捕鱼。【分布】国外在欧亚大陆和北美北部繁殖，越冬在北半球的太平洋和大西洋沿岸。国内冬季迁飞到东部沿海及台湾地区。

黑喉潜鸟 Black-throated Diver *Gavia arctica*

【识别特征】体长（58～73 cm）。喉及颈前部具有墨绿色金属光泽，头灰色，背黑色具白色方形横纹，下体白色。冬羽头、颈侧和背部为黑色。【生态习性】常成对或单独活动于河流、湖泊和沿海水域。在迁徙时成小群活动。【分布】国外在欧亚大陆北部繁殖，越冬在太平洋西北沿岸、西欧、南欧沿海地区。国内见于东北、新疆繁殖，冬季在东部沿海地区。

太平洋潜鸟 Pacific Diver *Gavia pacifica*

【识别特征】体型略大的潜鸟（58～74 cm），比黑喉潜鸟略小。体色较浅，特别是头顶和后颈为灰白色，前颈黑色具蓝紫色光泽。【生态习性】常成对或成群活动在太平洋沿岸海面和湖泊，较黑喉潜鸟活泼。起飞较灵活，常不用助跑也能起飞，因而常频繁出入较小的水域中。【分布】国外在北美北部、西伯利亚东北部繁殖，在太平洋北部水域越冬。国内在黑龙江、辽宁东部、河北东北部、山东、江苏和香港有记录。

太平洋潜鸟（非繁殖羽）｜王瑞卿 摄

黄嘴潜鸟 Yellow-billed Loon *Gavia adamsii*

【识别特征】最大最重的潜鸟（76～91 cm）。颈粗壮，喙上翘。繁殖期喙象牙白色，头墨绿色，具白色颈环。上背及覆羽具白色网格斑，非繁殖期眼圈及耳羽几近白色，上体灰褐色。第一冬幼鸟似成鸟，上体色较浅。【生态习性】栖息于苔原湖泊和极地沿海低洼水域，单独在淡水区繁殖，但越冬于沿海水域。【分布】国外繁殖于俄罗斯北部沿海至楚科塔东北及阿拉斯加和加拿大北部，冬季南迁沿太平洋西岸至黄海。国内有迁徙时经过辽东半岛及福建的记录。

黄嘴潜鸟｜张明 摄

黄嘴潜鸟 | 张明 摄

䴙䴘目

PODICIPEDIFORMES

　　䴙䴘目鸟类在全世界共有1科5属22种，分布于除南极外世界大部分地区，以温、热带居多。我国有1科2属5种，主要分布于东部。

　　是小至中型水鸟，雌雄相同，体长23~74 cm，体重120~1 500 g，体羽多灰、褐色。喙短窄而尖直，眼先多具一条裸区，体肥胖似鸭。长颈，短翅，短尾，下体白色，脚短位于身体后部，具瓣状蹼而善于潜水。繁殖时以水草编成浮巢，或用腐烂的植物固定在水生植物上，每窝产卵3~9枚，双亲孵育，孵卵期18~30天，卵为黄白色，亲鸟离巢时，以绒羽或水草将卵覆盖习性，具有保温及保护作用，雏鸟为早成性。

　　在水体表面或潜水搜寻水生动物，以如昆虫、虾、小鱼、软体动物、两栖类和水生植物为食。它们有时还吞下一定量的自己的羽毛，可防止过硬的食物对消化道的损伤。

　　栖息于淡水湖泊、沼泽、芦苇草丛中，善游泳，身体低位浸在水里，背部只隆起一点，几乎只看得到颈部和头部。遇危险时常潜入水中，瓣蹼能很好地帮助游泳和掌舵，最深潜水达近30 m。繁殖期雌雄具有强烈的求偶炫耀行为。

小䴙䴘(非繁殖羽)｜黎宏 摄

小䴙䴘 | 王晓刚 摄

鹛䴙科 Podicipedidae（Grebes）

小䴙䴘 Little Grebe *Tachybaptus ruficollis*

【识别特征】体型小而矮扁的深色䴙䴘（23～29 cm）。繁殖羽：喉及前颈偏红色，头顶、颈背深灰褐色，上体褐色，下体偏灰色，具明显黄色喙斑。非繁殖羽：上体灰色，下体白色。【生态习性】常单独或成群于湖泊、水塘和沼泽地游泳或潜水，常见其潜入水中捕食鱼、虾、昆虫等水生动物。【分布】国外分布于欧亚大陆中部和南部、东南亚、非洲。国内见于各地，大部分地区为留鸟。

凤头䴙䴘 Great Crested Grebe *Podiceps cristatus*

【识别特征】体型较大的䴙䴘（46～61 cm）。颈修长，具显著的深色羽冠，脸侧白色延伸过眼，颈和下体近白色，上体纯灰褐色。繁殖期成鸟颈背栗色，喙暗褐色，颈具鬃毛状饰羽。【生态习性】常成对或小群活动于湖泊、水塘、海湾，善潜水，可长时间潜水，并捕食水中的鱼类等水生动物。求偶行为独特。【分布】国外分布于欧亚大陆、大洋洲、非洲。除海南外，国内各省均有记录。

凤头䴙䴘 | 英长斌 摄

凤头䴙䴘 | 郭冬生 摄

角䴙䴘 Horned Grebe *Podiceps auritus*

【识别特征】体型小 (31～38 cm)。喙先端黄色,眼红色。繁殖羽:过眼纹金黄色,前颈和两胁栗红色。非繁殖羽:脸部及前颈白色。【生态习性】常成对或单独活动于湖泊和海湾。在迁徙季节,成小群沿河流或海岸迁徙。【分布】国外分布于欧亚和北美大陆繁殖,越冬于北回归线以北的太平洋和大西洋沿岸。国内见于东北、河北、山东、浙江、福建、香港、台湾及新疆。

黑颈䴙䴘 Black-necked Grebe *Podiceps nigricollis*

【识别特征】体型中等的䴙䴘 (28～34 cm)。喙微上翘。繁殖羽:具松软的黄色耳簇,前颈、上体、胸黑色,两胁红棕色。冬羽深色的顶冠后延至眼下。颊部白色延伸至眼后呈月牙形,飞行时无白色翅覆羽。幼鸟似冬季成鸟,但褐色较重,胸具深色带。【生态习性】常在湖泊、河流、海湾地带活动。【分布】国外在欧亚大陆中南部、非洲、北美西部均有分布。国内除西藏、海南外,见于各省。

角䴙䴘(非繁殖羽) 潘思佳 摄

角䴙䴘 高云飞 摄

黑颈䴙䴘(非繁殖羽) 朱英 摄

黑颈䴙䴘 王春芳 摄

鹱形目

PROCELLARIIFORMES

  鹱形目包括信天翁、鹱、海燕和鹈燕等鸟类，在全世界共有4科23属110种，主要分布于除北极外的各大洋。我国有3科8属15种，海域有分布。

  鹱形目鸟类均为海洋性鸟类，雌雄相似，体型大小不等，体长从海燕的15 cm到信天翁的135 cm，羽毛以黑、白、灰或暗褐色为主。喙粗壮、长而侧扁，前端部具下弯曲呈锐利钩状，上喙有角质片，鼻孔管状。大多数鸟是翅膀厚重狭长，突尾或平尾，前三趾具全蹼，后趾小或缺失。多集群繁殖于荒岛，在地上或穴洞做巢产卵，每窝常产卵1枚；双亲孵卵，孵化期70～80天；雏鸟被绒羽，需亲鸟反吐喂食。

  它们一般在远海上飞行和捕猎，以鱼、鱿鱼、海蛰或其他海生动物为生。

  它们常借助狭长的翅膀翱翔，几乎常年在海上迁徙飞行。随波起降，亦游亦泳，有些种类潜水能力也很强。

黑背信天翁 | 萧世辉 摄

信天翁科
Diomedeidae（Albatrosses）

黑背信天翁
Laysan Albatross *Phoebastria immutabilis*

【识别特征】体型中等（71～81 cm）。翼展195～215 cm，黑白色信天翁。喙肉粉色且端灰色，眼周偏黑色。背、翅黑灰色，下体为白色。【生态习性】活动于海面，成群繁殖，经常跟随船只觅食。【分布】国外分布于太平洋北部。国内见于福建、台湾海域。

鹱科 Procellariidae（Shearwaters, Fulmars, Petrels）

褐燕鹱 Bulwer's Petrel *Bulweria bulwerii*

【识别特征】体型小（26～28 cm）。体色为烟褐色，翅狭长，鼻管蓝色左右并列，下体淡，尾楔形长而窄。飞行时翅上具淡灰色翅带斑。【生态习性】除繁殖外，常年活动于温带海洋，善飞，集群。【分布】国外分布于太平洋、印度洋和大西洋热带区域。国内见于云南、浙江、福建、广东、海南和台湾。

白额鹱 Streaked Shearwater *Calonectris leucomelas*

【识别特征】体型中等的海鸟（48 cm）。翼展122 cm，前额、颈侧和头顶均为白色，缀有纵纹。喉、胸、腹为白色。尾羽及翅上飞羽呈黑褐色。【生态习性】常靠近水面飞行，善于游泳，繁殖期集群筑巢于海边岩石洞中。【分布】国外分布于太平洋西海岸、东南亚岛屿。国内分布于从辽宁到广东沿海、海南、台湾。

白额鹱 | 萧世辉 摄

白额鹱 | 萧世辉 摄

褐燕鹱 | 萧世辉 摄

短尾鹱
Short-tailed Shearwater *Puffinus tenuirostris*

【识别特征】体型中等的海鸟（40～45 cm）。体羽褐色，有淡和暗色两型。颈短，喉灰白色，翅长尖，翅下覆羽部分为灰色或灰褐色，具有光泽。尾短圆形。【生态习性】常集群飞翔于海面，喜欢群居，以头足类动物和小型鱼类为食。在海洋岛屿或峭壁上筑巢。【分布】国外分布于太平洋，繁殖于澳大利亚。国内见于浙江、海南、台湾海域。

短尾鹱 | 萧世辉 摄

海燕科 Hydrobatidae（Storm Petrels）

黑叉尾海燕 Swinhoe's Storm Petrel *Oceanodroma monorhis*

【识别特征】体型较小（19～20 cm）。羽毛呈灰褐色，翅下覆羽及尾羽呈灰黑色，尾呈叉状。【生态习性】常漂浮于海面上，有时在海面上弹跳或俯冲，常在沿海或者岛屿沿岸栖息。【分布】国外分布于印度洋北部。国内见于南北海域。

黑叉尾海燕 | 郭冬生 摄

鹈形目

PELECANIFORMES

　　鹈形目包括鹈、鹈鹕、鲣鸟、鸬鹚、蛇鹈、军舰鸟等鸟类，全世界有6科7属68种，主要分布于温热带水域，是热带海鸟的重要组成，全球大部分地区都可以看到，有的会分布到两极地区。我国有5科5属17种，主要分布于东南沿海及南部岛屿。

　　鹈形目鸟类主要是多为集群性较强的大型海鸟，体长30～188 cm。喙强壮呈圆锥形，尖端多具钩，喙缘有锯齿状缺刻，喙下常有发育大小程度不同的喉囊裸露。眼先裸出。翅长而尖。尾圆形或叉尾。大多具全蹼，四趾均朝前。在荒岛、海岸地面或树上营群巢，双亲孵育，雏鸟晚成性。

　　以鱼类、软体动物等水生动物为食。

　　栖息于海岛、沼泽、湖泊、池塘、溪河等水域，飞翔甚强，随波浪起伏。有的种类极端适应海洋，俯冲入水捕食，有的种类善于游泳和潜水，常站在水域的突出物等处窥视，捕食猎物。飞行时颈与脚多伸直，常贴水面飞行。

白鹈鹕 | 彭建生 摄

鹈鹕科 Pelecanidae（Pelicans）

白鹈鹕 Great White Pelican *Pelecanus onocrotalus*

【识别特征】大型水鸟（140～175 cm）。翼展226～360 cm，体羽粉白色，头后枕部具短冠羽，初级飞羽及次级飞羽褐黑色，喉囊黄色，脸部裸区粉色。【生态习性】栖息在大型湖泊和河流，飞行力强。【分布】国外分布于非洲、欧亚大陆的中西部、南亚。国内越冬迁徙于新疆、青海、甘肃、四川、河南、福建等地。

斑嘴鹈鹕 Spot-billed Pelican *Pelecanus philippensis*

【识别特征】体大型（127～152 cm）。体羽灰色，眼圈黄白色，喙黄褐色，有蓝黑色斑点，囊紫灰色。【生态习性】集群于河口、湖泊、河流等水域生活。【分布】国外繁殖于印度、斯里兰卡、缅甸、东南亚。国内见于东部。

斑嘴鹈鹕 | 孙华金 摄

卷羽鹈鹕 | 戴美杰 摄

卷羽鹈鹕 | 戴美杰 摄

卷羽鹈鹕 Dalmatian Pelican *Pelecanus crispus*

【识别特征】大型水鸟 (160~180 cm)。体羽白灰，羽冠卷曲，眼浅黄色，喉囊橘红色或黄色，飞羽白色仅羽尖黑色，脸部裸区粉色。【生态习性】栖息在大型湖泊和河流，喜群居，飞行力强。【分布】国外分布于北非、欧亚大陆的中南部。国内越冬迁徙于南方湖泊和沿海等地。

鲣鸟科 Sulidae（Gannets， Boobies）

蓝脸鲣鸟 Masked Booby *Sula dactylatra*

【识别特征】体型较大（81～92 cm）。翼展137～169 cm，体羽黑白色。头部具黑色斑纹，两翅为黑色，身体其他部位为白色。腿为青色。【生态习性】喜呈小群在海面漂游或在海面上空盘旋飞行，大多栖息于岛屿、海岬。【分布】国外分布于太平洋、印度洋和大西洋热带海域。国内见于福建、台湾。

蓝脸鲣鸟 | 萧世辉 摄

蓝脸鲣鸟（亚成） | 萧世辉 摄

红脚鲣鸟 | 萧世辉 摄
红脚鲣鸟 | 萧世辉 摄
褐鲣鸟(雌) | 萧世辉 摄

红脚鲣鸟 Red-footed Booby *Sula sula*

【识别特征】体型小（66～77 cm）。翼展91～101 cm。体羽除两翅飞羽黑褐色外，其余为白色，腿呈红色，尾为白色。喙呈灰蓝色或紫红色。【生态习性】常成群高飞于海洋上空，飞行时不鸣叫，大多栖息于海岛。【分布】国外分布于全球热带海域。国内见于东南沿海、广东、香港、台湾、海南。

褐鲣鸟 Brown Booby *Sula leucogaster*

【识别特征】大型海鸟（64～74 cm）。翼展132～150 cm，体色呈深褐色及白色，两翅深褐色，胸部及尾下覆羽白色，腿和喙呈灰色。雌鸟脸皮肤奶黄色。【生态习性】栖息于小岛或沿海，常成小群低飞于海面，在悬崖处筑巢。【分布】国外分布于太平洋、印度洋和大西洋热带海域。国内见于东海和南海。

鸬鹚科 Phalacrocoracidae（Cormorants）

普通鸬鹚 Great Cormorant *Phalacrocorax carbo*

　　【识别特征】大型水鸟（80～100 cm）。翼展130～160 cm，体羽黑色，发绿褐色金属光泽，脸颊及喉为白色，喙基裸露皮肤呈黄色，繁殖期颈及头饰以白色丝状羽，两胁具白色斑块。【生态习性】栖息在大型湖泊和河流，喜群居，善潜泳，停栖时有晒翅膀行为，常列队飞行。【分布】国外分布于除南极和南美以外的所有大陆。国内各省适宜环境都有分布。

普通鸬鹚 ｜ 朱英 摄　　　　普通鸬鹚 ｜ 彭建生 摄

普通鸬鹚 ｜ 英长斌 摄

绿背鸬鹚 Japanese Cormorant *Phalacrocorax capillatus*

　　【识别特征】体长（92 cm）。翼展152 cm，与普通鸬鹚相似，但背和翅为蓝绿色，脸部裸区大，黄色且无斑，头颈白色丝状羽少。【生态习性】集群于海岸礁石上。【分布】国外繁殖于东北亚。国内见于云南、辽宁、河北、北京、浙江、福建、台湾。

海鸬鹚 Pelagic Cormorant *Phalacrocorax pelagicus*

　　【识别特征】体长（63～76 cm）。翼展101 cm，雌雄相似，体羽黑色，具紫绿色光泽。脸部裸区暗红色，前额和喉枕具短小羽冠。头部和颈侧有白色丝状羽，两胁具白斑。【生态习性】栖息沿海岛屿或河口。【分布】国外繁殖于西伯利亚、阿拉斯加、日本。国内迁徙于东北、东南部沿海地区、台湾。

绿背鸬鹚 ｜董江天 摄

海鸬鹚 ｜董江天 摄

黑颈鸬鹚 | 高云飞 摄

黑颈鸬鹚 Little Cormorant *Phalacrocorax niger*

【识别特征】中型水鸟（51～56 cm）。翼展90 cm，体羽黑绿色，发蓝绿色金属光泽。喉囊和眼周的皮肤在非繁殖期为黑色，繁殖期为紫色，繁殖期间头顶、头的两边和颈有少许窄的白色丝状细羽，枕部和后颈部仅有轻微的短羽冠。【生态习性】栖息在热带大型湖泊、水库和河流。【分布】国外分布于东南亚，印度。国内分布于云南。

军舰鸟科 Fregatidae（Frigatebirds）

白斑军舰鸟 Lesser Frigatebrid *Fregata ariel*

白斑军舰鸟 | 萧世辉 摄

【识别特征】体型比一般军舰鸟小（71～81 cm）。翼展175～193 cm，喉囊红色，头、背和尾部黑色，并具有金属光泽。翅细且尖长，胁部具白色斑，叉尾具很深的开叉。【生态习性】喜欢栖息于海岛和珊瑚礁上，经常于海洋上空盘旋。【分布】国外分布于热带海域。国内见于北京、江苏、福建、香港、海南西沙、南沙和台湾。

鹳 形 目

CICONIIFORMES

　　鹳形目包括鹭、鹳、鹮等鸟类，全世界有5科38属115种，遍布全球内陆及沿海区域。我国有3科19属37种，各地有分布。

　　鹳形目鸟类为中、大型水鸟。体长28～140 cm，羽色多样，但缺乏鲜艳。雌雄同型。多种喙型，不同科不一样，有的喙长而粗壮；有的形侧扁而直；有的弯曲或上下扁。眼先裸出。翅长或短阔。颈和腿均长，腿的下部裸出，多数前趾和后趾同在一平面上，少数具蹼。在高树、苇丛、岩崖或屋顶上营巢，以树枝等为材料，巢大简陋，产2～6枚卵，双亲孵卵，孵化期为25天左右，雏鸟为晚成性。

　　栖于水边或近水地方的典型湿地鸟类。以小鱼、昆虫、两栖类及其他小型动物为食，取食区与巢区距离较远。

　　常在浅水处涉水步行或静候猎物，有卓越的滑翔技能，飞行从容。

苍鹭 | 朱英 摄

鹭科 Ardeidae
（Herons, Egrets, Bitterns）

苍鹭 Grey Heron *Ardea cinerea*

【识别特征】大型涉禽（90～98 cm）。站高100 cm，体羽灰白色，颈常缩成"S"形。腿和喙细长、呈黄色；头部具明显的黑色过眼纹和黑色羽冠，颈部灰白色，颈前具两列黑色纵纹，胸部灰白色蓑羽明显，飞羽和翅角黑色。【生态习性】常见于江河、湖泊、水塘、海岸等湿地。性孤僻，常单独立于浅水处，待鱼虾靠近时捕捉，俗称"老等"。集群筑巢于大树上。【分布】国外分布于欧亚大陆、东南亚、非洲。国内见于全境，地区性常见。

苍鹭 | 英长斌 摄

草鹭 Purple Heron *Ardea purpurea*

【识别特征】大型涉禽（78～90 cm）。体形似苍鹭，体羽多灰色、栗色。颏、喉部为白色，顶冠黑色并具两道冠羽，颈栗红色，颈侧有黑色纵纹，背及覆羽灰黑色，肩羽栗红色。【生态习性】取食似苍鹭，喜稻田和芦苇生境，主要取食鱼类、虾等水生动物。集群繁殖，常筑巢于芦苇丛或周围的大树上。【分布】国外分布于非洲、欧亚大陆南部和东南亚。国内分布范围较广，除新疆、西藏、青海外，见于各省。华北地区为夏侯鸟，华中和华南地区为冬侯鸟或留鸟，数量较其他鹭类稀少。

大白鹭 Great Egret *Ardea alba*

【识别特征】体型较大无羽冠的白鹭（80～104 cm）。夏季背部及前颈具长丝状饰羽，眼先裸露区蓝绿色，喙黑色，上腿皮红色，下腿及脚黑色。冬季无饰羽，喙和眼先同为黄色，腿和脚黑色。【生态习性】常单只或小群活动于湖滨、河滩、池塘、稻田及芦苇沼泽等湿地。主要以鱼类为食，飞行姿势优雅，振翅缓慢有力，营巢于大树或芦苇丛中。【分布】全球性分布。我国繁殖于东北、华北北部和新疆等地，迁徙期多数省份可见，越冬于华南地区。

草鹭 | 肖克坚 摄

草鹭 | 朱英 摄

大白鹭 | 朱英 摄

中白鹭 | 英长斌 摄

中白鹭 | 英长斌 摄

中白鹭 Intermediate Egret *Egretta intermedia*

【识别特征】体型中等的白鹭（56～72 cm）。通体白色，夏羽背部具蓬松的蓑羽，下颈有饰羽，喙黑色，脸部裸露皮肤黄色；冬羽无饰羽和蓑羽，喙黄色，尖端黑色。【生态习性】喜稻田、湖畔、沼泽、红树林和沿海滩涂。可与鸥类混群。主要取食鱼、虾。群居繁殖，多筑巢于在近水处的大树和灌丛上。【分布】国外分布于印度、东南亚、澳洲及非洲。国内除新疆、东北北部外，其他各地多为留鸟，分布于长江流域、东南沿海及华南各地。

中白鹭 | 朱英 摄

白鹭 | 郭冬生 摄

白鹭 Little Egret *Egretta garzetta*

【识别特征】体型较小的白色鹭（55～65 cm）。喙黑色。夏羽枕部有两枚辫羽，背部蓑羽超出尾部，颈下有蓬松饰羽，眼先粉红或紫红色，腿黑色，脚趾黄色；冬季饰羽和蓑羽脱落，眼先裸露部黄绿色。【生态习性】喜集群栖息于稻田、湖滩、河岸、沼泽和海滩等浅水处。主要取食鱼、虾等水生动物。筑巢于树上。【分布】国外分布于欧亚大陆、非洲和澳洲温暖湿地环境。国内常见留鸟，除西藏、东北部外，分布于各地，主要常见于长江以南各地。

黄嘴白鹭 Chinese Egret *Egretta eulophotes*

【识别特征】体型中等的白鹭（65～68 cm）。腿偏绿色。夏羽喙亮黄色，眼先蓝色，枕部有一簇下垂的长冠羽，背部和前颈下有蓑羽，腿黑色；冬羽喙沾褐色，下喙基黄色，无冠羽和蓑羽。【生态习性】栖息于海岸峭壁树丛、潮间带、盐田以及内陆的树林、河岸、稻田。以鱼、虾和蛙等为食，有结群营巢、修建旧巢习性，可与黑脸琵鹭共域繁殖。【分布】仅繁殖于我国东部沿海岛屿及朝鲜西部海岸，越冬于东南亚地区，迁徙经华南沿海局部地区。

白鹭 | 彭建生 摄

黄嘴白鹭 | 朱英 摄

岩鹭 | 宋晔 摄

岩鹭 Pacific Reef Heron *Egretta sacra*

【识别特征】体型略小的灰、白两种色型鹭（58～66 cm）。灰色型较常见，体羽炭灰色，并具短羽冠，近白色的颏部清晰可见；白色型较为稀少，通体白色，与白鹭的区别在于喙较粗厚，腿粗短，蓑羽短，仅达到尾羽基部。【生态习性】典型的海岸鸟类，主要生活于热带和亚热带多岩礁的海岸及岛屿。【分布】国外分布于西太平洋沿海地区、大洋洲、东南亚。国内分布于华南沿海，在海南岛、香港、台湾、澎湖列岛及南沙群岛有繁殖。

岩鹭 | 薄顺奇 摄

牛背鹭 Cattle Egret *Bubulcus ibis*

【识别特征】体型小而敦实的白鹭（46～56 cm）。颈短而头圆，喙短厚、橙黄色。夏羽头、颈、胸和背上饰羽为橙黄色，余部白色；冬羽全白或额顶略黄。【生态习性】唯一不食鱼而以昆虫为食的鹭类。因其常在牛背上歇息或捕食被家畜惊飞的昆虫而得名。喜栖息于平原或低山脚下的沼泽、荒地和农田等人居环境。集群营巢于树或竹林上。【分布】广布于全球各温、热带地区。国内除宁夏外，分布于各省。

池鹭 Chinese Pond Heron *Ardeola bacchus*

【识别特征】体小（42～52 cm）。翅白色，背胸杂以褐色纵纹。夏羽头、颈和胸部栗色，喉、腹为白色，肩、背蓑羽蓝黑色，余部白色。冬羽无冠羽及蓝黑色蓑羽，头、颈、胸具褐色纵纹，飞行时白色体羽与褐色背部对比鲜明。【生态习性】栖息于沼泽、池塘、稻田、小溪。常单独或分散成小群进食鱼、虾和蛙类。与其他鹭类混群营巢于树林或竹林。【分布】国外分布于孟加拉至东南亚地区。国内除黑龙江、宁夏外，分布于各省。

牛背鹭 | 英长斌 摄　　　牛背鹭 | 朱英摄

池鹭 | 英长斌 摄

绿鹭 | 朱英 摄

夜鹭 | 英长斌 摄

绿鹭 Striated Heron *Butorides striata*

【识别特征】体型小 (35～48 cm)。体色为灰绿色，头顶和冠羽黑色且有绿色光泽，背和翅呈蓝灰色，有一黑线从嘴角到眼下，脚黄色。飞行时脚向后伸直，颈部后缩。【生态习性】喜栖息于山间溪流、水库边。经常单独活动。一般筑巢于树上。【分布】国外分布于东北亚、东南亚、南亚、非洲、美洲大陆。国内除西部外，分布于各省。

夜鹭 Black-crowned Night Heron *Nycticorax nycticorax*

【识别特征】体型中等 (56～65 cm)。头大而壮实，灰白色。雌鸟较雄鸟略小。成鸟头顶具墨绿色顶冠，枕部有2～3根白色饰羽。上体与顶冠为墨绿色，下体灰白色。幼鸟通体褐色，具淡黄色斑点和纵纹。【生态习性】栖息于低山或平原的江河、湖泊、溪流等处。有黄昏取食，白天休息的习性。主食蛙、鱼及各种水生昆虫和软体动物。结群营巢于树上，甚喧嚣。【分布】除大洋州外，广泛分布于全世界各地。国内除西藏外，分布于各省。常见于华东、华中和华南等地，近年有北扩趋势。

夜鹭 | 郭冬生 摄

栗头鸦 | 朱英 摄

栗头鸦 Japanese Night Heron *Gorsachius goisagi*

【识别特征】体型小（49 cm）。头为红褐色，喙短微向下弯曲，眼先绿黄色。颈侧、肩、背栗红色；颈胸有黑条纹，腰、尾上覆羽深栗褐色，飞羽黑色。【生态习性】栖息于沿海、溪流、沼泽、河谷等地。很少飞行，躲在芦苇丛中活动。受到惊吓时，会低空飞行。【分布】国外分布于东亚、东南亚。国内见于浙江南部、上海、江西、福建、广东南部、广西、香港、台湾。

黑冠鸦 Malayan Night Heron *Gorsachius melanolophus*

【识别特征】体型小深褐黑色的鸦（41～47 cm）。眼先蓝色。成鸟喙粗短而下弯，额、头顶及冠羽黑色，颏白，具黑色纵纹形成的中线。上体栗红色，两翅多具黑色点斑，下体棕黄色，具黑斑纵纹。亚成体上体深褐色，具白色点斑及皮黄色横斑，下体苍白具褐色点斑及横纹。【生态习性】栖息于山地密林，常夜间单只活动于稻田、池塘或溪流旁，以鱼、虾、蛙类为食。【分布】国外分布于印度、东南亚。在国内分布于云南、广西、海南、香港和台湾。

黑冠鸦 | 王瑞卿 摄

小苇鸦（幼）｜张明 摄

小苇鸦（雄）｜张明 摄

小苇鸦 Little Bittern *Ixobrychus minutus*

【识别特征】小型鸦类（27~38 cm）。体色偏黄色或黑白色，成年雄鸟顶冠黑色，两翅黑色具白色的大块斑，喙黄色。雌鸟黄褐色，上体具褐色纵纹，下体略具纵纹，翅褐色而具皮黄色块斑。幼鸟多具杂斑和纵纹。【生态习性】栖息于平原或低山各种水域湿地，常有抓苇秆姿势，性谨慎，晨昏多单独活动。【分布】国外分布于欧亚大陆西部、非洲。种群数量甚稀少，国内迁徙经新疆西部天山地区，在喀什地区越冬。

黄斑苇鳽 *Yellow Bittern Ixobrychus sinensis*

【识别特征】体型最小皮黄及黑色的苇鳽（30～40 cm）。成鸟顶冠黑色，上体淡黄褐色，下体皮黄，飞羽黑色与皮黄色覆羽成鲜明对比。亚成鸟褐色较浓，密布纵纹，两翅及尾亦黑色。【生态习性】栖息于平原和低山丘陵地带的湖泊、河汊等湿地。常单独活动，性安静，取食鱼类为主，筑巢于芦苇和香蒲丛中，巢以折弯的芦苇构成，常与黑水鸡、小鸊鷉等水禽同域繁殖。【分布】国外分布于南亚、东北亚、东南亚。国内除青海、新疆、西藏外，分布于各省。

黄斑苇鳽 | 芙长斌 摄

紫背苇鸻(雄)｜朱英 摄

紫背苇鸻 Schrenck's Bittern *Ixobrychus eurhythmus*

【识别特征】体型较黄斑苇鸻稍大的深褐色苇鸻（32～42 cm）。区别在于顶冠黑褐色，上体紫栗色，下体棕白色，喉及胸有深色纵纹形成的中线，胸侧有一行黑点斑。雌鸟及亚成鸟褐色较重，翅和背杂以白色点斑。【生态习性】性孤僻，多生活于沼泽、河流岸边草地或林间湿地，营巢于草丛或芦苇丛中，以芦苇折弯铺垫成巢，极简陋。食物为鱼、虾及其他水生昆虫。【分布】国外分布于东北亚及东南亚。国内分布于东北至华南各地，数量较少。

紫背苇鸻(雌)｜朱英 摄

栗苇鳽(雌) 朱英 摄

栗苇鳽(雄) 潘思佳 摄

栗苇鳽 Cinnamon Bittern *Ixobrychus cinnamomeus*

【识别特征】小型鳽类（40～41 cm）。头顶、背和翅为栗色。喉白色略黄，腹部有黑黄相间的纵纹，飞羽为红褐色，脚黄绿色。【生态习性】栖息于沼泽周围的草丛中，单独活动，以鱼虾为食，筑巢于草丛中。【分布】国外分布东亚、东南亚和南亚。国内主要分布于除西北以外地区。

黑苇鳽 | 朱英 摄

大麻鳽 | 彭建生 摄

黑苇鳽 Black Bittern *Dupetor flavicollis*

【识别特征】中型鳽类（54～66 cm）。身体大部分为蓝黑色，颈侧和喉部有黄斑，前胸具黑白相间的条纹。喙黑褐色，腿黑褐色。【生态习性】栖息于靠近水源的苇丛、树林或竹林中。单独或成对活动。【分布】国外分布于印度次大陆到东南亚、澳大利亚。国内分布于除西藏、西北个别地方以外的地区。

大麻鳽 Eurasian Bittern *Botaurus stellaris*

【识别特征】体型最大的棕黄色的鳽（64～80 cm）。杂以黑色或黑褐色纵纹，顶冠黑色，颈侧有细横斑，颏、喉有一棕褐色纵纹，至胸增至数条，肩和背黑褐色。飞行时褐色横斑的飞羽与金色的覆盖和背部成鲜明对比。【生态习性】喜芦苇生境，具有高超的拟态本领。常站立于具枯芦苇边界的水塘边，遇人凝神不动，喙颈垂直向上，散开颈部羽毛，似枯芦苇叶。主要取食鱼、虾、螃蟹等，筑巢于芦苇丛中。【分布】国外分布于欧亚大陆及非洲。国内除西藏、青海外，见于各省。繁殖于东北、新疆、内蒙古等地，南迁至长江流域及以南地区越冬。

鹳科 Ciconiidae（Storks）

彩鹳 Painted Stork *Mycteria leucocephala*

【识别特征】体型较大的黑白色的鹳（93～102 cm）。体羽大致白色，翅黑白色，尾黑色。繁殖期背羽沾粉红色。飞行时黑色两翅及黑白两色大覆羽及翅下覆羽异常明显。与白鹳、黑鹳等鹳类的明显区别在于头部大半裸露，橘红色，喙长而下弯。【生态习性】结群繁殖于水中树丛。主要栖息于沼泽、湖泊及水田浅水区。以鱼、蛙和爬行类动物为食。【分布】国外分布于印度到中南半岛。国内西南地区，现数量已十分稀少。偶有记录于云南、长江下游及华南地区。

彩鹳｜谭文奇 摄

东方白鹳 | 朱英 摄

东方白鹳 | 孙华金 摄

东方白鹳 Oriental White Stork *Ciconia boyciana*

【识别特征】体型较大的纯白色的鹳（110～115 cm）。两翅和喙黑色，腿红色，余部白色。飞行时黑色飞羽与纯白体羽形成鲜明对比。【生态习性】性宁静，举止优雅，休息常单足站立。喜栖息于湖泊、开阔原野及森林沼泽湿地，主要取食鱼类。营巢于大树或铁架上，以树枝为巢材。有集群迁徙习性。【分布】国外仅分布于西伯利亚东部、东亚。我国是主要分布区，繁殖于东北地区，越冬在长江中下游湖泊。近十年来，在山东、安徽、江苏等地陆续有在电线杆铁架或人工巢中的繁殖记录。

黑鹳 Black Stork *Ciconia nigra*

【识别特征】体型较大的黑色的鹳（95～100 cm）。体羽大致为黑色，具紫绿色光泽，下体白色，喙及脚红色。亚成体上体褐色，下体白色。【生态习性】栖息于河流、沼泽、山区溪流附近，常单只或成对活动，取食鱼类，性机警，稍有干扰即凌空远飞，飞行姿势优美。营巢于峭壁平台上，有沿用旧巢的习性。【分布】国外分布于欧亚大陆及非洲。国内除西藏外，见于各省。繁殖华北及东北地区，越冬于长江以南地区。

东方白鹳 | 董江天 摄

黑鹳 | 彭建生 摄

钳嘴鹳 | 董江天 摄

钳嘴鹳 | 韩奔 摄

钳嘴鹳 Asian Open-bill Stork *Anastomus oscitans*

　　【识别特征】体型较大的白色的鹳（81 cm）。体形与白鹳极相似，仅羽色较灰白色，冬羽烟灰色。飞羽和尾羽黑色具光泽，下喙有凹陷，喙闭合时有明显缺口。【生态习性】常在沼泽地和沿海滩涂觅食软体动物。【分布】国外分布于印度到中南半岛。国内为迷鸟，仅在云南大理洱源西湖有过观察记录。

秃鹳 Lesser Adjutant Stork *Leptoptilos javanicus*

【识别特征】体型较大的鹳（110～120 cm）。体羽灰白相间，上体、翅和尾黑灰色，具蓝绿色金属光泽，下体白色，裸露的头淡绯红色，颈皮黄色，喉袋下垂淡红色，喙强直而厚重，呈楔形，后枕有黑色短羽。【生态习性】在地上或浅水处慢慢地行走，啄食水中动物。【分布】国外分布于东南亚、南亚南部。国内分布于云南、四川、重庆、江西、海南。

秃鹳 | 王剑 摄

秃鹳 | 韦铭 摄

鹮科 Threskiornithidae（Ibises， Spoonbills）

黑头白鹮 Black-headed Ibis *Threskiornis melanocephalus*

【识别特征】体型大的鹮（65～76 cm），体羽大致呈白色，头、颈部和腿为黑色。喙长且向下弯曲，亦呈黑色。飞行时，可见其翅下覆羽具一棕红色横纹。【生态习性】多栖息于芦苇丰富的沼泽或漫水的草地，常成群活动。【分布】国外分布于南亚、东南亚。国内除西北、西藏外，见于各省。

圣鹮 Sacred Ibis *Threskiornis aethiopicus*

【识别特征】体长（65～75 cm）。头、颈黑色，体羽白色。飞羽端黑，喙长且弯，繁殖时期头颈无羽，为黑皮。【生态习性】合群在开阔的河边、沼泽、湖泊等湿地活动，以小动物为食。【分布】国外分布于非洲、马达加斯加。国内分布于台湾。

黑头白鹮 朱英 摄

圣鹮 孙驰 摄

朱鹮 | 韩冬 摄

朱鹮 | 肖克坚 摄

朱鹮 Crested Ibis *Nipponia nippon*

　　【识别特征】体型中等偏粉色的鹮（55～78 cm）。体羽白色，羽基微染粉红色，脸朱红色，喙长而下弯，喙端红色，冠羽、颈、背铅灰色，腿绯红色。【生态习性】栖息于高大的乔木上，在附近的水田、沼泽地和山区溪流处觅食，主要捕食泥鳅、小鱼、青蛙和田螺等，营巢于树上。【分布】现仅分布于我国秦岭南坡陕西洋县。

彩鹮 | 韦铭 摄

彩鹮 Glossy Ibis *Plegadis falcinellus*

【识别特征】体型较大，色泽艳丽的鹮（48～66 cm）。体形似朱鹮，略大，被以栗紫色羽毛，略有绿色金属光泽，喙细长而下弯，青黑色。【生态习性】结小群栖居于沼泽、稻田及漫水草地处。常与其他鹮或鹭类混群活动。主要以水生昆虫、虾、甲壳类、软体动物等为食。觅食时常一边在水边慢步行走，一边将长而弯曲的嘴插入泥地或浅水中探觅食物。集群筑巢于高树上。【分布】国外广泛分布于欧洲南部、亚洲、非洲、美洲中部和澳洲。我国数量较少，偶见于长江中下游及华南等地。

彩鹮 | 韩奔 摄

白琶鹭 | 孙华金 摄

白琶鹭 White Spoonbill *Platalea leucorodia*

【识别特征】体型大的白色琶鹭（70～95 cm）。喙灰色而呈板匙状，羽毛全白，仅胸部和冠羽嫩黄色，眼和喙基有一黑色线，冬季冠羽变小。与黑脸琶鹭的区别在体型较大，脸部黑色少，白色羽毛延伸过喙基，喙前端黄色。【生态习性】喜欢泥泞的水塘、湖泊、海滩、芦苇沼泽和河口湿地。结小群在浅水处边左右摆动匙状喙以搜寻食物。主要取食鱼、虾、蟹和水生昆虫等。【分布】国外分布于欧亚大陆和非洲。国内见于各省，数量较少，主要繁殖于东北或新疆西北部，迁徙途经广大中部、东部沿海地区，越冬在东南各省。

白琶鹭 | 宋晔 摄

黑脸琵鹭 | 孙华金 摄

黑脸琵鹭 Black-faced Spoonbill *Platalea minor*

【识别特征】体型大的鹭（60～78 cm）。体形和白琵鹭相似。全身大致白色，黑色的喙长且呈匙状，前额、眼先、眼周及喙基形成黑色区域。腿黑色。飞行时，头和腿会伸直。【生态习性】喜成群站在浅水区，以鱼类为食。休息时一般将喙向后插入翅膀中。【分布】国外分布于朝鲜半岛、日本、越南和泰国。国内见于沿海地区。

黑脸琵鹭 | 孙华金 摄

红 鹳 目

PHOENICOPTERIFORMES

红鹳目鸟类又称火烈鸟，世界有1科1属5种，主要分布于非洲、中南美洲、南欧、印度及西亚等部分亚热带地区。我国有1科1属1种，在我国新疆和四川曾有大红鹳迷鸟记录。

红鹳目鸟类是一种大型水鸟。体长80～145 cm，羽色鲜艳。独特的喙，上喙小于下喙，喙侧扁，自中部起向下弯曲，喙边缘有滤食用的栉板。长颈，常弯曲成S形。尾短。长腿，向前的3趾间有蹼，后趾短小。在水里以泥筑成高墩作巢，孵每窝产卵1～2枚，孵卵期在27～31天。成鸟的性成熟期3～5年。

红鹳目鸟类主要以小虾、蛤蜊、昆虫、藻类等为食，主要靠喙滤食藻类和浮游生物为生。

生活在咸水湖、沼泽地带、红树林和一些潟湖里。涉行浅滩，用脚将水搅浑，以便用喙滤食。起飞时要有一定距离的助跑。喜欢群居，在非洲有当今世界上最大的火烈鸟鸟群。在食物短缺和环境突变的时候进行迁徙。

红鹳科 Phoenicopteridae（Flamingos）

大红鹳 Greater Flamingo *Phoenicopterus ruber*

【识别特征】大型水鸟（120～145 cm）。体羽粉色，喙结构特殊，颈长，红色长腿，两翅偏红色。【生态习性】在咸水湖泊滤食。性机警。【分布】国外分布于南亚、西亚、非洲、南欧。国内见到的可能是迷鸟，在新疆、洞庭湖和四川偶遇。

大红鹳｜巫嘉伟 摄

大红鹳｜巫嘉伟 摄

雁形目

ANSERIFORMES

　　雁形目包括叫鸭、天鹅、雁、鸭和秋沙鸭等鸟类，全世界有2科44属160种，叫鸭科3种，仅分布于南美洲，鸭科鸟类分布于除南极以外的世界各地水域，大多具有季节性迁徙的习性。我国有1科20属51种，遍及各地。

　　雁形目鸟类属于中、大型高度水生的鸟类，叫鸭科的鸟体长70～90 cm，鸭科体长29～152 cm，羽色多为雌雄异色。有的种类头部具有冠羽，喙多扁平，外包皮质膜，先端具嘴甲，有的喙尖而具钩。多数物种拥有较长的脖子。绒羽发达，羽毛稠密而防水，宽阔的身体容易浮。腿短而强，前趾间具蹼，大多数种类的尾短，尾脂腺发达。在地面上或树洞中营巢，每窝产4～12枚卵，孵化根据物种不同，但一般为21～45天，雏鸟早成性。

　　食性多样，大部分种类常在繁殖季节取食鱼、甲壳类和软体类等水生动物，而在迁徙和越冬时则以水草等植物性食物为食。如雁类多以水草为食，而秋沙鸭为潜水捕食鱼类。

　　善于游泳，部分种类是潜水能手，长长的脖子捕食于水下。翅大直飞，胆小易惊飞。在繁殖期间常有复杂的求偶炫耀行为。

鸭科 Anatidae（Ducks， Geese， Swans）

栗树鸭 | 彭建生 摄

栗树鸭 Lesser Whistling Duck *Dendrocygna javanica*

【识别特征】体型中等的红褐色的鸭（41 cm）。头及颈皮黄色，头顶纹深褐色，具不显著的黄眼圈，背褐色而具棕色扇贝形纹，下体红褐色。飞行时，初级飞羽黑色，覆羽及尾上覆羽红褐色，尾羽黑褐色。【生态习性】白天喜欢匿藏在水草中或荷叶下，也常成群活动于开阔水面。性警惕，遇人迫近立即起飞，飞行时发出轻而尖的啸声。【分布】国外分布从巴基斯坦、印度到东南亚。国内见于云南西部和南部、江苏、福建、广东、香港、广西西南部、海南和台湾。

疣鼻天鹅 Mute Swan *Cygnus olor*

【识别特征】体型较大（125～160 cm）。翼展240 cm。喙橘黄色，雄鸟前额基部有一特征性黑色疣突，雌鸟疣突不明显。游水时颈部呈优雅的S形，两翅常高拱。幼鸟为绒灰色或污色，喙灰紫色。【生态习

疣鼻天鹅 | 郭冬生 摄

疣鼻天鹅 | 孙华金 摄

大天鹅 | 王勇 摄

性】常成对或以家族为单位活动，成鸟在护巢区时有攻击性。【分布】国外分布于欧洲至中亚、北美，越冬于北非及印度。国内见于黑龙江、辽宁南部、河北、北京、天津、山东东部、内蒙古、甘肃西北部、新疆中部和北部、青海中部、四川北部、江苏、浙江和台湾。

大天鹅 Whooper Swan *Cygnus cygnus*

【识别特征】体型高大的天鹅（155 cm）。喙黑，喙基有大片黄色，黄色区域向前延伸至鼻孔之下。游水时颈较疣鼻天鹅为直。亚成体全身污白色，尤其头颈部羽色较暗，喙色亦淡。【生态习性】繁殖季成对活动，常小群在空中列队飞行。以水生动植物为食，并能挖食淤泥下0.5 m左右的食物。【分布】国外分布于格陵兰、北欧、亚洲北部，越冬于中欧、中亚。国内见于西藏以外地区。

小天鹅 | 朱英 摄

小天鹅 Tundra Swan *Cygnus columbianus*

【识别特征】体型大的天鹅（120～150 cm）。喙黑，但基部黄色区域不前延伸至鼻孔之下，颈和喙略短，幼鸟全身灰褐色。【生态习性】性活泼而机警。常成群活动和觅食，并有一对哨鸟担任警戒，以水生植物根茎和种子或昆虫、螺等为食。【分布】国外分布于北美、北欧及亚洲北部，在北美中部、欧洲、中亚、中国及日本越冬。国内见于大部分地区。

鸿雁 | 朱英 摄

鸿雁 Swan Goose *Anser cygnoides*

【识别特征】体大而颈长的雁（81～90 cm）。黑且长的喙与前额成一直线，一道狭窄白线环绕喙基。上体灰褐色但羽缘皮黄。前颈白，头顶及颈背红褐色，前颈与后颈有一道明显界线。腿粉红色，臀部近白色，飞羽黑色。与小白额雁及白额雁区别在于喙为黑色，额及前颈白色较少。【生态习性】常成群活动于湖泊、水塘、沼泽地带，以植物、藻类和软体动物为食。迁徙时常成百上千排成一字形或人字形队伍，并伴随着洪亮的叫声。【分布】国外分布于蒙古、西伯利亚。国内除陕西、西藏、贵州、海南外，见于各省。

豆雁 Bean Goose *Anser fabalis*

【识别特征】体型大灰色的雁（66～89 cm）。脚为橘黄色，颈色暗，喙黑色而具橘黄色次端条带。飞行中较其他灰色雁类色暗而颈长。【生态习性】喜群栖，常数十只或数百只在开阔草原、湖泊、沼泽等地，飞行时速度缓慢，常呈一字形或人字形飞行。【分布】繁殖于欧洲及亚洲泰加林，在温带地区越冬。在国内是相当常见的冬候鸟，亚种*rossicus*及*johanseni*冬季见于在新疆西部喀什地区及陕西；亚种*serrirostris*及*sibiricus*迁徙时见于中国东北部及北部，冬季在长江下游、东南沿海省份、海南及台湾。香港有不定期迷鸟。

白额雁 White-fronted Goose *Anser albifrons*

【识别特征】体型大灰色的雁（70～85 cm）。腿橘黄色，喙粉红色，白色斑块环绕喙基，腹部具大块黑斑，雌鸟腹部黑斑小。飞行中显笨重，翅下羽色较灰雁暗，但比豆雁浅。【生态习性】常小群活动于湖泊和沼泽，以植物种子、根茎或农作物为食。迁徙季节时则聚成大群在夜晚飞行，而白天则休息和觅食。【分布】繁殖于北半球的苔原冻土带。国内见于西藏南部、黑龙江、吉林、辽宁、河北、北京、天津、山东、河南、内蒙古东北部、新疆西南部、湖北、湖南、安徽、江西、江苏、上海、浙江和台湾。

豆雁｜朱英 摄

白额雁｜郭冬生 摄

白额雁 | 冯利民 摄

小白额雁 | 朱英 摄

灰雁 | 彭建生 摄

小白额雁 Lesser White-fronted Goose *Anser erythropus*

【识别特征】体形和白额雁相似（53～66 cm）。腿橘黄，喙基部有大白斑延伸至两眼，腹部有黑色斑块。眼圈黄色。【生态习性】在湖泊、河流等地越冬，经常在农田及苇地取食，性敏捷。【分布】国外分布北半球苔原、东亚、中东和巴尔干半岛。国内见于黑龙江、吉林、辽宁、河北、北京、天津、河南、山东、内蒙古东北部、新疆北部、云南、四川、湖北、湖南、安徽、江西、江苏、上海、浙江、福建、广东、广西、台湾。

灰雁 Graylag Goose *Anser anser*

【识别特征】体型大灰褐色的雁（76～89 cm）。喙和脚为粉红色，喙基无白色。上体体羽缘白，使上体具扇贝形图纹。胸浅烟褐色，尾上及尾下覆羽均白色。飞行中浅色的翅前区与飞羽的暗色成对比。【生态习性】常成对或成小群活动于开阔原野、湖泊、沙洲、河湾，以小虾、螺、昆虫、水生植物为食。筑巢于水边水草中或芦苇和蒲草间的泥滩地上，巢由水草堆砌而成。【分布】国外分布于欧亚大陆，越冬于北非、印度、中国及东南亚。国内见于各省，繁殖于中国北方大部，结小群在中国南部及中部的湖泊越冬。

斑头雁 Bar-headed Goose *Anser indicus*

【识别特征】体型略大的雁（71～76 cm）。顶白而头后有两道黑色条纹为本种特征。喉部白色延伸至颈侧。头部黑色图案在幼鸟时为浅灰色。飞行中上体均为浅色，仅翅部狭窄的后缘色暗。下体多为白色。【生态习性】耐寒冷荒漠碱湖的雁类。喜成群活动，飞行时，常排成人字形，边飞边叫。性机警，见人就相互鸣叫，并立即逃离。以青草、昆虫、软体动物、种子为食。筑巢于湖心小岛上，集体营巢。【分布】国外繁殖于亚洲中部，在印度北部及缅甸越冬。国内见于中、西部地区。

雪雁 Snow Goose *Anser caerulescens*

【识别特征】大型水鸟（66～84 cm）。体羽白色，初级飞羽黑色，腿和喙粉红色，另外有蓝色型。【生态习性】在北方苔原繁殖，越冬时在沿海湿地生活。【分布】国外分布于北美。国内见于河北、天津、山东、江西、江苏。

斑头雁 | 王春芳 摄

雪雁（群中白者） | 孙华金 摄

赤麻鸭 | 肖克坚 摄

赤麻鸭 | 董磊 摄

赤麻鸭 Ruddy Shelduck *Tadorna ferruginea*

【识别特征】体大橙栗色的鸭类（63 cm）。外形似雁。头皮黄色，头顶和颈侧白色。雄鸟夏季有狭窄的黑色领圈，雌鸟无。飞行时白色的翅上覆羽及铜绿色翼镜明显可见。喙和腿黑色。【生态习性】栖息于开阔草原、湖泊、农田等环境中，常结队到水域附近农田觅食。【分布】国外分布于东南欧及亚洲中部，越冬于印度、东南亚和中国南方。国内除海南外，分布于各省。

翘鼻麻鸭 Common Shelduck *Tadorna tadorna*

【识别特征】体型较大的鸭（61～68 cm）。喙红色，雄鸟在繁殖期喙上有突出物。头和两翅墨绿色，胸部有褐色横带，其余羽毛基本白色。【生态习性】经常成小群活动，一般在退潮后的泥潭上觅食。【分布】国外分布欧亚大陆中部、东亚、非洲。国内见于除海南以外各省。

翘鼻麻鸭(雌) | 朱英 摄

翘鼻麻鸭(雄) | 郭冬生

棉凫｜董江天 摄

棉凫 Cotton Pygmy Goose *Nettapus coromandelianus*

【识别特征】体小深绿及白色的鸭类（31～38 cm）。雄鸟头顶、颈带、背、两翅及尾皆黑绿色；余部近白。飞行时白色翅斑明显。雌鸟棕褐色取代闪光黑色，皮黄色取代白色；有暗褐色过眼纹；无白色翅斑。【生态习性】喜生活在有茂盛水生植物的湖泊、水塘，夜间多栖息于湖中或树上。以谷粒、水生植物、昆虫等为食。筑巢于离水不远的树洞中。【分布】国外分布于印度到东南亚及至新几内亚和澳大利亚的部分地区。国内从内蒙古到台湾，繁殖于长江及西江流域、华南及东南部沿海，包括海南岛及云南西南部。

鸳鸯 Mandarin Duck *Aix galericulata*

【识别特征】体小而色彩艳丽的鸭类（40 cm）。雄鸟有醒目的白色眉纹，金色颈，背部有可直立的棕黄色"帆状饰羽"。雌鸟不甚艳丽，体羽亮灰色，有雅致的白色眼圈及眼后线。雄鸟的非婚羽似雌鸟，但喙为红色。【生态习性】栖息于山间溪流、河谷、湖泊、沼泽地带。繁殖期成对活动，非繁殖期则成群。常到水域附近农田中觅食。性机警，遇警立即起飞，边飞边叫。筑巢于溪旁树洞中。【分布】国外分布于东北亚。国内繁殖于东北，除新疆、西藏、青海外，见于各省。

鸳鸯｜英长斌 摄

鸳鸯｜英长斌 摄

赤颈鸭 | 郭冬生 摄

罗纹鸭 | 朱英 摄

赤颈鸭 Eurasian Wigeon *Anas penelope*

【识别特征】体型中等的大头鸭（47 cm）。雄鸟头栗色而带皮黄色冠羽。体羽余部多灰色，胸粉红色，两胁有白斑，腹白色，尾下覆羽黑色。飞行时白色翅羽与深色飞羽及绿色翼镜成对照。雌鸟通体棕褐色或灰褐色，腹白色。【生态习性】迁徙季节常大群在开阔水面上随波逐浪，起飞时常呈直线飞起，飞翔快而有力。【分布】国外分布于古北界、北非。国内见于各省，繁殖于中国东北或西北，冬季迁至中国北纬35°以南包括台湾及海南的广大地区。

罗纹鸭 Falcated Duck *Anas falcata*

【识别特征】体型中等的鸭类（47 cm）。雄鸟头顶栗色，头侧绿色闪光的冠羽延垂至颈项，前额有一小白点斑，喉及前颈白色，颈基有一黑带，颈侧有三角形黄斑。雌鸟暗褐色，喙及腿暗灰色，头及颈色浅，两胁略带扇贝形纹，尾上覆羽两侧具皮草黄色线条；有铜棕色翼镜。【生态习性】常清晨或黄昏在农田和湖边浅水处觅食，以水生植物和谷粒为食。【分布】繁殖于西伯利亚、中国东北湖泊及湿地。冬季飞经中国大部分地区包括云南西北部，在香港常有越冬鸟。除甘肃、新疆外，见于各省。

绿翅鸭(雌) 朱英 摄

绿翅鸭 Green-winged Teal *Anas crecca*

【识别特征】体型较小的鸭类（37 cm）。绿色翼镜。雄鸟有带皮黄色边缘的贯眼纹横贯栗色的头部，肩羽上有一道长长的白色条纹，深色的尾下羽外缘具皮黄色斑块；其余体羽多灰色。雌鸟褐色斑驳，腹部色淡，翼镜亮绿色，前翅色深，头部色淡。【生态习性】常成群活动于江河、湖泊和海湾等水域中。以米粒、草籽、螺和软体动物为食。【分布】国外繁殖于整个全北界北部、中部，南部、北非越冬。国内见于各省。

绿头鸭 Mallard *Anas platyrhynchos*

【识别特征】体型大的鸭类（55～70 cm），为家鸭的野型。雄鸟头及颈深绿色带光泽，白色颈环使头与栗色胸隔开。雌鸟褐色斑驳，有深色的贯眼纹，喙橙黄色、上喙有黑斑。【生态习性】常成群活动于江河、湖泊等水域中，鸣声清脆响亮。【分布】国外分布于全北界，大洋洲；南方越冬。国内见于各省。

绿翅鸭(雄) 朱英 摄

绿头鸭 | 郭冬生 摄

斑嘴鸭 | 彭建生 摄

斑嘴鸭 Spot-billed Duck *Anas poecilorhyncha*

　　【识别特征】体大深褐色的鸭（60 cm）。头色浅，顶及过眼纹色深，喙黑而端黄，且于繁殖期喙端顶尖有一黑点为本种特征。喉及颊皮黄色。脚橙红色。两性同色，但雌鸟较暗淡。【生态习性】栖息于江河、湖泊、沼泽和沿海地带，常成百成千聚集在开阔的湖面活动。晨昏在稻田、沼泽、泥塘中觅食，以水生植物根、茎、种子、水藻、螺和水生昆虫等为食。筑巢于水域岸边草丛和岩石间。【分布】国外分布于印度、缅甸、东北亚。国内分布于各省。

赤膀鸭 | 彭建生 摄

赤膀鸭 Gadwall *Anas strepera*

【识别特征】体型中等灰色的鸭 (46～58 cm)。雄鸟喙黑色，头棕色，次级飞羽具白斑及腿橘黄色为其主要特征，胸褐色有新月形白色细斑，尾下覆羽黑色。雌鸟头较扁，喙侧橘黄色，腹部及次级飞羽白色。【生态习性】常小群在开阔湖面活动，清晨和黄昏则飞到附近田野觅食。常成对活动，筑巢于水边草丛中或湖心岛上小树枝杈上。【分布】国外分布于全北界、北非、印度北部及日本南部，在温带地区繁殖，南方越冬。国内见于各省，越冬于中国长江以南大部分地区及西藏南部。

花脸鸭 Baikal Teal *Anas formosa*

【识别特征】体型中等的鸭类 (42 cm)。雄鸟头顶色深，脸部具纹理分明的亮绿色、黑色、黄色月牙形条纹。多斑点的胸部染棕色，两胁具鳞状纹。肩羽形长，中心黑而上缘白。翼镜铜绿色，臀部黑色。雌鸟喙基有白点，脸侧有白色月牙形斑块。飞行时，翅上翼镜比雄鸟小。【生态习性】白天常小群活动于江河、湖泊中，夜晚则到田野或水边浅水处觅食，筑巢于河岸或湖边干芦苇中或灌丛中。【分布】国外繁殖于西伯利亚，越冬于中国、朝鲜及日本。国内除甘肃、新疆、西藏外，见于各省。

花脸鸭 | 彭建生 摄

针尾鸭 | 彭建生 摄　　　针尾鸭 | 冯利民 摄

针尾鸭 | 朱英 摄

针尾鸭 Northern Pintail *Anas acuta*

【识别特征】体型中等的鸭类（50～65 cm）。雄鸟头棕色，前颈和胸白色，两胁有灰色扇贝形纹，尾黑色，中央尾羽特别延长，两翅灰色具绿铜色翼镜，下体白色。雌鸟暗淡褐色，上体多黑斑，下体皮黄色，胸部具黑点，两翅灰翼镜褐，喙及脚灰色。【生态习性】性胆怯怕人，稍有动静，立即起飞。飞行甚快，鸣声低弱。白天多在开阔水面游荡和休息，夜晚才到浅水处或附近田野觅食。食物主要为水生植物种子，也吃软体动物和昆虫。筑巢于水域附近的草丛或灌丛中。【分布】国外繁殖于全北界，南方越冬。国内见于各省。

白眉鸭（雄）｜朱英 摄

白眉鸭（雌）｜朱英 摄

白眉鸭 *Garganey Anas querquedula*

【识别特征】小型鸭类（37～41 cm）。喙灰黑色，头顶较扁平，雄鸟头部有明显白色眉纹，飞行时翅上覆羽蓝灰色。雌鸟贯眼纹深色，眉纹浅色，喉白色。【生态习性】栖息于湖泊、水塘等地，白天多在水面休息，晚上觅食。飞行急速，飞行时一直向前。【分布】国外分布于欧亚大陆、北非、南亚、东南亚。国内见于各省。

琵嘴鸭 Northern Shoveler *Anas clypeata*

【识别特征】体型较大的鸭类（43～56 cm）。喙特长，末端呈匙形。雄鸟虹膜黄色，头深绿色而具光泽，胸白色，腹部栗色。雌鸟褐色斑驳，尾近白色，贯眼纹深色。飞行时浅灰蓝色的翅上覆羽与深色飞羽及绿色翼镜成对比。【生态习性】常与其他水鸭混群生活于开阔水域，游泳不快，很少潜水，叫声柔和单调。用匙形嘴挖掘泥沙觅食，有时也在水面滤水取食水生动物。筑巢于河边灌丛、草丛中和森林河谷边。【分布】繁殖于全北界；南方、北非越冬。国内见于各省，繁殖于中国东北及西北，冬季迁至中国北纬35°以南包括台湾的大部分地区。

琵嘴鸭｜冯利民 摄

琵嘴鸭｜朱英 摄

赤嘴潜鸭 Red-crested Pochard *Netta rufina*

【识别特征】体大皮黄色的鸭类（53～58 cm）。雄鸟棕黄色头部和橘红色的喙与黑色前半身成对比。两胁白色，尾部黑色，翅下覆羽白色。雌鸟褐色，两胁无白色，但脸下、喉及颈侧为白色。额、顶盖及枕部深褐色，眼周色最深。繁殖后雄鸟似雌鸟，但喙为红色。【生态习性】常成对或小群活动于水域中，善潜水。在草丛中或水中固定的漂浮物上筑巢。【分布】繁殖于东欧及西亚；越冬于地中海、中东、印度及缅甸。国内繁殖于中国西北，最东可至内蒙古的乌梁素海，冬季散布于华中、东南及西南各处。

红头潜鸭 Common Pochard *Aythya ferina*

【识别特征】体型中等的鸭类（46 cm）。雄性栗红色的头部，亮灰色的喙端黑色，黑色的胸部。背及两胁显灰色。近看为白色带黑色波状细纹。飞行时翅上的灰色条带与其余较深色部位对比不明显。雌鸟背灰色，头、胸及尾近褐色，眼周皮黄色。【生态习性】常成群活动，有时还和凤头潜鸭等混群活动在开阔的水面，善潜水，常在水面互相追逐和捕食水中生物，飞行快速，但陆上行动困难。【分布】国外分布于西欧至中亚，越冬于北非、印度及中国南部。国内除海南外，见于各省，繁殖于西北，冬季迁至华东及华南。

赤嘴潜鸭｜郭冬生 摄

红头潜鸭(雌)｜彭建生 摄

红头潜鸭(雄)｜彭建生 摄

青头潜鸭 Baer's Pochard *Aythya baeri*

【识别特征】体型中等近黑色的潜鸭（45 cm）。雄鸟眼白，头颈黑色，胸深褐色，腹部及两胁白色，翅下覆羽及二级飞羽白色，飞行时可见黑色翅缘。雌鸟头、颈黑褐色，胸淡褐色，喙角有一淡色圆斑。【生态习性】栖息于江河、湖泊、沼泽和沿海水域。性胆怯，翅强而有力，飞行和在地上行走较快。亦善游泳和潜水。食物主要为水生动植物。筑巢于芦苇丛和灌木丛中。【分布】国外分布于西伯利亚，在中南半岛越冬。国内除新疆、海南外，见于各省，东北繁殖，迁徙时见于中国东部，越冬于华南，在香港的米埔偶有记录。

白眼潜鸭 Ferruginous Duck *Aythya nyroca*

【识别特征】体型中等全深色型的鸭（38～42 cm）。尾下覆羽白色，雄鸟的头、颈、胸及两胁浓栗色，眼白色。雌鸟暗烟褐色，眼黑褐色。【生态习性】常成对或小群活动在有芦苇、有水草的水边，遇危险则藏入芦苇丛中。善潜水，但在水下停留时间不长。大都在晨昏觅食，成对或成小群繁殖，筑巢于漂浮在湖中的芦苇丛中。【分布】国外分布于欧亚大陆中西部，越冬于非洲、中东、印度及东南亚。国内见于全国大部分地区。

青头潜鸭 | 宋晔 摄

白眼潜鸭（雄） | 彭建生 摄

白眼潜鸭（雌） | 朱英 摄

凤头潜鸭 | 林宏儒 摄

凤头潜鸭 Tufted Duck *Aythya fuligula*

【识别特征】体型中等矮扁结实的鸭（40～47 cm）。头具特长羽冠，头部轮廓略呈四方形，眼黄色。雄鸟黑色，腹部及体侧白色。雌鸟深褐色，两胁有褐色横纹，羽冠短，尾下羽偶为白色。雏鸟似雌鸟但眼为褐色。【生态习性】善游泳和潜水，潜水时间可达3～5 min，常潜入水下数米的地方捕食虾、蟹、小鱼、蝌蚪等动物。游泳时，常将尾下拖于水面，叫声粗而单调。筑巢于芦苇或水草丛间漂浮的芦苇堆上。【分布】国外繁殖于整个北古北界，在南方越冬。国内见于各省，繁殖于东北，迁徙时经中国大部地区至华南地区（包括台湾）越冬。

斑背潜鸭（雌）| 朱英 摄

斑背潜鸭 Greater Scaup *Aythya marila*

【识别特征】体型中等（40～51 cm）。头部较大而浑圆，喙大且阔呈蓝色，眼黄色。雄鸟头、颈黑色，具紫色光泽，背白色，有黑色波状横斑，翼镜、腹和两胁白色。雌鸟头部明显深褐色，喙基具淡色斑块。【生态习性】在河流、湖泊、海湾等处活动，可以快速有力地飞行，在陆地行走时笨拙且缓慢。【分布】国外分布于全北界。国内除西部外，见于东南部和华南沿海省份及台湾地区。

斑背潜鸭（雄）| 朱英 摄

丑鸭 Harlequin Duck *Histrionicus histrionicus*

【识别特征】体型小暗色海鸭（38～51cm）。雄性大，体色偏暗蓝色，雄鸟较雌鸟头部的白斑大而显著。且雄鸟颈部着白领，肩部着粗长白纹，两胁栗红色。雌鸟偏暗褐色。【生态习性】栖息于靠近急流的溪涧旁边，常成小群，游泳时尾翘起，飞行快而低。多在岩石和灌丛间的深凹处营巢，有时也营巢于树洞中。集成大群迁徙，在海上多岩港湾过冬。【分布】国外分布于东亚至北美、格陵兰及冰岛。国内，冬季北方亚种*pacificus*偶见于东北地区，北戴河及青岛也有过记录。

丑鸭 | 刘佩奇 摄

丑鸭 | 张明 摄

长尾鸭（雌）｜朱英 摄

长尾鸭 Long-tailed Duck *Clangula hyemalis*

【识别特征】体型中等的鸭类（58 cm）。雄鸟尾特别长，头、颈、胸黑色，腹白色，具大型白色脸斑。背黑褐色，具棕红色羽缘。雌鸟尾短，头淡黑色，具灰白色脸斑。背部褐色。【生态习性】白天成群在海岸、江河与湖泊中活动，繁殖在近北极圈附近的河岸与湖边。营巢于水边草丛中。【分布】国外分布于全北界。国内见于东北、河北、北京、天津、河南、山西、甘肃、新疆、四川中部、湖南、江苏和福建。

长尾鸭（雄）｜朱英 摄

黑海番鸭 Black Scoter *Melanitta nigra*

【识别特征】稍小的矮胖型深色的海鸭（43～50 cm）。雄鸟全黑，喙基有大块黄色肉瘤。雌鸟烟灰褐色，头顶及枕黑色，脸和前颈皮灰黄色。飞行时，两翅近黑色，翅下覆羽深色。【生态习性】常单独或小群在海洋或大的湖泊中活动，喜游泳和潜水。筑巢于开阔而宁静的冻原河流、湖泊和水塘边草丛和灌丛中。【分布】国外繁殖于欧亚的泰加林及阿拉斯加，越冬至北美洲及欧洲沿海，并由阿留申群岛至日本及朝鲜半岛东部沿海。国内见于黑龙江、山东、重庆、江苏、上海、福建、广东和香港。

黑海番鸭｜薄顺奇 摄

斑脸海番鸭　朱英 摄

鹊鸭　郭冬生 摄

鹊鸭(雌)　朱英摄

鹊鸭(雄)　朱英摄

斑脸海番鸭 Velvet Scoter *Melanitta fusca*

【识别特征】体型中等的鸭类（51～58 cm）。体羽黑色，雄鸟眼下有白斑，翼镜白色。喙为橘黄色，有一肉瘤在喙基部。雌鸟全身大致黑褐色，在喙基部和耳旁有白斑，喙黑色。【生态习性】多栖息在湖泊中，常成对活动，可以较长时间潜水，并且潜水较深。【分布】国外分布于北美北部、欧亚大陆。国内见于新疆、四川南充地区及东部沿海省份。

鹊鸭 Common Goldeneye *Bucephala clangula*

【识别特征】体型中等深色的潜鸭（42～50 cm）。头大而高耸，眼金色。繁殖期雄鸟胸腹白色，次级飞羽极白。喙基部具大的白色圆形点斑，头余部黑色闪绿光。雌鸟烟灰色，具近白色扇贝形纹，头褐色，无白色点，通常具狭窄白色前颈环。非繁殖期雄鸟似雌鸟，但近喙基处点斑仍为浅色。【生态习性】性机警，距人很远即飞。善游泳和潜水，能长时间潜入水下捕食。筑巢于林中河流与湖泊岸边树洞中。【分布】国外分布于全北界，繁殖在亚洲北部。国内除海南外，见于各省。

斑头秋沙鸭 Smew *Mergellus albellus*

【识别特征】体型小而优雅的黑白色的鸭（35～44 cm）。繁殖期雄鸟体白色，但眼罩、枕纹、上背、初级飞羽及胸侧的狭窄条纹为黑色。体侧具灰色波状细纹。雌鸟及非繁殖期雄鸟上体灰色，具两道白色翅斑，下体白色，眼周近黑色，额、顶及枕部栗色，喉白色。【生态习性】常成小群或混群生活。善游泳和潜水。飞行很迅速，飞行时寂静无声。筑巢于水边或附近岩壁上，也有在树洞中筑巢的。【分布】国外分布于欧亚大陆，越冬于南欧、印度北部及日本。国内繁殖于内蒙古东北部的沼泽地区，冬季南迁时经过中国大部分地区，除海南外，见于各省。

斑头秋沙鸭(雌)　彭建生 摄

斑头秋沙鸭(左雄，右雌)　彭建生 摄

中华秋沙鸭(雌) | 朱英 摄

中华秋沙鸭(雄) | 朱英 摄

中华秋沙鸭 Scaly-sided Merganser *Mergus squamatus*

【识别特征】体大的鸭类(52～62 cm)。雄鸟头至上颈部暗绿有金属光泽，黑色的头部具厚实的羽冠，长而窄近红色的喙，其尖端具钩。胸白色，两胁羽片白色，具鳞状纹。脚红色。雌鸟色暗而多灰色，体侧具同轴而灰色宽黑色窄的带状图案。【生态习性】常在河口、海岸等水域活动。善游泳和潜水，亦善飞行，通常飞行高度低。性机警，稍有动静即飞走。食物主要为鱼类、石蛾科昆虫。筑巢于森林河岸树洞中。【分布】繁殖在西伯利亚、朝鲜北部及中国东北；越冬于中国的华南及华中、日本及朝鲜，偶见于东南亚。

红胸秋沙鸭 宋晔 摄

红胸秋沙鸭 Red-breasted Merganser *Mergus serrator*

【识别特征】体型中等的秋沙鸭类（53 cm）。体羽深色。眼红色，喙细长而带钩。丝质冠羽长而尖。雄鸟黑白色，两侧多具波状细纹，头顶羽冠短，胸部棕色，条纹深色，翅有白色大型翼镜。雌鸟及非繁殖期雄鸟色暗而褐，近红色的头部渐变成颈部的灰白色。【生态习性】性机警，很难靠近，常潜水捕食。筑巢于灌丛间或草丛中，或在岩石缝隙、漂浮的芦苇堆中筑巢。【分布】国外分布于全北界。国内于黑龙江北部有繁殖，冬季经中国大部地区至中国东南沿海省份包括台湾越冬。

普通秋沙鸭 Common Merganser *Mergus merganser*

【识别特征】体型略大（68 cm）。细长的喙具钩。繁殖期雄鸟头及背部绿黑色，与光洁的乳白色胸部及下体成对比。飞行时翅白而外侧三级飞羽黑色。雌鸟及非繁殖期雄鸟上体深灰色，下体浅灰色，头棕褐色而颏白。【生态习性】繁殖期成对活动，非繁殖期则喜成群，频频潜水取食。飞行疾速而有力，飞行时两翅发出呼啸声。食物主要为鱼类。筑巢于水域岸边岩壁上，有时也在树洞或地穴内营巢。【分布】国外分布于北半球。国内分布于各省，指名亚种繁殖于西北及东北，冬季迁徙至黄河以南大部地区越冬，迷鸟至台湾。

普通秋沙鸭（雌） 朱英 摄

普通秋沙鸭 | 肖克坚 摄

普通秋沙鸭 | 肖克坚 摄

白头硬尾鸭 White-headed Duck *Oxyura leucocephala*

【识别特征】矮胖型褐色的鸭（46 cm）。头大、颈短、体肥胖、喙基膨大。翅短，尾硬而上翘或贴于水面。头黑白两色。雄鸟头白色，顶及领黑，繁殖期喙蓝色。雌鸟及雏鸟头部深灰。偶有第一春的雄鸟头全黑，喙基明显膨大。【生态习性】栖息于湖泊海湾，善游泳和潜水，游泳时尾常垂直竖起。起飞困难，常需助跑起飞。遇危险时亦多藏于芦苇丛中或潜水逃离。活动时寂静无声，但求偶期亦鸣叫。营巢于湖边芦苇丛中。

【分布】国外分布于地中海和西亚。国内在新疆西部的准噶尔盆地及天山地区有过繁殖记录，湖北洪湖有过越冬记录。

白头硬尾鸭（雌）｜朱英 摄

白头硬尾鸭｜王春芳 摄

隼 形 目

FALCONIFORMES

  隼形目包括鹫、鹗、鹰、鸢、雕、鹭鹰和隼等鸟类，全世界有5科80属311种，，大多数生活在温带地区，除南极和少数岛屿外，世界各地都有分布。我国有3科24属64种，多为候鸟。

  隼形目属于昼行性猛禽，体型大小不一，雌性通常会大于雄性。圆头，有尖锐并具利钩的喙。喙基具蜡膜，眼球较大，两眼侧置，视野宽阔，视觉敏锐，听觉发达。短的颈部，大多数有单调的棕色、灰色或白色的羽毛。腿短，脚和趾强健有力，爪弯曲锋利，通常3趾向前，1趾向后，除鹗外，外趾不能反转。雌雄多是一夫一妻，共同哺育后代，多在高树或悬崖上营巢。每窝产卵1～2枚，一般主要由雌鸟孵卵，孵化期30～45天，雏鸟为晚成性。

  食物多样，因季节而有差异，嗜肉食，以动物性食物为主，从小型哺乳动物、两栖动物、昆虫、甲壳类动物到软体动物，一些是食腐鸟类，如秃鹫就专吃动物尸体。

  栖息环境多样，在高山、平原、山麓、丘陵、草原、海岸峭壁、江河湖泊或沼泽草地等处均可见到。凶猛，较强的领域性。有宽阔且强而有力的翅膀适合飙升，能在高空持久盘旋和翱翔灵活而急速地追猎飞着的鸟类，俯冲追击奔跑的动物。

鹗科 Pandionidae（Osprey）

鹗 Osprey *Pandion haliaetus*

【识别特征】体型中等（55～58 cm）。体色黑白色，略带褐色。头白色，顶部具纵纹，黑色过眼纹达颈后，胸部具纵纹。翅狭长，滑翔时常呈"M"形。趾长而弯。【生态习性】擅长捕鱼。常停立于近水的高点，也常盘旋于水面之上，发现猎物后快速俯冲入水捕捉猎物。【分布】国外广泛分布于世界各地。国内见于各省。

鹗｜宋晔 摄

鹗｜朱英 摄

褐冠鹃隼 | 宋晔 摄

褐冠鹃隼 | 董磊 摄

鹰科 Accipitridae (Hawks, Eagles)

褐冠鹃隼 Jerdon's Baza *Aviceda jerdoni*

　　【识别特征】体型中等的猛禽 (46～48 cm)。体褐色，腹部灰白色，有红褐色横纹。头部具黑色冠羽，常垂直竖立，其尖端白色，喉部白色中央具黑色纵纹，翅宽圆，飞羽上覆宽阔的暗灰和黑色横带，尾羽灰褐色，有2～3道暗色横斑和次端斑。【生态习性】栖息于山地森林、林缘地带。主要以蜥蜴、蛙、蝙蝠、昆虫为食。【分布】国外分布于南亚、东南亚。国内分布于广西、海南、云南。

黑冠鹃隼 Black Baza *Aviceda leuphotes*

【识别特征】体型偏小（30～35 cm）。体色黑白相间。头蓝黑色，喉黑色，上胸白色，头顶冠羽常立起。翅较为短圆。腹部具栗色横纹。【生态习性】栖息于开阔林缘地带，常成对活动，以捕捉大型昆虫为主。【分布】国外分布于印度及东南亚。国内较常见于中部、华南至西南地区。

凤头蜂鹰 Oriental Honey Buzzard *Pernis ptilorhyncus*

【识别特征】体型中等（58 cm）。体色极多变，故易被误认，但尾部的粗横斑为保守特征。翅较宽大，尾展开时为扇形。头小而尖，眼部周围羽毛呈鳞片状，远看似裸露皮肤。喙和脚均显细弱，但幼年时喙较大，似鸢甚至雕。鼓翼缓慢而沉重，滑翔时两翅平直。【生态习性】喜攻击蜂巢，因此得名。主要捕食昆虫及蜥蜴。大规模集群迁徙。【分布】具长冠羽亚种*ruficollis*为西南地区留鸟。亚种*orientailis*大部分繁殖于中国东北至西伯利亚或日本，越冬于东南亚。国内见于各省。

凤头蜂鹰 | 朱英 摄

凤头蜂鹰 | 董磊 摄

黑翅鸢 | 董磊 摄

黑翅鸢 | 彭建生 摄

黑翅鸢 Black-winged Kite *Elanus caeruleus*

　　【识别特征】体型偏小（30 cm）。体色以灰白色为主，翅端黑色为主要识别特征。红色虹膜及眼周围黑色区域亦为显著特征。【生态习性】喜停立于枯木、电线杆等视野开阔处，擅悬停，捕食地面上的小型猎物。【分布】国外广泛分布于非洲、欧亚大陆南部及东南亚诸岛。国内分布于南方各省，但华北近海平原地区也有记录。

黑鸢 Black Kite *Milvus migrans*

【识别特征】体型中等（55～60 cm）。棕色或黑褐色，翅狭长，初级飞羽甚长且滑翔时明显上弯。叉状尾为显著特征。喙较粗大。见于东部的亚种翅下有显著大块白斑，耳羽黑色。【生态习性】活动于开阔地带，喜停立于铁丝网柱等相对高处。以捕食啮齿类或蜥蜴为主，部分地区个体善捕鱼，同时具腐食习性，常在垃圾堆中觅食，故常见于很多城市。部分种群大规模集群迁徙。【分布】国外广泛分布于欧亚大陆及非洲、澳大利亚。国内全国分布。

黑鸢｜朱英 摄

黑鸢｜彭建生 摄

栗鸢 Brahminy Kite *Haliastur indus*

【识别特征】体型中等的猛禽（36～51 cm）。头、颈、胸及上背部白色，其余均为栗色。飞行时可见初级飞羽黑色，尾呈圆形。虹膜为褐色或红褐色。【生态习性】主要栖息于水域沿岸及邻近城镇村庄。除繁殖期成对和成家族群外，通常单独活动。主要以蟹、蛙、鱼等为食，也吃昆虫、虾和爬行类，偶尔也吃小鸟和啮齿类。【分布】国外分布从南亚、东南亚到澳大利亚。中国历史上分布于长江中下游、云南西南部、西藏及东南沿海，已多年没有记录。

白腹海雕 White-bellied Sea Eagle *Haliaeetus leucogaster*

【识别特征】大型猛禽（70～85 cm）。喙铅灰色，体羽黑白色，飞羽黑色，其余白色。楔形尾白色基黑色。【生态习性】在河口、沿海地带。【分布】国外分布于南亚至澳大利亚。国内分布于内蒙古、华南沿海地区。

栗鸢 | 宋晔 摄

栗鸢 | 宋晔 摄　　　　白腹海雕 | 董文晓 摄

玉带海雕 | 董磊 摄

玉带海雕 Pallas's Fish Eagle *Haliaeetus leucoryphus*

【识别特征】体型大的雕（74～84 cm）。整体深褐色。头及胸色浅，与深色胸部呈对比。尾基部及末端深褐，中段白色，形成"玉带"。脚色浅。【生态习性】栖息于内陆湖泊、沼泽及河流附近，捕食鱼类。喜停栖高处。【分布】国外分布于中东、中亚、印度及东南亚。在我国新疆、青海、甘肃及内蒙古有繁殖。见于东北、华北、四川、东南部。

玉带海雕 | 董磊 摄

白尾海雕 英长斌 摄　　　　　　　　　白尾海雕 彭建生 摄

白尾海雕 White-tailed Sea Eagle *Haliaeetus albicilla*

【识别特征】体型甚大（69～92 cm）。整体棕褐色，喙大。头胸部色浅。翅宽大，尾楔形， 成年个体尾部为白色。【生态习性】喜栖息于开阔水面周围，常长时间蹲在地上、土丘上或冰面上。喜吃鱼，也捕食鸭子等水鸟。有食腐行为。【分布】国外分布于欧亚大陆、日本。国内除海南外，见于各沿海省份及西部个别地区，北京地区亦常有记录。

白尾海雕 英长斌 摄

虎头海雕 Steller's Sea Eagle *Haliaeetus pelagicus*

【识别特征】大型猛禽（85～94 cm）。体羽黑褐色；宽大弯曲黄色的喙极为显著；翅前缘由白色的小覆羽形成一条白色带斑；腰、臀、覆腿羽及楔形尾均白色。亚成鸟暗棕褐色或淡灰褐色，翅上覆羽具显著的白色斑；尾羽白色，先端和基部杂以暗褐色或灰色斑。【生态习性】冬季成群活动。主食从海面上抓起的鱼类。【分布】繁殖于西伯利亚东部沿海、堪察加半岛、萨哈林岛、朝鲜半岛、日本及库页岛。越冬在乌苏里江流域和亚洲沿海国外岛屿。国内见于北京、东北、山东（营口）、河北（唐山）和台湾。

渔雕 Lesser Fish Eagle *Ichthyophaga humilis*

【识别特征】大型猛禽（51～64 cm）。头、颈部为灰色，腹部白色，其余均为灰褐色，尾羽圆形，中央尾羽为灰褐色，黑色端斑，次端斑宽白色。【生态习性】在河口、沿海地带盘旋。【分布】国外分布于东北亚。国内见于南部的广东省和海南省。

虎头海雕 | 张明 摄

渔雕（亚成鸟）| 董文晓 摄

渔雕 | 董文晓 摄

胡兀鹫 | 周华明 摄

胡兀鹫 | 彭建生 摄

胡兀鹫 Bearded Vulture *Gypaetus barbatus*

【识别特征】大型猛禽（95～125 cm）。翼展235～280 cm，成体身体和头部灰白色。具黑色贯眼纹，喙下黑色髭须为显著特征。尾和翅黑褐色，飞行时两翅尖且直，尾呈楔形。未成年个体全身深色。【生态习性】主要栖息在海拔500～4 000 m的山地裸岩地区。喜食动物骨骼，会把骨头从高空丢落使其碎裂，以取食骨头碎片和骨髓。【分布】国外分布于欧洲南部、非洲、中亚、印度。国内分布于西藏、河北、山西、内蒙古、西北部、云南、四川、湖北。

高山兀鹫 *Himalayan Griffon Gyps himalayensis*

【识别特征】大型猛禽（116~150 cm）。成年个体头颈裸露，略覆丝状绒羽，颈部基部有皮黄色领羽。翅下及腹部浅棕色或浅黄色，初级飞羽黑色。翅尖而长，略向上扬。【生态习性】栖息海拔2 500~4 500 m的高山、草原及河谷地区，多单个或结成小群翱翔。以腐肉、尸体为食。【分布】国外分布于中亚至喜马拉雅山脉。国内分布于西北、青藏高原地区。

高山兀鹫｜肖克坚 摄

高山兀鹫｜董磊 摄

秃鹫｜彭建生 摄

短趾雕｜阙品甲 摄

秃鹫 Cinereous Vulture *Aegypius monachus*

【识别特征】体型甚大（98～107 cm）。体色黑褐色。翼展宽阔（250～300 cm），远看近长方形。七枚初级飞羽甚长，形成显著的翼指。尾短而呈楔形。远看头部小而尖，近看可见头部羽毛较少。【生态习性】成群栖息于多岩石的山区，喜食腐肉，但也会主动捕食。【分布】国外广布于欧亚大陆南部、非洲。国内见于各省，主要分布于北方，南方多省份也偶有记录。

短趾雕 Short-toed Snake Eagle *Circaetus gallicus*

【识别特征】体型较大（62～67 cm）。体色以白色为主，有黑色和褐色斑纹。头颈部的褐色斑与斑纹较少的白色腹部成鲜明对比。翅及尾部有平行横斑。与其他雕类相比，喙较小，但头部整体显粗壮。趾短。【生态习性】栖息于林缘及水边开阔地带。捕食地面小型动物，善捕蛇。【分布】国外主要分布于非洲、欧洲、中亚等地。国内较多见于西北省份，但东部省份（如北京）也常有过境记录。

蛇雕 | 冯利民 摄

蛇雕 Crested Serpent Eagle *Spilornis cheela*

【识别特征】体型较大（42～76 cm）。体色整体深色，有斑驳的点状浅斑。飞羽及尾部有宽横斑，与一些色型的凤头蜂鹰相似。翅宽而圆，尾较小。喙基部至眼周有明显黄色，为重要识别特征。有冠羽。【生态习性】栖于林地，捕捉树上或地面上的小型猎物，善捕蛇。【分布】国外分布于南亚、东南亚等地。国内分布于长江以南各地，北方亦偶有记录。

蛇雕 | 冯利民 摄

白头鹞 Western Marsh Harrier *Circus aeruginosus*

【识别特征】中型猛禽（48~56 cm）。雄鸟头、颈、背均为白色，颏、喉、胸白多具栗色纵纹。飞行时翅、腹均白色，翅端显黑色横带。雌鸟及亚成鸟体深褐色，头和颈棕黄色，具褐色纵纹，飞行时腹面棕褐色，棕褐色飞羽下显银灰色斑。【生态习性】栖息于河流、湖泊岸边和沼泽地带。多低空飞行，鼓翅缓慢，求偶期，雄鸟有空中争斗行为。【分布】全球8个亚种，繁殖于古北界的西部和中部至中国西部；越冬于非洲、印度及缅甸南部。国内，指名亚种*aeruginosus*繁殖于新疆、西藏南部；夏季见于我国东北部和北部，冬季南迁途经我国南部，云南、四川（成都）、贵州（毕节）、湖北（仙桃）、江苏（盐城）、上海和澳门有记录。

白头鹞（雄）　张明 摄

白头鹞（雌）　张明 摄

白腹鹞 Eastern Marsh Harrier *Circus spilonotus*

【识别特征】体型中等（47～55 cm）。体色色型多样。大陆型雄鸟头颈部与翅尖为黑色或灰褐色，似鹊鹞，但背部无黑色"三叉戟"，而是弥漫状斑，深色颈部与白色胸部亦无明显界线。大陆型雌鸟整体褐色且有明显纵纹，但与白尾鹞不同的是白色的腰与深色背部分界不明显。日本型雄鸟似大陆型雌鸟，但翅上方颜色更深，且中央尾羽为灰色；日本型雌鸟整体深褐色，条纹很少，初级飞羽基部浅色，形成翼窗。日本型幼鸟似雌鸟，但头尾皆浅色，易与白头鹞混淆。【生态习性】喜低空巡航于多挺水植物的沼泽湿地或水边开阔地上空，捕食地面或水面猎物。【分布】国外繁殖于东北亚，越冬于亚洲大陆南部及日本南部。国内见于各省。

白腹鹞 ｜ 宋晔 摄

白腹鹞 ｜ 朱英 摄

草原鹞(雌) | 邢睿 摄

草原鹞 Pallid Harrier *Circus macrourus*

【识别特征】体型中等的猛禽（46 cm）。体羽灰色，头偏白色，翅尖具黑色斑，雌褐色，胸部上深下浅，腰白色。【生态习性】在平原低空飞行。【分布】国外分布于古北界西部，冬季南迁非洲、中东、印度。国内见于北京、河北、内蒙古、新疆、西藏、四川、重庆、江西、江苏、广西和海南。

白尾鹞 Hen Harrier *Circus cyaneus*

【识别特征】体型中等（43～52 cm）。雄性浅灰色，头颈部颜色略深，翅尖黑色，腰白色。雌性棕色有明显纵纹，翅下及尾有明显横纹，白腰明显且与背部及尾部有明确界线。头部较白腹鹞短而平。【生态习性】喜低空巡航于开阔草地、沼泽地、农耕地等，捕食地面猎物。【分布】国外繁殖于欧亚大陆、北美，越冬于北非。国内见于各省。

白尾鹞 | 宋晔 摄

鹊鹞 董江天 摄

乌灰鹞 董江天 摄

鹊鹞 Pied Harrier *Circus melanoleucos*

【识别特征】体型小 (42 cm)。头及背部黑色，翅上覆羽白色。雄鸟体羽黑、白及灰色；头、喉及胸部黑色而无纵纹为其特征。雌鸟上体褐色沾灰并具纵纹，腰白色，尾具横斑，下体皮黄具棕色纵纹；飞羽下面具近黑色横斑。【生态习性】在开阔原野、沼泽地带、芦苇地及稻田的上空低空滑翔。【分布】国外分布于西伯利亚、印度、东南亚。国内除新疆、宁夏、青海、西藏和海南外，见于各省。繁殖于中国东北，冬季南下至华南及西南。

乌灰鹞 Montagu's Harrier *Circus pygargus*

【识别特征】体型中等 (46 cm)。头顶、后头和后颈为深灰色，背部及肩部略沾褐色。喉及胸上部灰蓝色，胸下部及腹部白色，有栗红色羽轴纹。飞行时，初级飞羽黑色部分比较多，胸腹部有栗色纵斑。【生态习性】栖息于开阔原野、沼泽地带，常低空滑翔。不善于鸣叫。【分布】国外分布于欧亚大陆西部、印度、非洲。国内繁殖于新疆西部天山地区，在山东、福建及广东有零星越冬记录，罕见季候鸟。

凤头鹰 | 韦铭 摄

凤头鹰 | 朱英 摄

凤头鹰 Crested Goshawk *Accipiter trivirgatus*

【识别特征】体型中等（37～46 cm）。背部褐色，腹部色稍浅。成鸟胸部具粗纵纹，腹部具粗横纹，腰部具大团蓬松的白色羽毛。亚成鸟胸部纵纹细，腹部斑纹为菱状，腰部白色羽毛不明显。翅较短圆，翅后缘突出。具短凤头，脸部有深色髭纹，具粗喉中线，与白色喉部成鲜明对比。【生态习性】栖息于较浓密的林地，善在林间捕食。【分布】国外分布于印度及东南亚。国内分布于河南以南，国内常见于西南地区、台湾，北京、河北等地也偶有记录。

褐耳鹰 Shikra *Accipiter badius*

【识别特征】小型猛禽（26～30 cm）。成体上体浅灰蓝色与黑色的初级飞羽形成对比，喉白色具浅灰色喉中线，胸腹具棕色细横纹。幼鸟胸前纵纹及菱状斑，耳羽褐色。【生态习性】一般栖息于开阔林地、灌木草丛。【分布】国外分布于印度、东南亚、非洲。国内分布于西南部、华南及新疆。

褐耳鹰 | 宋晔 摄

褐耳鹰 | 宋晔 摄

赤腹鹰 | 朱英 摄

日本松雀鹰(亚成) | 宋晔 摄

松雀鹰 | 黄耀华 摄

赤腹鹰 Chinese Goshawk *Accipiter soloensis*

【识别特征】小型猛禽（26～36 cm）。胸和上腹棕色，没有明显横纹，翅下覆羽和下腹白色，翅尖黑色。背面灰蓝色，尾羽灰黑色，尾下覆羽白色。【生态习性】喜活动于稀疏林区。捕食动作快，有时在上空盘旋。【分布】国外分布于东亚、菲律宾和印度尼西亚。国内除西北、西藏外，分布于各省。

日本松雀鹰 Japanese Sparrow Hawk *Accipiter gularis*

【识别特征】体型小（27 cm）。粗壮而紧凑。头部比例较其他鹰大，尾较短而方，翅短圆，五翼指。雄鸟背部灰色，腹部淡红色有深褐色细横纹，脸颊灰色，虹膜红色。雌鸟背部褐色，腹部基本白色，且横纹较雄性粗，虹膜黄色。雌雄皆有明显可见但较细的喉中线。幼鸟颈部至胸部为粗纵纹，胁部具横纹甚粗，喉中线较成鸟明显。振翅迅速而有力，与雀鹰不同。【生态习性】栖息于林地，集群迁徙。【分布】繁殖于中国东北及西伯利亚，越冬于中国南方及东南亚等地。

松雀鹰 Besra Sparrow Hawk *Accipiter virgatus*

【识别特征】小型猛禽（28～38 cm）。上体深灰色，尾具粗横斑，下体褐色较多，两胁棕色且具灰色横斑。喉白色并且有一条黑色喉中线，有黑色髭纹。【生态习性】常单独活动，高空飞翔时两翅鼓动频繁。【分布】国外分布于南亚、东南亚。国内，亚种*affinis*分布于中部、西南部及海南岛。*nisoides*分布于东南部。*fuscipectus*分布于台湾。

雀鹰 Eurasian Sparrow Hawk *Accipiter nisus*

【识别特征】体型较小（32～38 cm）。头部比例较日本松雀鹰小，躯干较细长，尾约与躯干等长，且展开后后缘较平，而非扇形。翅较短圆但较日本松雀鹰细长。通常无明显喉中线。雄性背部灰色调为主，脸颊红，胸腹部亦密布红褐色横斑。雌鸟体型明显大于雄鸟且通常更粗壮，整体为褐色，腹部及脸颊少红色。幼鸟胸部有粗纵纹，胁部有粗横纹。【生态习性】栖息于林缘、乡村及城市绿化带，以啮齿类和小型鸟类为食。集小群迁徙。【分布】国外于欧亚大陆、非洲北部分布广泛且常见。国内见于各省，繁殖于中国东北，越冬地从华北至东南亚。

雀鹰 | 韦铭 摄

雀鹰 | 肖克坚 摄

苍鹰 | 朱英 摄

苍鹰 Northern Goshawk *Accipiter gentilis*

【识别特征】体型大（56 cm），甚强壮。颈部较其他鹰类长，腿粗壮，故飞行时近梨形。尾较雀鹰短，展开后为扇形。翅较其他鹰类稍长。成年背部深灰，下体白色密布深灰色细横纹，具白眉纹。喙较粗大，脚亦甚粗壮。幼鸟背部偏褐色，下体为纵纹，虹膜颜色往往较成体浅。【生态习性】栖息于林地及林缘，可捕食较大型猎物。通常单独或成对活动，偶见集小群迁徙。【分布】国外广布于欧亚大陆及北美，不同亚种繁殖及越冬地不同。国内见于各省。

苍鹰 | 董江天 摄

苍鹰（亚成） | 宋晔 摄

灰脸𫛛鹰 Grey-faced Buzzard *Butastur indicus*

【识别特征】体型中等（45 cm）。整体棕褐色至棕红色，下体色浅，亚成鸟颜色较灰暗。翅下具褐色罗纹，胸部及上腹部密布褐色横纹，脸灰色，喙及脚黄色。具明显粗喉中线，与白色喉部成鲜明对比。飞行缓慢而沉重。【生态习性】栖息于开阔林地，捕食大型昆虫及蜥蜴，偶尔捕食啮齿类和小鸟。集大群迁徙。可于地面筑巢。【分布】国外繁殖于东北亚，越冬于中国南部及东南亚。

灰脸𫛛鹰 | 宋晔 摄

灰脸𫛛鹰 | 冯利民 摄

普通鵟 Common Buzzard *Buteo buteo*

【识别特征】体型较大（50～57 cm）。色型多变，由深棕色至浅棕色。翅下腕斑及初级飞羽白色基部形成的翼窗为较保守特征，但在深色型中不明显。与大鵟相比，头大而圆，且腹部中央通常有色深带，跗跖部无毛，且翅展较不宽阔，翼窗不明显。与毛脚鵟相比，尾部一般不具有次端横斑，或只具有模糊斑，且非单纯灰白色调。

【生态习性】栖息于林缘、农田等开阔地，城市中亦常见，以捕食地面啮齿类为主。常悬停。集大群迁徙。【分布】国外分布于欧洲、中亚、西亚、非洲。国内见于各省。

普通鵟｜宋晔 摄

普通鵟｜董磊 摄

棕尾鵟 | 朱英 摄

大鵟 | 朱英 摄

大鵟 | 宋晔 摄

棕尾鵟 Long-legged Hawk *Buteo rufinus*

【识别特征】体大（64 cm）。棕褐色，上体及胸腹斑纹较少。与大鵟相似，但跗跖无毛，且尾呈棕红色调。【生态习性】栖息于开阔平原或树木较少的山地，喜停落栖木，伺机捕食。【分布】国外繁殖于欧洲中南部、中亚、印度西北部。国内分布于西藏、甘肃、云南及四川等地，冬季可见，在新疆地区为常年常见猛禽。

大鵟 Upland Buzzard *Buteo hemilasius*

【识别特征】体大（70 cm）。色型多变，由黑色至几乎纯白。翅下腕斑及初级飞羽白色基部形成的翼窗为较保守特征，但在深色型中不明显。易与普通鵟混淆，但与之相比头部比例较小且较长，下体深色区域集中在下腹部及胁部，常与浅色的上腹部形成V字形，翼窗通常更明显，头部常为浅色，跗跖部具毛，翅展更宽阔，飞行更加稳健，似雕。【生态习性】栖息于平原，善高空盘旋，可捕食较大的地面猎物，有猎食绵羊的记录。【分布】繁殖于东亚北部至西藏，越冬于中国南方江淮地区及云南。

毛脚鵟 冯利民 摄

林雕 宋晔 摄

乌雕 冯利民 摄

毛脚鵟 Rough-legged Hawk *Buteo lagopus*

【识别特征】体型中等 (50～60 cm)。色调偏浅,由浅褐色至灰白色。与普通鵟相似,但与之相比头部不甚圆。尾部深色次端横斑为保守特征。【生态习性】栖息于开阔地带,喜停落栖木,与其他鵟类相比更喜低空巡航。【分布】国外繁殖于欧亚大陆及美洲的北极圈周围,主要越冬于欧亚大陆及美洲北部。国内见于新疆、东北、华北、东南沿海,云南及台湾亦有越冬地。

林雕 Black Eagle *Ictinaetus malayensis*

【识别特征】体大 (67～81 cm)。全身褐黑色,蜡膜和脚黄色。尾长而宽,两翅长,基部狭窄,外侧逐渐变宽,翼指明显。初级飞羽基部具明显的浅色斑块,尾及尾上覆羽具浅灰色横纹。【生态习性】栖于森林,常在树林上空低低盘旋。【分布】国外分布于喜马拉雅山脉、印度、东南亚及南亚一些岛屿。国内分布于西南、华南和台湾。

乌雕 Greater Spotted Eagle *Aquila clanga*

【识别特征】体大 (70 cm)。翼展宽阔,整体深褐色,罕见白色型。幼鸟羽色较浅及多色块对比及斑点。尾上及尾下覆羽呈浅色,形成U形区域。尾甚短,但与秃鹫不同,呈扇形而非楔形。【生态习性】活动于开阔地区,主要捕食各种两栖爬行动物及鸟类,也捕鱼。【分布】繁殖于东北亚,越冬于中国南部沿海、中国台湾及印度北部和东南亚等地。

草原雕 | 朱英 摄

草原雕 Steppe Eagle *Aquila nipalensis*

【识别特征】体大（72～81 cm）。翼展宽阔，整体褐色，一般较乌雕色浅。幼鸟腹面具特征性的颜色对比及斑纹。嘴裂较其他雕类更深。尾较乌雕长，尾上覆羽白色。【生态习性】喜盘旋于草原等开阔地，猎食啮齿类及野兔等中小型哺乳动物。有集群迁徙习性。【分布】繁殖于蒙古高原及中国新疆、中亚北部，越冬于中国南方、东南亚、印度次大陆甚至远及非洲。

草原雕 | 彭建生 摄

白肩雕 Imperial Eagle *Aquila heliaca*

【识别特征】大型黑褐色猛禽（73～84 cm）。头顶及颈背皮黄色，上背两侧羽尖白色。尾基部具黑色及灰色横斑，与其余的深褐色体羽成对比。飞行时以身体及翅下覆羽全黑色为特征性。滑翔时翅弯曲。【生态习性】栖息于开阔原野，显得沉重懒散，在树桩上或柱子上一待数小时。从其他猛禽处抢劫食物。【分布】国外分布于欧洲中部到蒙古，冬季于非洲、印度越冬。国内指名亚种繁殖于新疆西北部的天山地区，有时迁徙时见于东北部沿海省份，越冬于青海湖的周围、云南西北部、甘肃、陕西、长江中游及福建和广东。每年有少量至香港。

白肩雕 | 朱英 摄

金雕 | 王海滨 摄

金雕 Golden Eagle *Aquila chrysaetos*

【识别特征】体型甚大（75～90 cm）。体色深褐色。成鸟头顶具金色羽毛，因此得名。腰部白色。亚成鸟翅下具白色带，尾下覆羽白色。喙粗壮。翼展宽阔，初级飞羽甚长，尾长而圆。滑翔时呈浅V形。【生态习性】栖息于多崖壁的山区或开阔原野，通常捕食雉类、啮齿类、野兔等中小型哺乳动物，甚至可以猎杀黄羊等大型哺乳动物及狐狸等中型兽类。【分布】国外广泛分布于欧亚大陆、北非及北美洲，但不常见。国内除广西、海南、台湾外，见于各省。

白腹隼雕 Bonelli's Eagle *Hieraaetus fasciata*

【识别特征】大型猛禽（70～73 cm）。从头顶到尾上覆羽为暗褐色。尾羽灰褐色，体腹面略带棕色纵纹，腹部整体白色。飞行时，翅下前缘白色，飞羽为轻微褐色，尾羽末端有黑色横斑。【生态习性】栖于开阔山区。常单独高空翱翔。以野兔、鼠类为食。【分布】国外分布于地中海到印度，以及东南亚。国内不常见留鸟。指名亚种繁殖于广西西南部、广东、贵州、湖北、长江中游地区、福建及浙江。

靴隼雕 Booted Eagle *Hieraaetus pennatus*

【识别特征】体型中等（50 cm）。分深浅两种色型。深色型腹部棕色，翅基部前端有白色斑。浅色型皮黄色胸腹部与深色飞羽成鲜明对比。尾部模糊的次端横斑为保守特征。【生态习性】喜林缘开阔地及水边。【分布】主要繁殖于非洲及欧亚大陆西南部，东北亚应有少量繁殖，冬季南迁可至东南亚。华北地区亦常有过境记录。

白腹隼雕 | 董江天 摄

靴隼雕 | 宋晔 摄

棕腹隼雕 | 朱英 摄

棕腹隼雕 Rufous-bellied Hawk-Eagle *Hieraaetus kienerii*

【识别特征】体型中等 (50 cm)。头顶、脸颊和上体近黑色，具短冠羽，尾深褐色而具黑色横斑，尾端白色，颏、喉及胸白色，具黑色纵纹，两胁、腹部、腿及尾下棕色，腹部具黑色纵纹。飞行时可见初级飞羽基本的浅色圆形斑块。【生态习性】喜在林地上空低空盘旋及滑翔。【分布】国外分布于印度南部、东南亚。我国分布于云南、西藏及海南。

鹰雕 Moutain Hawk-Eagle *Spizaetus nipalensis*

【识别特征】体大 (74 cm)。棕褐色，腹部及翅、尾斑纹似巨大的鹰。有亚种头顶具长冠羽。翅较其他雕类短圆，后缘突出。【生态习性】栖息于林地及林缘开阔地。【分布】国外分布于俄罗斯、日本、南迁到东南亚。国内分布于秦岭以南地区，东北亦有记录，其迁飞路线不明，但北京等地有疑似记录。

鹰雕 | 黄徐 摄

隼科 Falconidae（Falcons）

白腿小隼 Pied Falconet *Microhierax melanoleucus*

【识别特征】体型小（18～20 cm）。体羽黑白分明，喉及腹部白色，背部黑色。有白色眉线，过眼线黑色。喙、跗趾和爪均为黑色。【生态习性】喜成群或单独活动于林缘或开阔原野，包括稻田，常立于无遮掩的树枝上。【分布】国外分布印度到越南。国内分布于有林覆盖的低地至海拔1 500 m的云南西部及南部、贵州、广西、广东、江西、浙江、福建、安徽南部和江苏南部。

黄爪隼 Lesser Kestrel *Falco naumanni*

【识别特征】体小（29～32 cm）。体赤褐色。雄鸟头颈及尾部灰蓝色，胸腹淡棕色，尾次端有黑色横带。与红隼雄鸟区别在于无髭纹，翅背面黑色与红褐色部分之间有灰色带，腹面斑纹更稀少。雌鸟通体棕褐色，胸腹部颜色稍浅，与红隼雌鸟极为相似。与红隼的最显著区别在于爪为浅色，而非黑色，但飞行时难以看清。【生态习性】主要以昆虫为食，在峭壁筑巢，结群迁徙。与红隼相比少悬停。【分布】国外分布于南欧、西亚、中亚、俄罗斯、北非、南亚。国内见于吉林、辽宁、内蒙古、河北、山西、新疆、四川和云南。

白腿小隼 ｜ 朱英 摄

黄爪隼（雄） ｜ 朱英 摄

黄爪隼(雄) 宋晔 摄

黄爪隼(雌) 宋晔 摄

红隼 | 阙品甲 摄

红隼 | 彭建生 摄

红隼 Common Kestrel *Falco tinnunculus*

【识别特征】体小（33～37 cm）。赤褐色，略具黑色横斑。雄鸟头颈部及尾部蓝灰色，胸腹淡棕色，尾次端有黑色横带。与黄爪隼雄鸟区别在于头部有髭纹，背部及腹部多斑纹。雌鸟与黄爪隼雌鸟极相似。与黄爪隼最显著的区别在于爪为黑色。【生态习性】栖息于森林、旷野、村庄和城市等地。喜鼓翅悬停于空中搜寻地面目标。以大型昆虫、蜥蜴、啮齿类、小鸟为食，有攻击鸽子的记录。【分布】国外广泛分布并常见于欧亚大陆及非洲，部分种群集群迁飞，由亚洲北部至印度及东南亚。国内分布于各地。

红隼 | 王晓刚 摄

红隼 | 王晓刚 摄

红脚隼(雌) 朱英 摄 | 红脚隼 张继达 摄

红脚隼(雄) 朱英 摄 | 红脚隼(雄) 宋晔 摄

红脚隼 Amur Falcon *Falco amurensis*

【识别特征】体小（30 cm）。雄性通体灰色无斑纹，腹面颜色稍浅，黑色飞羽与浅色翅下覆羽成鲜明对比，下腹部至臀为棕红色。雌性腹面乳白色，具纵向菱状斑，腹部至臀部的棕色较雄性浅，头顶、眼周及髭部深色形成头盔状。脚与喙部蜡膜及眼圈为红色。【生态习性】栖息于旷野，喜落电线，常成群活动，捕食昆虫。集大群迁徙。【分布】繁殖于黄河以北至西伯利亚，越冬于非洲南部，为迁飞距离最长的鸟类之一。国内除新疆、西藏、海南外，见于各省。

灰背隼 宋晔 摄

灰背隼 薄顺奇 摄

灰背隼 Merlin *Falco columbarius*

【识别特征】体小（30 cm）。紧凑而结实。雄性背面灰蓝色，尾末端有黑色带，腹面乳白色带棕红色细纵纹。雌性似红隼雌鸟，但颜色暗淡。与其他小型隼类相比喙更粗壮，翅细而短。振翅节奏感甚强。【生态习性】栖息于林缘、山间及水边的开阔地，除捕食地面小型猎物之外，也善于在空中捕食鸟类，甚至常攻击鸽子或鸭子等大于自身体型的猎物。【分布】国外繁殖于欧亚大陆及北美，越冬南迁。国内见于各省。

燕隼 宋晔 摄

燕隼 Eurasian Hobby *Falco subbuteo*

【识别特征】体小（30 cm）且瘦削骨感。翅较其他隼类细长，似雨燕。成鸟背面深灰色，胸腹白色密布粗纵纹，腿部及臀部红色。易与阿穆尔隼雌鸟混淆，但面部深色头盔面积更大，喙、眼圈及脚为黄色。喙较红脚隼和红隼粗壮，面部整体似游隼。幼鸟纵纹细，脚和喙为灰色。【生态习性】喜林缘开阔地，善在空中飞行捕食昆虫和小鸟，也捕食地面啮齿类。【分布】从西伯利亚至中国南部皆有繁殖，在日本、印度、东南亚及中国台湾越冬。

猎隼 Saker Falcon *Falco cherrug*

【识别特征】体大（50 cm）且强壮。浅褐色至白色。背面颜色稍深且有不明显斑纹，与深色翅尖成对比。有髭纹。与游隼相比喙较小，翅较尖锐。【生态习性】栖息于开阔地，捕食中小型鸟类及小型哺乳动物。【分布】国外分布于中欧、北非、印度。国内见于北部、西部，受中东猛禽贸易影响严重，数量稀少。

燕隼 宋晔 摄

猎隼（雌） 彭建生 摄

拟游隼 Barbary Falcon *Falco pelegrinoides*

【识别特征】体大 (42 cm)，背灰色，下体偏白，眼下具狭窄黑色线条，与游隼相似，但黑色的翅尖与灰色的覆羽及背部对比明显，腰及尾上覆羽灰色浅，下体色浅，颈背具棕色斑块。【生态习性】同游隼。【分布】国外分布于北非、中东。国内见于宁夏和青海。

游隼 Peregrine Falcon *Falco peregrinus*

【识别特征】体大 (45 cm) 且强壮，整体深色。背面深灰色，不同亚种具有不同大小的头盔状斑，头部整体与燕隼相似。腹部依不同亚种呈白色至棕红色，密布横斑。与猎隼相比，喙更粗壮，颈部较长，翅尖较其他隼圆。【生态习性】筑巢于悬崖，喜水边和林缘开阔地，飞行技巧高超，速度极快，善空中猎食，常捕食鸽、鸭等大型鸟类。【分布】广布于世界各地。

拟游隼 | 丁进清 摄

游隼 | 宋晔 摄

游隼 | 宋晔 摄

鸡 形 目

GALLIFORMES

　　鸡形目包括塚雉、冠雉、火鸡、松鸡、鹑、雉、珠鸡等鸟类，全世界有7科76属285种，全世界分布。我国有2科26属63种，是世界上野生鸡类资源最丰富的国家，总种数居第一位，接近世界总种数的1/4，其中特有种19种。

　　鸡形目鸟类是地栖性鸟类，属走禽并且是留鸟，雌雄异色，羽色有黑暗到多彩明亮色调变化，雄性也比雌性更鲜艳，多具大的肉冠或精致的装饰羽冠、肉冠。往往有一个矮壮结实的身体，具外表肥胖的轮廓，体长从12 cm鹌鹑至250 cm绿孔雀，体重从40 g鹌鹑到20 kg火鸡。头小，喙短而粗壮，呈圆锥弓形，上喙略长于下喙。嗉囊发达，短而圆润的翅膀。尾有的较长。大而强壮的脚，雄性一般具距，爪钝，而一些鸡形目是适应草原栖息，具有细长颈，长腿和大而宽阔的翅膀。地面营巢，产大量卵，雏鸟早熟性。

　　杂食性，主要取食植物，包括水果、种子、叶、芽、花、茎和根等植物，也兼食节肢动物、蜗牛、蠕虫、蜥蜴、蛇、小型啮齿动物、鸟类的雏鸟和鸟卵等。

　　主要见于森林地带，树栖或地面活动，通常移动是通过步行、奔跑，有掘地寻食，一些种类有沙浴行为，往往会突然垂直升空起飞，适于短距离飞行。在繁殖期间，雄性好斗，雄鸟有复杂的求偶炫耀行为。

松鸡科 Tetraonidae（Grouse， Ptarmigans）

柳雷鸟 Willow Grouse *Lagopus lagopus*

【识别特征】中等体型（36～43 cm）。体羽四季有变化，雌雄的冬羽大都白色，其他季节大都为栗棕色或棕黄色，具有各种暗色斑纹及斑点，雄鸟具有红色的眉瘤，尾黑色。腿羽白色。【生态习性】栖息苔原、灌丛环境。【分布】国外分布于北美北部、欧亚大陆北部。国内分布于黑龙江北部和新疆西北部。

柳雷鸟（雌）│ 王春芳 摄

柳雷鸟（雄）│ 王春芳 摄

岩雷鸟 | 王春芳 摄

岩雷鸟（雄）| 邢睿 摄

岩雷鸟（雌）| 张明 摄

岩雷鸟 Rock Ptarmigan *Lagopus muta*

【识别特征】体型小的松鸡（38 cm）。体型矮胖、墩实似柳雷鸟。冬羽全身雪白，雄鸟居黑色过眼纹。夏羽体色灰暗，腹部和覆腿羽白色。【生态习性】栖息于高山针叶林、雪线以下的灌木丛和高山、亚高山草甸，极耐寒，不惧生；夏季结小群活动，冬季集大群。喜食矮桦叶。【分布】全球31个亚种，国外分布于北半球的苔原冻土带。国内仅亚种*nadezdae*于新疆西北部阿尔泰山高海拔山区。

黑琴鸡 | 董江天 摄

黑琴鸡 Black Grouse *Lyrurus tetrix*

【识别特征】体型大（44～61 cm）。雄鸟体羽黑色、带蓝绿色光泽。翅黑色，翅覆羽基端呈粗白色横纹。尾黑色，呈镰刀状向外弯曲。眼上有一半月形红斑。雌鸟体色深褐色，羽尖具皮黄色斑，圆形尾。【生态习性】喜栖息于森林草原、河谷等地。有固定求偶场。【分布】国外分布于欧洲到西伯利亚。地区性常见鸟，国内，亚种 *ussuriensis* 分布于中国东北、河北、内蒙古的松林、落叶松林及多树草原；*baikalensis* 分布于内蒙古东北部呼伦池；*mongolicus* 见于中国西北部新疆的喀什、天山及阿尔泰山脉。

黑琴鸡 | 董江天 摄

松鸡(雄)｜邢睿 摄

松鸡(雌)｜邢睿 摄

黑嘴松鸡｜张明 摄

黑嘴松鸡｜董江天 摄

松鸡 Western Capercaillie *Tetrao urogallus*

【识别特征】体型大（80～115 cm）。雄性灰黑色，喙淡褐色，胸部绿色具金属光泽，下体白色，眼周红色肉瘤，外侧尾羽具次白斑。雌性褐色。【生态习性】栖息高海拔林区的林缘附近。【分布】国外分布于北欧和亚洲北部。国内分布新疆西北部。

黑嘴松鸡 Black-billed Capercaillie *Tetrao parvirostris*

【识别特征】体型大的松鸡（69～97 cm）。喙黑色，上体紫黑色，红色肉垂成眉。黑色尾上羽形长，雄鸟钝而圆的尾能如火鸡般竖起成扇形。白色羽端使尾羽扇开时大块白点成弧形，肩羽及翅上覆羽端白。下体黑而带白色点斑。雌鸟翅深褐色而密布皮黄色蠹斑及白色横斑；翅上横斑近白色，中央尾羽端白。【生态习性】在树上取食松树嫩芽。雄鸟啼叫时尾及喉部羽毛竖起。【分布】国外分布于西伯利亚到勘察加半岛。罕见，国内见于东北大兴安岭、小兴安岭和长白山区海拔300～1 000 m的落叶松及松树林。游荡鸟可抵及辽宁及河北边境。

花尾榛鸡 | 冯利民 摄　　斑尾榛鸡 | 冯利民 摄

花尾榛鸡 Hazel Grouse *Bonasa bonasia*

【识别特征】体型小（30～40 cm）。雄鸟喉部黑色，背部棕褐色，具栗色横斑。腹部棕褐色并杂有白斑。外侧尾羽具花斑和黑褐色次端斑。雌鸟羽色似雄鸟，但喉部为白色。【生态习性】主要栖息于山地森林中，偏好落叶阔叶林、针阔混交林和林缘地带。有季节性垂直迁移。冬季集群活动。雌鸟独自孵卵和育雏，恋巢性甚强。【分布】国外广布于欧亚大陆的古北界区域。国内分布于黑龙江、吉林、辽宁以及内蒙古的大兴安岭林区和新疆。

斑尾榛鸡 Chinese Grouse *Bonasa sewerzowi*

【识别特征】体型小（31～39 cm）。体羽栗褐色并具黑色横斑，尾下覆羽略呈白色。雄鸟颏喉部黑色，雌鸟体羽浅褐色，均围以白边。外侧尾羽黑褐色，具狭长的白色横斑。【生态习性】主要栖息于亚高山森林草原和有针叶树的杜鹃、山柳灌丛。除繁殖期外，多成群。主要在树上活动和栖息，夜栖于云杉等针叶树上。冬季存在垂直迁移的现象。巢多位于树干基部或干燥地面，雌鸟独自孵卵和育雏。【分布】为我国特有种，仅分布于西藏、云南、青海、甘肃和四川的中高海拔山地。

雉科 Phasianidae（Partridges， Pheasants， Peafowls）

雪鹑 | 董磊 摄

雪鹑 Snow Partridge *Lerwa lerwa*

【识别特征】体型小的鹑类（34～40 cm）。两性羽色相似，背部黑褐色，具棕色横斑。腹部栗褐色而具白斑。喙和脚均为红色。【生态习性】栖息于海拔3 000～5 000 m的高海拔针叶林及雪线附近。常在高山灌丛和苔原地带活动。喜集群。有季节性的垂直迁移。巢筑于隐秘的岩石洞穴或灌草丛中。由草茎和苔藓编制，形制小巧而精致。【分布】国外分布于阿富汗至尼泊尔的喜马拉雅山区。国内分布于西藏、云南、四川和甘肃。

红喉雉鹑 Chestnut-throated Partridge *Tetraophasis obscurus*

【识别特征】中型鹑类 (47～48 cm)。两性羽色相似,翅部羽毛灰褐色,末端白色。颏喉部栗红色而具白边,胸部灰色具黑褐色纵纹,腹部和两胁栗红色,羽毛末端为皮黄色。尾羽黑色至灰褐色,具白色末端斑。【生态习性】主要栖息于海拔3 000～4 000 m的高山针叶林和杜鹃灌丛。善于在地面奔跑和行走。喜集群活动,鸣叫声响亮,常在阴雨天之前高声鸣叫。【分布】为我国特有种。分布于青海东部、甘肃西部和四川西部和北部,属于青海藏南亚区的代表类群。

黄喉雉鹑 Buff-throated Partridge *Tetraophasis szechenyii*

【识别特征】中型鹑类 (43～49 cm)。羽色与红喉雉鹑相似,显著区别在于颏喉部皮黄色。体羽棕褐色较浓厚,腰部深灰色。【生态习性】主要栖息于海拔3 500～4 500 m的高山针叶林、高山灌丛和亚高山草甸。冬季垂直迁移至较低海拔的针阔混交林活动。除繁殖期成对活动外,多成小群活动。主要在地面觅食,甚少飞行。营巢于岩石下或小灌木上。【分布】国外分布于尼泊尔和印度北部。主要分布于我国,包括四川西部、青海东南部,西藏东南部和云南西北部。

黄喉雉鹑 | 董磊 摄

红喉雉鹑 | 唐军 摄

藏雪鸡 | 肖克坚 摄

暗腹雪鸡 | 邢睿 摄

藏雪鸡 Tibetan Snowcock *Tetraogallus tibetanus*

【识别特征】体型大的鹑类（50～56 cm）。两性羽色相似。喙橙黄色，喉白色，头颈部灰褐色，背部棕黄色并具黑褐色点状斑。胸腹部白色，具黑色纵纹。脚橙红色。【生态习性】主要栖息于海拔3 000～6 000 m的高山针叶林与雪线之间的灌丛、苔原和流石滩。常在稀疏灌丛与裸岩地带觅食，有时甚至与羊群等偶蹄类一起觅食。性机警，飞行能力强，单次飞行距离可达3 km。【分布】国外分布于帕米尔高原和尼泊尔、不丹等喜马拉雅山脉的南麓。国内主要分布于青藏高原、新疆、青海、甘肃、四川、云南及周边高山地区。

暗腹雪鸡 Himalayan Snowcock *Tetraogallus himalayensis*

【识别特征】体型大的鹑（52～72 cm）。体羽土棕或红棕色。脸和颈部具栗色纵线分开的白带，外侧飞羽和尾下覆羽白。【生态习性】栖息于海拔2 500～5 500 m的高山和裸岩、高山草甸和稀疏的灌丛地区。集群，善跑。【分布】国外分布于俄罗斯、阿富汗到喜马拉雅山区。国内主要分布于西藏、新疆、青海、甘肃等地区。

大石鸡 Rusty-necklaced Partridge *Alectoris magna*

【识别特征】中型鹑类（35～42 cm）。羽色与石鸡相似，且自额部至胸部的黑色条带外缘有栗红色的边，比较醒目。背部棕褐色，胸腹部蓝灰色至栗红色，两胁具黑色横斑。【生态习性】主要栖息于黄土高原地区的低山丘陵、高山峡谷和岩石土坡。偏好有水源的半干旱地区，栖息海拔高度在1 300～3 000 m。习性与石鸡相似。以单配制为主，两性共同参与营巢，雌鸟孵卵。与石鸡同域分布的区域内存在渐渗杂交。【分布】我国特有种，主要分布于青海东部、宁夏和甘肃。

大石鸡｜唐军 摄

石鸡 | 张正学 摄

石鸡 Chukar Partridge *Alectoris chukar*

【识别特征】小型鹑类（32～35 cm）。两性羽色相似。喉部白色，自额部经颈侧至胸部有浓重的黑色条带。背部棕褐色，胸部灰色，腹部浅黄棕色，两胁具黑色、栗红色和白色的纵纹。尾下覆羽栗红色。【生态习性】主要栖息于中高海拔的山地和丘陵地区，偏好林缘灌丛，具季节性的垂直迁移。喜集群活动，性机警，善躲藏，奔跑速度极快。飞行时两翅振动有力，常发出声响。多营巢于地面，以灌木或岩石掩蔽。【分布】国外广布于西班牙至蒙古的古北界区域。国内分布于新疆、青海、西藏、内蒙古、甘肃至华北地区的半干旱生境。

斑翅山鹑 Daurian Partridge *Perdix dauurica*

【识别特征】小型鹑类（25～31 cm）。雄鸟头部红褐色，头顶具黑色斑纹。喉部羽毛成须状。胸部两侧灰色，中央至腹部红褐色，腹部中央具马蹄形黑褐色斑块。背部灰褐色至棕褐色，杂有栗红色点状斑。雌鸟体色与雄鸟相近，区别在于胸腹部为灰色，腹部中央不具黑斑。【生态习性】主要栖息于中低海拔的森林草原和灌丛草地、农田。冬季喜在向阳避风处活动。非繁殖期常集大群活动。在地面奔走觅食，时常短距离贴近地面飞行。雌鸟离巢时有用草或土将卵盖住的习性。【分布】国外分布于西伯利亚至乌苏里的森林草原带。国内广泛分布于黑龙江至新疆的北方地区。

斑翅山鹑 | 王春芳 摄

高原山鹑 | 张巍巍 摄

日本鹌鹑 | 张明 摄

高原山鹑 Tibetan Partridge *Perdix hodgsoniae*

【识别特征】小型鹑类（23~30 cm）。两性羽色相似。白色眉纹，颈部红褐色，喉部和胸部白色并具栗红色横斑，颈后、背部棕褐色，密布黑褐色横斑。下腹部至尾下覆羽白色。【生态习性】主要栖息于海拔2 500~5 000 m的高山草甸、流石滩和亚高山灌丛。冬季常向低海拔迁移。多在地面觅食，善奔跑，甚少飞行。多为单配制，占区营巢于灌草丛或岩石下，巢型简陋。有合作繁殖现象。【分布】国外分布于印度和尼泊尔的喜马拉雅山区。国内分布于新疆、四川、甘肃和青藏高原东南部。

日本鹌鹑 Japanese Quail *Coturnix japonica*

【识别特征】小型鹑类（14~20 cm）。体羽灰褐色，体形滚圆，头具条纹及近白色的长眉纹，短尾。雄鸟脸、喉及上胸红褐色，雌鸟为灰褐色；翅上满布暗棕褐色条纹和不连续的横纹。冬季极似鹌鹑。区别在于雄性喉部颜色和鸣声；雌性飞羽外翈褐色更浓，胸部斑点更多。【生态习性】栖息于干旱或潮湿的矮草地及农田。性胆怯，飞行时爆发力强，但高度较低，距离近。【分布】国外繁殖区从内加尔湖至日本。国内除西藏和新疆外，见于各省。繁殖于东北各省、河北、山东及甘肃东部地区，并可能繁殖于中国西南部及南部。越冬于印度东北部、中国大陆、中国台湾、东南亚及菲律宾。

四川山鹧鸪（雄）｜戴波 摄

四川山鹧鸪 Sichuan Partridge *Arborophila rufipectus*

【识别特征】小型鹑类（28～32 cm）。身形紧凑而尾短。雄鸟背部绿褐色，具黑色横斑。具白色额和眉纹。耳后有栗红色斑块。喉部白色，有黑色纵纹，具宽的栗红色胸带。腹部白色，两胁栗色，并具卵圆形白斑。雌鸟头顶和背部橄榄褐色，不具栗色胸带。【生态习性】主要栖息于海拔1 000～2 000 m的天然阔叶林中，偏好林下植被发达，林冠层盖度高的生境。主要在地面觅食，夜栖于小树上，冬季成小家族群活动。巢球形，筑于土坡或树根基部。【分布】为我国特有种，狭域分布于云南东北部、四川省东南部的中山带。

白眉山鹧鸪 White-necklaced Partridge *Arborophila gingica*

【识别特征】小型鹑类（25～30 cm）。头顶棕红色条斑，具黑白色具眉纹。胸部灰色具棕色条带。雄鸟背部绿褐色，具黑色点斑。喉部棕红色，有黑色环纹。【生态习性】主要栖息于海拔500～1 700 m的天然阔叶林和针叶林中。【分布】为我国特有种，分布于湖南、江西、浙江、福建、广东和广西。

白眉山鹧鸪｜胡伟宁 摄

台湾山鹧鸪 潘思佳 摄

褐胸山鹧鸪 董磊 摄

绿脚山鹧鸪 董磊 摄

台湾山鹧鸪 Taiwan Partridge *Arborophila crudigularis*

【识别特征】体长（28 cm）。脸部有明显黑色及白色斑纹。前额灰色，头顶、背部和尾部橄榄褐色。背下部及尾橄榄绿色带黑色横纹；翅棕色上具3道灰色横纹；胸部灰色，两胁有白色细纹；下腹部近白色。【生态习性】喜栖息于中、低海拔的常绿阔叶林内，在地表或岩缝间以干草筑巢。【分布】我国特有种，仅限于台湾岛中部山地及东坡海拔700～2 300 m的阔叶林中，但并不罕见。

褐胸山鹧鸪 Brown-breasted Partridge *Arborophila brunneopectus*

【识别特征】小型鹑类（28 cm）。头顶至后背棕褐色，背部具黑色横斑。眉纹和脸颊皮黄色，喉部密布黑色纵纹。胸部褐色，腹部白色，两胁具鱼鳞状黑色斑纹。【生态习性】主要栖息于海拔500～1 500 m的山地常绿阔叶林。偶见于低山灌丛和林缘。性安静，行为隐蔽，在野外不易发现。鸣声响亮而悠扬。【分布】国外分布于中南半岛和印度。国内主要分布于贵州、广西、云南南部的热带季雨林。

绿脚山鹧鸪 Green-legged Partridge *Arborophila chloropus*

【识别特征】小型鹑类（25～30 cm）。头顶至背部均为橄榄褐色，杂以黑色斑纹。面部白色而具黑色细纵纹，喉部至腹部的黄棕色逐渐加重，具一明显的棕褐色胸带。脚绿色，显著区分于其他山鹧鸪。【生态习性】主要栖息于海拔500～1 500 m的常绿阔叶林，尤常见于低山丘陵的茂密森林和林缘灌丛。性胆怯，受惊后常蹲伏于遮蔽物下或短距离奔跑。鸣声高亢而急促。【分布】国外主要分布于中南半岛。国内主要分布于云南的西双版纳和思茅。

棕胸竹鸡 | 肖克坚 摄

灰胸竹鸡 | 戴波 摄

棕胸竹鸡 Mountain Bamboo Partridge *Bambusicola fytchii*

【识别特征】小型鹑类（30～36 cm）。体形与灰胸竹鸡相似，头顶至背部黑褐色并密布斑纹。眉纹皮黄色，眼后纹栗棕色。喉部和胸部栗黄色，腹部和两胁白色并具大块的黑斑。【生态习性】主要栖息在海拔1 000～2 500 m的山地森林和灌草丛。偏好具水源较近的适宜生境。鸣声嘈杂而响亮。巢多置于草地上，呈凹坑状。【分布】国外主要分布于印度东北部、缅甸至越南北部。国内主要分布于云南、四川、贵州和广西。

灰胸竹鸡 Chinese Bamboo Partridge *Bambusicola thoracicus*

【识别特征】小型鹑类（28～37 cm）。眉纹灰色，面颊和喉部栗红色。背部橄榄褐色，具栗色和白色斑纹。具灰色和栗红色半环状胸带，腹部棕黄色至皮黄色，两胁有黑色矛状斑纹。台湾亚种脸颊灰色，且不具栗红色胸带。【生态习性】主要栖息于海拔1 500 m以下的中低山带，以林下植被丰富的常绿阔叶林、灌草丛和竹林比较常见。冬季集群活动，夏季分散为繁殖对活动。多在地面觅食，夜栖于树上。鸣声似哨音，悠长而动听。【分布】为我国特有种，广布于长江以南各省、四川盆地和秦岭南坡。

血雉 Blood Pheasant *Ithaginis cruentus*

【识别特征】中型雉类（44～48 cm）。头顶具羽冠，喉部、翅膀和胸腹部的颜色随亚种不同而变化，以红色、栗红色和绿色为主，脚红色。雄鸟体羽以灰色为主，细长而松软，呈披针状，羽轴灰白色。雌鸟体羽以棕褐色为主，较暗淡。【生态习性】主要栖息于海拔1 500～3 000 m的高山针叶林，针阔混交林和杜鹃灌丛。喜结群活动，鸣声较单一，具季节性的垂直迁移。主要以苔藓等植物为食。【分布】国外分布于尼泊尔至缅甸北部的喜马拉雅山区。国内主要分布于青藏高原东部的山地森林和秦岭。

血雉（雌鸟、幼鸟）｜董磊 摄

血雉｜彭建生 摄

血雉 | 冯利民 摄

红腹角雉 Temminck's Tragopan *Tragopan temminckii*

【识别特征】中型雉类（45～60 cm）。雄鸟头部和羽冠黑色，脸和喉部的裸出区域蓝色，具蓝色肉角和肉裙。背腹部深红色，并缀以灰白色圆形斑点。雌鸟通体棕褐色，密布灰白色虫蠹斑。【生态习性】栖息于海拔1 000～3 500 m的山地森林，尤偏好常绿阔叶林和针阔混交林。常在地面或树上觅食，很少飞行。鸣叫似"哇—哇—"声，传播距离较远。多成对或单独活动。营巢于树枝上，雌鸟孵卵。【分布】国外分布于印度、缅甸和越南北部。国内分布于长江以南、湘桂走廊以西的各省区。

红腹角雉 | 唐军 摄

黄腹角雉 | 唐军 摄

勺鸡(雄) | 朱英 摄

勺鸡(雌) | 彭建生 摄

黄腹角雉 Cabot's Tragopan *Tragopan caboti*

【识别特征】中型雉类(55～65 cm)。雄鸟背部栗红色,密布皮黄色卵圆形斑点。头顶具黑色和橙红色羽冠,脸部裸皮也为橙红色。肉角蓝色,充气后可竖起。肉裾橙黄色,中央有蓝色和灰蓝色斑块。雌鸟棕褐色,并具白色斑点。【生态习性】主要栖息于海拔800～1 800 m的亚热带山地森林,较偏好针阔混交林和常绿阔叶林。多在地面和树干上觅食,很少飞行。雄鸟具有特殊的求偶行为,以正面炫耀为主。营巢于树枝靠基干处。鸣叫声低沉而圆润,多在繁殖期发出。【分布】为我国特有种类,分布于浙江、福建、江西、湖南、广西和广东。

勺鸡 Koklass Pheasant *Pucrasia macrolopha*

【识别特征】中型雉类(45～63 cm)。雄鸟头部暗绿色,具发辫状冠羽。颈部两侧具白斑,自喉部至腹部中央有一条栗红色的宽带。体羽披针形,灰白色,具黑色纵纹。雌鸟冠羽较短,喉部至腹部不具栗红色条带,体羽棕褐色,带黑色条纹。【生态习性】主要栖息于海拔1 000～3 000 m的山地森林,尤喜环境湿润、灌草丛发达、地势起伏不平的针阔混交林。偶见于林缘灌丛。雄鸟多单独活动,雌鸟与亚成鸟常集小群活动。多为单配制。【分布】国外分布于阿富汗至尼泊尔的喜马拉雅地区。国内广布于西至西藏、南至广东、北达辽宁的区域。

棕尾虹雉 Himalayan Monal *Lophophorus impejanus*

【识别特征】大型雉类（63～72 cm）。雄鸟颜色艳丽，羽毛在阳光下具金属光泽。头部和胸腹部暗绿色，具匙状冠羽。后颈部红铜色和金黄色交替，背部白色，尾棕红色。雌鸟通体以棕褐色为主，杂有皮黄色条纹。下背和腰皮黄色。喉部白色，具短的冠羽。【生态习性】栖息于海拔2 500 m以上的高山森林。尤喜开阔而坡度较大的阔叶林、针阔混交林的林缘地带，以及高山草甸和杜鹃灌丛。夜栖于陡峭的崖石上。雄鸟具特殊的求偶飞行，从高处俯冲的过程中打开尾羽，边盘旋边发出尖厉叫声。【分布】国外分布于阿富汗至不丹的喜马拉雅山区。国内分布于西藏南部和东南部、云南西北部。

棕尾虹雉(雌) | 董江天 摄

棕尾虹雉 | 肖克坚 摄

白尾梢虹雉(雌) | 董磊 摄

白尾梢虹雉 | 董磊 摄

白尾梢虹雉 Sclater's Monal *Lophophorus sclateri*

【识别特征】大型雉类（60～68 cm）。雄鸟颜色艳丽，体羽具金属光泽。头顶羽毛短而卷曲，无明显羽冠。脸部裸区辉蓝色。后颈部栗红色，上背部深蓝色，胸腹部深绿色，下背部和腰白色。尾羽红棕色，末端具宽阔的白斑。雌鸟棕褐色，缀以白色条纹。背部和腰部灰白色。【生态习性】主要栖息于海拔2 500 m以上的高山森林和林缘灌丛。尤喜亚高山针叶林和杜鹃灌丛。营巢于悬崖峭壁上，雌鸟孵卵。【分布】国外分布于印度东北部和缅甸北部。国内分布于西藏东南部和云南西北部的高黎贡山。

绿尾虹雉 Chinese Monal *Lophophorus lhuysii*

【识别特征】大型雉类（76～81 cm）。雄鸟体羽具金属光泽，颜色艳丽。头部铜绿色，具红色发辫状冠羽。胸腹部暗绿色，后颈至背部有红色、金色、蓝紫色过渡而成，下背部白色并具黑色细纵纹。尾羽蓝绿色。雌鸟体羽棕褐色，背部和腰部白色，尾羽棕褐色。【生态习性】主要栖息于海拔2 500 m以上的高山草甸、灌丛和流石滩。尤喜坡度大且多岩石的生境。冬季常向低海拔迁移。繁殖期喜鸣叫，雄鸟常于清晨站在高处鸣叫。单配制。雌鸟孵卵时甚恋巢。【分布】为我国特有种。仅分布于青藏高原东缘的西南山地地区，以及甘肃、西藏、青海、云南和四川。

原鸡 Red Junglefowl *Gallus gallus*

【识别特征】中型雉类（42～59 cm）。雄鸟头部具红色肉冠，喉部具红色肉垂。颈部和上背具棕红色披针状羽毛。胸腹部和尾羽暗绿色，具金属光泽。雌鸟头颈部橙红色至黄色，体羽灰褐色，并具深色纵纹。【生态习性】主要分布于中低海拔的低山丘陵地带，尤喜热带季雨林、常绿阔叶林和林缘灌丛带。偶见于农田耕地中觅食。常成群活动，性胆怯而机警。家鸡为其驯化品种，与原鸡的野生种群普遍存在杂交。【分布】国外广泛分布于印度、东南亚地区。国内主要分布于热带地区的云南南部、广西南部和海南岛。

绿尾虹雉（雌） | 董磊 摄

绿尾虹雉（雄） | 邓建新 摄

原鸡（雄） | 冯利民 摄

黑鹇 肖克坚 摄

黑鹇 Kalij Pheasant *Lophura leucomelanos*

【识别特征】大型雉类（50～74 cm）。尾长约（30 cm）。雄鸟体羽以蓝黑色为主，闪金属光泽。脸部裸区红色，具黑色羽冠。腰背部多具白色鱼鳞纹，脚灰色。雌鸟通体棕褐色，缀皮黄色斑纹。尾羽黑褐色。两性羽色随亚种不同而略有变化。【生态习性】主要栖息于海拔1 000～2 000 m的山地森林、低山丘陵和山谷地带。多成对活动，非繁殖期集小群。【分布】国外分布于尼泊尔至泰国西北部的山区。美国夏威夷有引入种群。国内分布于云南西南部和西藏南部。

黑鹇 董江天 摄

白鹇（雌）｜戴波 摄　　　蓝腹鹇｜潘思佳 摄

蓝腹鹇｜潘思佳 摄

白鹇 Silver Pheasant *Lophura nycthemera*

【识别特征】大型雉类（70～110 cm）。雄鸟上体白色而具黑色细条纹，条纹数目随亚种不同而变化。胸腹部蓝黑色，闪金属光泽。脸部裸区红色，具黑色发辫状冠羽。尾长可达70 cm，中央尾羽甚长，部分亚种的外侧尾羽黑色。雌鸟通体棕褐色，脸部裸区红色。脚红色。【生态习性】主要栖息于海拔200～2 000 m的亚热带常绿阔叶林中，尤喜乔木茂密，林下植被稀疏的山地沟谷。常集群活动。多在地面觅食，行为谨慎，甚机警。与黑鹇的同域分布区内存在渐渗杂交。【分布】国外广布于中南半岛。国内广泛分布于长江以南各省及四川盆地的西部和南部山区。

蓝腹鹇 Swinhoe's Pheasant *Lophura swinhoii*

【识别特征】大型雉鸡（50～80 cm）。雄鸟全身为紫蓝色有金属光泽，肩部羽毛红紫色，羽冠、背上部和中央尾羽白色，尾羽较长。下腹部黑褐色。脸部裸皮、肉垂、肉冠均为鲜红色。雌鸟全身羽色为褐色，密布V形褐色斑纹。【生态习性】栖息于落叶林内，性机警。晨昏时较活跃。雄鸟作扑翼型炫耀。【分布】我国特有种，分布于台湾。

白马鸡 White Eared Pheasant *Crossoptilon crossoptilon*

【识别特征】大型雉类（80～100 cm）。两性羽色相似，体羽大部分白色，脸部裸区红色，头顶黑色，具两个短角状白色耳羽簇。飞羽末端和尾羽末端黑灰色。尾羽甚长，披散而下垂。脚红色。【生态习性】主要栖息于海拔3 000～4 000 m的高山针叶林和针阔叶混交林。常成群活动，冬季集群数量可达60只以上。具季节性的垂直迁移。雄鸟常在晨昏时鸣叫，鸣声洪亮短促，相隔数里可听到。不甚惧人，常在寺庙周围觅食。【分布】为我国特有种，主要分布于青藏高原东缘至南部的山地森林、青海、四川、云南和西藏。

白马鸡 ｜ 张巍巍 摄

藏马鸡 彭建生 摄

蓝马鸡 董江天 摄

藏马鸡 Tibetan Eared Pheasant *Crossoptilon harmani*

【识别特征】大型雉类（81～90 cm）。两性羽色相似，体羽以灰黑色为主，脸部裸区红色，头顶黑色，具短的白色耳羽簇。喉部，颈侧和后颈白色，下腹部和尾羽基部灰白色。【生态习性】主要栖息于海拔2 500～4 000 m的高山森林、灌草丛和草甸。常成小群在林间空地或林缘灌丛觅食。喜在晨昏鸣叫，鸣声洪亮短促。单配制。营巢于岩石下或树根基部。【分布】国外分布于印度东北部。国内分布于西藏南部和东南部。

蓝马鸡 Blue Eared Pheasant *Crossoptilon auritum*

【识别特征】大型雉类（80～100 cm）。两性羽色相似，通体蓝灰色，脸部裸区红色，头顶黑色。具长而硬的白色耳羽簇，显著突出于头部。尾羽蓬松，披散下垂如马尾，中央尾羽特长，且高拱于其他尾羽之上。脚鲜红色。【生态习性】主要栖息于海拔1 600～3 000 m的中高山森林，以阔叶林和针阔混交林为主，夏季偶见于高山杜鹃灌丛和草甸。喜集大群活动。多于晨昏时发出鸣叫，受惊失散后通过鸣叫联系，鸣声粗粝而响亮。【分布】为我国特有种，分布于青藏高原的东北部，包括贺兰山、祁连山和四川北部的阿坝高原。

褐马鸡 │ 英长斌 摄

褐马鸡 Brown Eared Pheasant *Crossoptilon mantchuricum*

【识别特征】大型雉类（83～107 cm）。两性羽色相似，体羽深褐色，脸部裸区红色，头顶黑色，具长而硬的白色耳羽簇，显著突出于头部。腰部和尾羽几为白色，尾羽末端黑色，蓬松而披散如马尾，中央尾羽特长，高出其他尾羽。【生态习性】主要栖息于海拔1 000～2 000 m的山地阔叶林，或针阔混交林。繁殖期成对活动，其余时间多成小群活动。喜在林间空地和林缘灌丛觅食，甚少飞行。常在繁殖期的晨昏鸣叫。简陋巢置于岩石下或树根基部。【分布】为我国特有种，仅分布在陕西东部、山西太行山区，以及河北至北京的西部山区。

白冠长尾雉 │ 王晓刚 摄

白冠长尾雉 Reeves's Pheasant *Syrmaticus reevesii*

【识别特征】体型大（140～196 cm）。雄鸟头颈白色，上颈有环带，上背金黄色有黑色羽缘，下体深栗色杂白，尾巨长，具黑栗并列横斑。雌鸟头顶及后颈大部暗栗褐色，上背上部黑色具杂斑。【生态习性】多集群活动在森林茂密而林下较为空旷的林中沟谷和空地。【分布】中国特有种，分布于河南、陕西、甘肃、湖南、云南、湖北、安徽、重庆、贵州、四川等地山区。

白冠长尾雉 | 雍严格 摄

环颈雉(雄) | 李若晗 摄

环颈雉 Ring-necked Pheasant *Phasianus colchicus*

【识别特征】大型雉类（60～105 cm）。雄鸟羽色艳丽，体羽具金属光泽。脸部裸区红色，具红色肉垂。颈部暗绿色，白色颈环有或无。背部和胸腹部红棕色，具黑色或白色斑点。腰部多为蓝灰色。尾羽甚长，红棕色并具黑色横斑。雌鸟羽色暗淡，以棕褐色为主，具黑色斑纹。【生态习性】主要栖息于中低海拔的低山丘陵、平原等环境。脚强健，善于在地面奔跑。一雄多雌制，雄鸟求偶时进行侧炫耀。近年来的分布范围和种群数量呈现增长趋势。【分布】国外分布于欧洲东南部至亚洲的广大地区。国内除羌塘高原和海南岛外各省均有分布。

环颈雉(雌)｜冯利民 摄

环颈雉(雄)｜冯利民 摄

环颈雉（雄）｜宋晔 摄

环颈雉（雄）｜郭冬生 摄

红腹锦鸡 | 黄徐 摄

红腹锦鸡 | 宋晔 摄

红腹锦鸡 Golden Pheasant *Chrysolophus pictus*

【识别特征】中型雉类 (60～100 cm)。雄鸟体色华丽，头顶具金黄色丝状冠羽，胸腹部红色，颈部金黄色羽毛成披肩状，上背铜绿色，具黑色横斑。下背部和腰部金黄色，飞羽蓝紫色。尾羽甚长，棕黄色而具黑色斑纹。雌鸟羽色暗淡，以棕褐色为主并具黑色斑纹。脚棕黄色。【生态习性】主要栖息于海拔600～2 500 m的山地森林，尤喜阔叶林和疏林灌丛地带。具季节性垂直迁移。冬季集大群。繁殖期雄鸟常发出占区鸣叫。雌鸟孵卵，甚恋巢。【分布】我国特有种，分布于北达秦岭、东至神农架、南抵云贵高原、西至川西高原的区域。

白腹锦鸡 Lady Amherst's Pheasant *Chrysolophus amherstiae*

【识别特征】中型雉类（53～140 cm）。雄鸟羽色艳丽，头顶、背部和胸部为暗绿色，闪金属光泽。具红色羽冠和镶黑边的白色披肩状羽毛，下背和腰金黄色至亮红色，腹部白色。尾羽甚长，具黑白相间的云形斑纹。雌鸟深棕褐色，后颈部具黑白色斑纹。脚灰白色。【生态习性】主要栖息于海拔1 500～3 000 m的山地绿阔叶林和针阔混交林为主，也见于林缘灌丛和疏林草坡。多在地面觅食，喜集大群。一雄多雌制。雄鸟求偶时为侧炫耀。与红腹锦鸡的同域分布区内存在杂交。【分布】国外分布于缅甸。国内分布于西藏东南部、四川西南部和云贵高原。

白腹锦鸡（雌） 周华明 摄

白腹锦鸡（雄） 周华明 摄

灰孔雀雉 Grey Peacock Pheasant *Polyplectron bicalcaratum*

【识别特征】中型雉鸡（50～76 cm）。雄鸟体色褐灰色。喉近白色，上背及尾上有大型的紫绿色眼斑。冠羽前翻如刷。脸颊裸皮近粉色。下体具黄白及深褐色横斑。雌鸟型小，无羽冠，眼斑小，尾短。【生态习性】雄鸟有精湛的求偶表演，蹲伏地面，尾呈扇形，两翅伸展并抬起。有明确的鸣叫地点和强领域性。【分布】国外分布于印度北部海与中南半岛。国内分布于云南南部。

灰孔雀雉(雄) | 罗爱东 摄

鹤 形 目

GRUIFORMES

　　鹤形目包括拟鹑、三趾鹑、鹤、秧鸡、鸨、叫鹤等鸟类，全世界共有11科58属203种，多分布于东半球和北美，多在北半球繁殖，冬季南迁。我国有4科17属34种，东北繁殖，长江中下游和西部越冬。

　　鹤形目鸟类除少数种类外都为水鸟，体型大小差别很大，从大型到小型的种类都有，雌雄同型。体长11～150 cm，两性羽色相似。眼先被羽或裸出，喙长直或短而强壮，鼻孔椭圆形，位于鼻沟的基部，后缘有膜遮盖。颈长，翅大都短圆，尾短，脚较长，腿的下部裸露，脚趾一般细长，后趾细小、不发达或完全退化，与前3趾高位不在同一平面上，蹼不发达，或仅微具蹼。气管发达，产生共鸣。单一配偶，两性共同在湿地上以干草茎编成简陋的板状或浅盘状，有的在树上或树洞筑巢，每窝产卵2～3枚，有的达10枚，雌雄共同孵卵，孵卵期为10～36天不等，雏鸟早成性。

　　食物为小型脊椎动物、蠕虫、软体动物、昆虫以及植物的嫩芽、果实和种子。

　　主要见于湿地，栖息在开阔的沼泽地带、河滩、海岸带或湖泊的草丛、农田以及草原地带。除繁殖期外，常集群生活。涉水或奔走，飞翔时头颈向前伸直，两脚向后直伸，繁殖期常有复杂的求偶炫耀。

三趾鹑科 Turnicidae（Buttonquails）

黄脚三趾鹑 Yellow-legged Buttonquail *Turnix tanki*

【识别特征】体型比鹌鹑略小的棕褐色的三趾鹑（16 cm）。上体黑褐色和栗黄色相杂，翅上覆羽、肩羽具黑色斑点和横斑，胸部中央皮黄色。雌鸟羽色较鲜艳。与其他三趾鹑的区别是喙和脚为黄色。【生态习性】喜栖息于草丛、灌丛、沼泽及农耕地，尤喜稻茬地。性畏人，善隐蔽，以植物种子和软体动物为食。繁殖期常为争夺雄性而争斗。【分布】国外分布于东亚、印度、孟加拉及中南半岛。国内除宁夏、新疆、西藏、青海外，分布于各省。

黄脚三趾鹑 ┃ 薄顺奇 摄

蓑羽鹤 | 彭建生 摄

鹤科 Gruidae（Cranes）

蓑羽鹤 Demoiselle Crane *Anthropoides virgo*

【识别特征】体型纤细（98 cm）。翼展150～170 cm，是优雅的蓝灰色鹤。长长的胸前黑色蓑羽与背部蓝灰色蓑羽是其区别于其他鹤类的典型特征。白色额顶和耳羽簇与黑色的头、颈和胸蓑羽成鲜明对比，飞翔时黑色飞羽端与灰色体羽亦对比鲜明。【生态习性】喜栖息于干草原、草甸和沼泽等地，胆怯，善奔走，一般不与其他鹤类合群。多营巢于干燥的草甸盐碱地上。杂食性，一般以水生植物和昆虫为食，也兼食鱼、蝌蚪、虾等。【分布】国外分布于北非、欧洲、中亚、印度。国内种群数量较小，繁殖于东北及内蒙古西部，越冬在西藏南部。

白鹤 Siberian Crane *Grus leucogeranus*

【识别特征】体型较大（140 cm）。翼展210～230 cm，颜色具素雅的白色，有"修女鹤"美誉。喙橘黄色，脸部裸皮猩红色，脚肉红色。飞行时黑色初级飞羽与洁白的体羽对比鲜明。当年幼鹤，颈及背部多棕黄色。【生态习性】典型的沼泽湿地鸟类，主要取食水生植物的地下根茎或嫩芽，也捕食少量鱼、虾和螺类。具长途迁徙习性，迁徙期多集成大群在固定的停歇地停留数周到月余。【分布】国外繁殖于俄罗斯远东、东亚，越冬于伊朗、印度西北部。国内见于东北、长江中下游的湖泊。

白鹤 | 朱英 摄

沙丘鹤 *Sandhill Crane Grus canadensis*

【识别特征】中型鹤类（120 cm）。翼展160～210 cm。体羽灰色，脸偏白，额及顶冠红色，翅上覆羽、尾部及颈背部沾有浅锈红色。亚成体似成鸟，但额及顶冠缺少红色。【生态习性】繁殖于沿海的有草苔原带及河流、沼泽及湖泊边的干燥草丛。冬季栖息于广阔的草地、湿地和农田。【分布】国外广布于北美洲及西伯利亚东部；指名亚种*canadensis*繁殖于西伯利亚东部，大部分越冬于北美洲北部，少数于日本九州西南部。迷鸟偶见于韩国和中国东部，河北（北戴河）、山东、江苏（射阳）、上海（崇明滩）、浙江、江西（鄱阳湖）有记录，与大群的白头鹤混群活动。

沙丘鹤 孙华金 摄

沙丘鹤 孙华金 摄

白枕鹤 White-naped Crane *Grus vipio*

【识别特征】大型鹤类 (150 cm)。成鸟前额、头顶前部、眼先和脸侧裸皮红色,喉、颈背白色,枕、胸、颈前至颈侧有狭窄灰色尖线条。初级飞羽黑色,体羽余部为不同程度的灰色。【生态习性】栖息于森林—草原生境中的湖泊、河流分布芦苇地的沼泽地带。非繁殖季以家族群形成较大的种群活动于湿地和收割后的农田。【分布】国外繁殖于蒙古东部、俄罗斯远东地区,历史上曾在日本北海道繁殖过,近些年已经尝试恢复,冬季主要种群在日本九州,少数在韩国。国内见于中国东北、长江下游地区,迷鸟至福建、台湾。

白枕鹤 | 张明 摄

灰鹤 | 肖克坚 摄

灰鹤 Common Crane *Grus grus*

【识别特征】体型中等的灰色鹤 (125 cm)。头顶黑色，裸露部红色，头及颈深灰色，自眼后有一道宽的白色条纹伸至颈背。初、次级飞羽黑色，三级飞羽灰色，先端黑色，延长弯曲成弓状。【生态习性】喜栖息于多草丘和水洼地的沼泽草甸。迁徙和越冬期常在弃荒的玉米、稻田等地觅食。杂食性，以植物根、茎、果实或种子为主，也吃昆虫、蚯蚓、蛙、蛇、鼠等。【分布】国外广泛分布于欧亚大陆及非洲北部，是世界上分布最广的鹤类。国内除西藏外，广大地区均可见，繁殖于北方，越冬于黄河以南地区。

白头鹤 Hooded Crane *Grus monacha*

【识别特征】体型小的鹤类 (97 cm)。体羽黑灰色。喙黄绿色，头和颈部白色，头顶具鲜红色裸皮，前额黑色。翅灰黑色，脚灰黑色。【生态习性】常小群在草原、沼泽、湖泊岸边等地上活动。【分布】国外分布于西伯利亚、东北亚。国内可能在黑龙江的小兴安岭泥沼繁殖，但尚无资料证实。繁殖于兴凯湖、三江平原及内蒙古东部的呼伦池地区，越冬于华东、华中地区。

白头鹤 | 朱英 摄

黑颈鹤 Black-necked Crane *Grus nigricollis*

【识别特征】体型较大灰白色的鹤（150 cm）。典型特征为头、颈黑色，头顶裸出、鲜红色，眼后有一白斑。三级飞羽黑色，延长呈弓形，覆于尾上，尾羽黑色。【生态习性】世界上唯一一种栖息于高原地区的鹤类，喜栖息于高海拔的湖泊、沼泽和草甸。性机警，难以接近，以植物性食物为食，喜食马铃薯、蚕豆和青稞等作物，也吃少量的动物性食物。【分布】国外分布于印度、不丹、尼泊尔。国内主要繁殖于青海、西藏和四川等地，越冬在西藏南部、贵州、青海、云南等地。

丹顶鹤 | 孙华金 摄

丹顶鹤 Red-crowned Crane *Grus japonensis*

【识别特征】大型鹤类（150 cm）。翼展220～250 cm，体羽白色，头顶具有鲜红色裸皮。前额、眼先、喉部、颈侧呈黑色。喙黄绿色，脚灰黑色。次级和三级飞羽黑色。【生态习性】喜栖息于开阔草原、农田、湖畔和沼泽地。非繁殖期以小群聚集。【分布】国外分布于西伯利亚、日本和朝鲜半岛。国内见于东北至东部江苏一带。

灰胸秧鸡 | 朱英 摄

秧鸡科 Rallidae（Rails, Crakes, Coots）

灰胸秧鸡 Slaty-breasted Banded Rail *Gallirallus striatus*

【识别特征】体型中等（25～30 cm）。体羽灰色，喙长偏红色，头顶栗色，脸侧、颈侧和前胸部灰蓝色，灰色背具白细纹。【生态习性】在湿地、草地、红树林栖息。晨昏单独活动。【分布】国外分布于东南亚、印度次大陆。国内分布于华北以南和台湾。

普通秧鸡 Water Rail *Rallus aquaticus*

【识别特征】体型中等暗深色的秧鸡（29 cm）。头顶褐色，颏白，脸灰，眉纹浅灰而过眼纹深灰色。喙多橘黄色或近红色，上喙黑褐色。上体橄榄褐色，缀以黑色纵纹，下体多灰色，两胁具鲜明的黑色横斑。【生态习性】栖息于河、湖、水塘岸边的草丛或芦苇沼泽湿地中。习性羞怯，常单独或小群于夜间或晨昏活动。杂食性，以小鱼等水生动物为主，也食水生植物的嫩枝、根、茎、种子、浆果或果实等。筑巢于芦苇或香蒲丛中。【分布】国外分布于欧亚大陆及非洲北部。国内见于各省。

红脚苦恶鸟 Brown Crake *Amaurornis akool*

【识别特征】体型中等色暗而腿红的苦恶鸟（28 cm）。体羽无横斑，上体全橄榄褐色，脸及胸青灰色，腹部及尾下褐色。喙黄绿色，基稍隆起，脚橘红色。【生态习性】栖息于平原和低山丘陵地带的多芦苇或杂草的沼泽或池塘、公园和稻田内。性机警、善隐蔽，常成对出现，善于步行、奔跑及涉水。杂食性，动物性食物有昆虫、蜘蛛、蜗牛、螺类等，植物性食物有水生植物的嫩芽、根茎和草籽。筑巢于芦苇或香蒲丛中。【分布】国外分布于印度次大陆、东南亚。国内见于南部各省。

普通秧鸡｜黄耀华 摄

红脚苦恶鸟｜朱英 摄

白胸苦恶鸟 White-breasted Waterhen *Amaurornis phoenicurus*

【识别特征】体型较大灰白两色的苦恶鸟 (33 cm)。上体深灰色，两颊、喉及胸、腹白色，与上体形成黑白分明的对照。下腹和尾下覆羽栗红色，似三角形。喙黄绿色，上喙基部橙红色，腿黄褐色。【生态习性】主要栖息于河流、湖泊、灌渠、池塘、芦苇沼泽、湿生草地及水田中。常单只活动，性机警、隐蔽，善于步行、奔跑及涉水，少飞翔，繁殖期鸣声似"苦恶、苦恶"，因此而得名。杂食性，营巢于水域附近的灌木丛和草丛等地。【分布】国外分布于印度次大陆、东南亚。国内见于西南和东部地区。

白胸苦恶鸟 | 谭文奇 摄

小田鸡 | 朱英 摄

小田鸡 Baillon's Crake *Porzana pusilla*

【识别特征】体型小（18 cm）。眼红色并有褐色过眼线。喙短，腹部具白色细横纹。雄鸟头顶及上体红褐色，具黑白横斑；胸及脸灰色。雌鸟色暗，耳羽褐色。【生态习性】常单独活动于沼泽型湖泊及多草的沼泽地带，极少飞行。【分布】国外分布于欧亚大陆、非洲、东南亚和澳大利亚。国内除西藏、青海外，见于各省。

斑胸田鸡 Spotted Crake *Porzana porzana*

【识别特征】体型小（13 cm）。体羽褐色，具黑、白、灰纵纹，下体灰具白斑点，喙基红色。【生态习性】在草地、稻田里栖息。【分布】国外分布于古北界、东南亚、非洲。国内见于新疆西部。

斑胸田鸡 | 邢睿 摄

红胸田鸡 | 朱英 摄

红胸田鸡 Ruddy-breasted Crake *Porzana fusca*

【识别特征】体型较小红褐色的田鸡（20 cm）。颏部白色，喙褐绿色。上体纯褐色，无斑纹，头侧、胸部及腿红棕色，腹部及尾下黑褐色，具白狭横纹。【生态习性】栖息于湖滨、河岸草丛与灌丛、水塘、水稻田等沼泽地带。性胆怯，难见到，晨昏活动。杂食性，吃软体动物、水生昆虫及其幼虫、水生植物的嫩枝和种子以及稻秧等。筑巢于水边草丛和灌丛中。【分布】国外分布于印度、东南亚、日本。国内除西北地区外，其余均有分布。

斑胁田鸡 | 董江天 摄

斑胁田鸡 Band-bellied Crake *Porzana paykullii*

【识别特征】体长红褐色的田鸡（25 cm）。腿红色，喙较短，头顶及上体深褐色，颏白色，头侧及胸褐色，翅具白斑，两胁及尾下近黑而具白色横纹。【生态习性】栖息于湿润多草的草甸及稻田。【分布】国外分布于东北亚和东南亚。国内除西北外，见于各省。

董鸡 Watercock *Gallicrex cinerea*

【识别特征】体型大（42～43 cm）。雄鸟黑色或黄褐色，喙黄绿色且较短，具有向后突起的尖形角状红色额甲。雌鸟褐色，腹部具细密横纹。【生态习性】一般为夜行性，多栖息于芦苇沼泽地。有时到附近稻田取食稻谷。【分布】国外分布于东南亚和印度次大陆。国内除西北、西藏、黑龙江外，见于各省。

紫水鸡 Purple Swamphen *Porphyrio porphyrio*

【识别特征】体型大艳丽的水鸡（38～50 cm）。通体蓝紫色，仅翅上和胸部略带铜绿色闪光。红色的喙、额甲及腿与蓝紫色体羽成鲜明对比，尾下覆羽白色。【生态习性】栖息于有水生植物的湖泊、河流、池塘、水坝、漫滩或沼泽地中，常结小群于晨昏活动，善于在水上漂浮植物上行走，不善飞翔，很少游泳。杂食性，但主要以水生植物的嫩枝、叶、根、茎和种子为食。【分布】国外分布较广，古北界、非洲、大洋洲。国内分布于西南、湖北、上海、广东、广西、福建和海南。

董鸡(雄) | 朱英 摄 　　董鸡(雌) | 朱英 摄

紫水鸡 | 彭建生 摄

黑水鸡 Common Moorhen *Gallinula chloropus*

【识别特征】体型中等黑白相间的水鸡（31 cm）。通体以黑褐色为主，仅额顶与喙基部为亮红色，两胁及尾下覆羽为白色。喙基红色端黄色，腿青绿色。【生态习性】栖息于灌木丛、蒲草、苇丛、水渠和水稻田中，善潜水，多成对活动，以水草、鱼虾和各种水生昆虫等为食。营巢于水边浅水处芦苇丛中或杂草上，巢甚隐蔽，呈碗状，主要由枯芦苇和草构成。【分布】世界性广泛分布。国内见于各省。

黑水鸡 | 彭建生 摄

白骨顶 | 彭建生 摄

白骨顶 Common Coot *Fulica atra*

【识别特征】体大的水鸡（36～39 cm）。通体黑灰色，仅喙和额甲白色，虹膜红褐色，次级飞羽末端白色，飞行时可见。【生态习性】喜栖息于有水生植物的大面积明水面水域，善游泳，能潜水捕食鱼虾和水草，游泳时尾部下垂，头前后摆动，憨态可掬。飞行速度缓慢，距水面不高。杂食性，但主要以植物为食，也吃昆虫、蠕虫、软体动物等。筑巢于浅水处密草丛中或谷茬地上。【分布】世界性广泛分布，国内见于各地。

鸨科 Otididae（Bustards）

大鸨 Great Bustard *Otis tarda*

【识别特征】大型鸨类（105 cm）。体形肥硕（6～18 kg），头大、颈长、腿长和尾短；头、颈及前胸深灰色，喉部近白；上体具宽大的棕色及黑色横斑，腹及尾下覆羽白色。繁殖期雄鸟颏部有白色丝状羽，颈侧有棕色丝状羽。雌鸟体小淡灰褐色，无胸带。【生态习性】栖息于森林、草原、半荒漠、荒漠，越冬时多于开阔的农耕地。结小群活动，步态审慎，善奔驰，飞行低而缓慢。雄鸟炫耀时膨出胸部羽毛。【分布】国外分布于欧洲、亚洲中部阿尔泰至外贝加尔、蒙古、巴基斯坦、韩国和日本。国内，指名亚种*tarda*见于新疆；*dybowskii*亚种见于东部地区。

大鸨 | 张明 摄

大鸨（雄）| 张明 摄

波斑鸨 | 肖克坚 摄

波斑鸨 Macqueen's Bustard *Chlamydotis macqueenii*

【识别特征】体型中等斑驳褐色的鸨（70 cm）。头顶具短羽冠，颈部灰色，颈侧具黑色松散羽束，下体白色。初级飞羽尖端为黑色，基部白色，飞翔时黑白斑块十分清晰。两性羽色相似，仅雌鸟体型较雄鸟为小，颈侧的饰羽较少。【生态习性】栖息于荒漠草原、沙丘和盐碱地中，集小群活动，善奔走，起飞需要助跑。性机警，怯生。杂食性，以植物性食物为主，也取食少量昆虫和蛙类。【分布】国外分布于中东至中亚及印度西北部。国内仅见于新疆和内蒙古。

鸻 形 目

CHARADRIIFORMES

　　鸻形目包括水雉、鹬、鸻、鸥、燕鸥、海雀等鸟类。全世界共有18科90属350种，全世界分布，迁徙鸟类。我国有14科43属125种，各地均有分布。

　　鸻鹬类为中、小型水鸟，轻的只有20 g，重的达640 g，雌雄鸟多相似，羽色常随季节和年龄而变化，羽色多斑驳。喙多细而直，少弯曲，长短不一，但都较长。颈长。翅形尖，或长或短，脚较长，脚的下部裸出，趾间蹼不发达或付缺。多在地面营巢，雏鸟为早成性。鸥类多为流线型，多白灰色的海鸟，重的达1 900 g，165 cm体长。喙细而侧扁；翅膀尖长，尾短圆或长而分叉，脚短，有的前趾间具蹼，常成大群于僻静的江河、湖海的岛屿或荒滩地面上的浅穴内铺设少许杂草为巢，有的直接把卵产在地上。一般每窝产卵2～3枚，早成性。

　　主食为蠕虫、昆虫、蟹类、鱼类或其他水生动物。

　　栖息于海岸或内陆水域地区，多数结群，性怯懦。翅形尖长适于跨洋旅飞，有长距离续航能力。由于裸露腿胫，便于涉食于沼泽，不会深陷泥潭，喙长而多敏感细胞，可以在泥沙中探寻猎物。

水雉科 Jacanidae（Jacanas）

水雉 Pheasant-tailed Jacana *Hydrophasianus chirurgus*

【识别特征】体型中等（39～58 cm）。雌雄相似。头部洁白，具细长的黑色颈纹，后颈部有明亮黄斑。上体、胸和腹均为褐色。飞行时翅大部分为白色，最外侧三枚飞羽黑色。非繁殖期没有长尾，体色亦较为暗淡。【生态习性】喜欢在小型池塘和湖泊中活动，将卵产在芡实、菱角等水生植物的叶子上。繁殖行为两性倒换，孵卵和育雏完全由雄鸟负责。【分布】国外分布于亚洲南部其他地区。国内主要繁殖于南方各省，包括台湾和海南岛，近年来河南和华北各省也有繁殖记录。

铜翅水雉 Bronze-winged Jacana *Metopidius indicus*

【识别特征】体型中等（29 cm）。体色褐色或黑色。前额白色，白色眉纹粗大，头、颈及下体黑色而带绿色闪光，上体橄榄青铜色，尾栗色。【生态习性】似其他水雉。性隐蔽。【分布】国外分布于印度、中南半岛和印度尼西亚。国内分布于广西，罕见留鸟于云南南部西双版纳。

水雉 | 彭建生 摄

铜翅水雉 | 董江天 摄

彩鹬（雄） 朱英 摄

彩鹬（雌） 朱英 摄

彩鹬科 Rostratulidae（Painted Snipes）

彩鹬 Greater Painted Snipe *Rostratula benghalensis*

　　【识别特征】体型小的涉禽（24 cm），形态独特，雌雄羽色相异。雌鸟的喉、颈和胸为棕红色，有宽阔的白眼圈、眼纹，顶纹黄色。雄鸟颜色则较为暗淡。飞行时翅上和尾羽上密布浅色椭圆形斑。【生态习性】栖息于稻田和浅水沼泽草地。行走时上下摆尾，受惊后快速走入草丛中躲藏。【分布】国外分布于非洲、亚洲南部和大洋洲。国内除黑龙江、宁夏、新疆外，见于各省，繁殖于辽宁北部、华北和南方各省。北方种群在中国南部越冬，南方种群为留鸟。

蛎鹬 | 董江天 摄

蛎鹬 | 宋晔 摄

蛎鹬科 Haematopodidae（Oystercatchers）

蛎鹬 Eurasian Oystercatcher *Haematopus ostralegus*

【识别特征】体型大的鹬（40～47 cm）。体羽除两肋、腹和尾上覆羽为白色外，其他皆为黑色。虹膜红色，红色的喙长直，末端钝，脚粉色。【生态习性】多在礁石型海滩和海岛上取食，喜欢牡蛎等软体动物。迁徙时在海滩上集群活动。【分布】国外分布于整个欧亚大陆、非洲、大洋洲。国内繁殖于东北沿海、山东和浙江的海岛，越冬于东南和华南沿海、台湾，近年新疆有多次观察记录。

鹮嘴鹬科 Ibidorhynchidae（Ibisbill）

鹮嘴鹬 Ibisbill *Ibidorhyncha struthersii*

【识别特征】体型大灰、黑和白色的鹬（39～41 cm）。腿及喙红色，喙长且下弯。有黑白色的胸带，将灰色的上胸与其白色的下部隔开。翅下浅色，飞行时翅中心有大片白斑。【生态习性】栖息于荒凉生境中清澈、多石、流速快的河流。炫耀时姿势下蹲，头前伸，黑色顶冠的后部耸起。【分布】国外分布于喜马拉雅山区和东南亚。留鸟或垂直性迁徙，分布广但罕见。国内分布于中西部各省和华北。

鹮嘴鹬 | 彭建生 摄

反嘴鹬科 Recurvirostridae（Avocets， Stilts）

黑翅长脚鹬 Black-winged Stilt *Himantopus himantopus*

【识别特征】体型中等的鹬（35～40 cm）。雄鸟繁殖期头和颈部有黑色斑块，背部暗绿色而有光泽，前额、颈和身体余部为白色。雌鸟颜色较为暗淡。淡红色的腿极长，区别于其他鹬类。【生态习性】从沿海浅滩到内陆湿地均可见到，繁殖期做简单的地面巢。【分布】国外分布于亚洲东部和南部、非洲、美洲。国内，迁徙时见于全国，主要在新疆、青海和内蒙古等省繁殖，近些年南方多省都有繁殖记录。

黑翅长脚鹬 | 朱英 摄

黑翅长脚鹬 | 李朝红 摄

反嘴鹬 | 阙品甲 摄

反嘴鹬 Pied Avocet *Recurvirostra avosetta*

【识别特征】大型黑白色的鹬（42～45 cm）。喙细长而向上翘，整体颜色与黑翅长脚鹬类似，但翅上具大片白斑。飞行时从下看身体全白，仅翅尖黑色。腿为淡灰绿色。【生态习性】善于游泳，喜大型湖泊和深水滩涂。进食时喙往两边扫动。飞行能力强，越冬时集大群，极为壮观。【分布】国外分布于欧亚大陆和非洲。国内见于各省，繁殖于东部沿海省份，在长江流域、东南沿海和西藏越冬。

石鸻科 Burhinidae（Thick Knee）

石鸻 Eurasian Stone Curlew *Burhinus oedicnemus*

【识别特征】体型较大黄褐色的鹬（41 cm）。喙基黄色，端部黑色。上体多为黄褐色，翅上具白色横斑，飞行时具两条白色条带。粗短的浅色眉纹和眼下斑纹组成硕大的眼圈，使黄色的眼睛略显呆滞。【生态习性】栖息于开阔干燥而多灌丛的碎石地带。多在晨昏活动，白天休息。擅长行走。【分布】国外分布于南欧、北非、中东、中亚和印度。国内极为罕见，仅见于西藏东南部和新疆北部。

反嘴鹬 | 宋晔 摄

石鸻 | 宋晔 摄

燕鸻科 Glareolidae（Pratincoles）

领燕鸻 Collared Pratincole *Glareola pratincola*

【识别特征】体型中等（25 cm）。喙部宽短，基部红色。颏及喉部皮黄色，具黑色领圈。上体浅棕褐色，腋羽及翅下覆羽栗色、叉尾长、白色具黑色端带，飞行时似燕鸥，站立姿势很平。【生态习性】栖息于湿地生境，喜欢在湿润的草地区域活动，捕食昆虫和软体动物。【分布】国外分布于南欧到巴基斯坦、非洲。国内迁徙时见于新疆。

普通燕鸻 Oriental Pratincole *Glareola maldivarum*

【识别特征】体型中等（25 cm）。喙部宽短，基部红色。上体浅棕褐色，颏及喉部皮黄色，具黑色领圈。腹羽灰色，腋羽及翅下覆羽栗色、叉尾浅、上黑下白，飞行时似燕鸥。【生态习性】栖息于湿地生境，喜欢在湿润的草地区域活动，捕食昆虫和软体动物。【分布】国外分布于东亚、印度、东南亚、新几内亚和澳大利亚。国内迁徙时除新疆、西藏、贵州外，见于各省。

领燕鸻 | 邢睿 摄

领燕鸻 | 邢睿 摄　　　普通燕鸻（幼鸟）| 朱英 摄　　　普通燕鸻 | 宋晔 摄

灰燕鸻 | 高云飞 摄

灰燕鸻 | 朱英 摄

灰燕鸻 Small Pratincole *Glareola lactea*

　　【识别特征】体长（17 cm）。腰白，上体沙灰，翅下覆羽和初级飞羽黑色，次级飞羽白色，但端部黑色，尾近端的楔形黑色斑使尾部看似叉形。下体白色，胸皮黄色。【生态习性】栖息于大型河流的沙滩及两岸。黄昏飞行，同雨燕和蝙蝠一道巡猎。【分布】国外分布于印度、中南半岛。国内分布于西藏东南部、云南南部和西南部。

鸻科 Charadriidae（Plovers， Lapwings）

凤头麦鸡 Northern Lapwing *Vanellus vanellus*

【识别特征】体型中等黑白色的麦鸡（30 cm）。具狭长前曲的黑色冠羽,上体具黑绿色金属光泽。具宽阔的黑色胸带,下体及尾部白色,具较宽的黑色次端斑。飞行时翅膀宽阔,翅下黑白对比明显。【生态习性】喜欢湿地和农耕地,成群活动。【分布】国外分布于欧亚大陆、非洲北部。国内见于各省,繁殖于北方大部分地区,于南方各省越冬。

凤头麦鸡 | 肖克坚 摄

凤头麦鸡 | 彭建生 摄

距翅麦鸡 | 朱英 摄

距翅麦鸡 | 肖克坚 摄

距翅麦鸡 River Lapwing *Vanellus duvaucelii*

【识别特征】体型中等黑、白的麦鸡（30 cm）。头部和喉黑色，具细长冠羽，两颊灰白。翅角具长距。上体浅棕色，下体白色。初级飞羽、尾和腹部中心斑块黑色，飞行时翅上有显著的白色条带。【生态习性】习惯栖息于沙滩和有卵石的河流。【分布】国外分布于喜马拉雅山脉以东、中南半岛。国内分布于藏东南、云南西部及西南部、海南。

灰头麦鸡 | 董江天 摄

灰头麦鸡 | 宋晔 摄

肉垂麦鸡 | 朱英 摄

灰头麦鸡 Grey-headed Lapwing *Vanellus cinereus*

【识别特征】体型中等的麦鸡（35 cm）。喙部亮黄色，先端黑色，头、喉和胸部多为灰色，黑色胸带较窄。上体棕褐色，下体白色。次级飞羽白色，飞行时尾部见白色狭窄的黑色次端斑。腿黄色。【生态习性】栖息于开阔的淡水湿地，如河滩、稻田和沼泽地。繁殖期发现危险时会在巢区上方盘飞，并发出响亮的告警声。【分布】国外分布于东亚地区、喜马拉雅山脉和东南亚。国内除新疆、西藏外，见于各省。

肉垂麦鸡 Red-wattled Lapwing *Vanellus indicus*

【识别特征】体型中等的麦鸡（32～35 cm）。因喙基上有鲜艳的红色肉垂而得名。头、喉和胸部黑色，耳羽具醒目白色斑块。上背、背和翅上覆羽为浅褐色，初级飞羽和尾部次端斑黑色，身体其余部分白色。【生态习性】栖息于开阔的淡水湿地，如河滩、沼泽地和稻田。【分布】国外分布于波斯湾、印度次大陆和东南亚。国内分布于云南。

金鸻 Pacific Golden Plover *Pluvialis fulva*

【识别特征】体型较大 (23~26 cm)。腿长而苗条的鸻，站姿较直。繁殖期两颊、喉、颈、腹为黑色，白色额基向两侧与眉纹相连。背部为黑褐色，并杂有金黄和浅棕白色斑点。非繁殖期，颊、喉、胸为黄色，并杂有浅灰褐色斑纹，下体为灰黄色。亚成鸟全身黄色，但颈、胸、腹部具黑褐色细横纹。【生态习性】栖息于开阔苔原，迁徙时常见于草地、沿海滩涂及机场。【分布】国外分布于亚洲北部和阿拉斯加繁殖，南徙澳大利亚、印度、东南亚越冬。国内见于各省。

金鸻 | 薄顺奇 摄

金鸻 | 薄顺奇 摄

灰鸻 | 朱英 摄

灰鸻 Grey Plover *Pluvialis squatarola*

【识别特征】体型较大（27～31 cm）。飞行时有白翅斑，眼圈白色，腋下、喙和腿黑色，繁殖期羽脸、前颈、胸和腹黑色，与背隔以一道宽白边。上背银灰色及白色点斑，尾及尾下覆羽白色。非繁殖期羽腹部灰白色，具纵纹。【生态习性】在海岸、泥滩、沙滩和河口栖息。【分布】全球海岸分布。国内见于各省。

剑鸻 Common Ringed Plover *Charadrius hiaticula*

【识别特征】中型鸻类（19 cm）。体形较丰满的黑色、褐色及白色鸻。喙短小前黑后黄，额基及颈圈白色显著，后颈形成白色环带，外接黑色环带，橘黄色的腿，亚成鸟着褐色斑纹，喙全黑，腿黄色。飞行快而敏捷，翅上具明显白色横纹。【生态习性】繁殖于干燥的沿海苔原地带，或沿海岸、湖岸、河流的沼泽湿地、泥滩和河口地带。以虾、螺、昆虫和水生植物为食。【分布】国外广布于全北界，冬季扩展至地中海、非洲和中东地区。亚种*C. h.tundrae*普遍繁殖于俄罗斯东北部，迷鸟至东亚。国内见于黑龙江、河北、内蒙古、新疆、青海、上海、广东、香港和台湾。

剑鸻 | 张明 摄

长嘴剑鸻 | 黄耀华 摄

长嘴剑鸻 | 董磊 摄

长嘴剑鸻 Long-billed Ringed Plover *Charadrius placidus*

【识别特征】体型较小具有白色领圈的鸻（19～21 cm）。喙黑长，额基、颏、喉、前额为白色，头顶前部具黑色带斑，耳羽褐色，上体灰褐色，后颈的白色领环延至胸前，其下部是一细窄的黑色胸带，下体余部为白色。脚土黄色或肉黄色。非繁殖羽颜色较淡。【生态习性】多见于河边的多砾石地带，迁徙时，见于湿地或水田。【分布】国外分布于日本、韩国及东南亚。国内见于除新疆以外的大部分地区。

金眶鸻 Little Ringed Plover *Charadrius dubius*

【识别特征】体型较小的鸻（16 cm）。喙黑色、短小。额基具黑纹，并经眼先和眼周伸至耳羽形成黑色过眼纹，眼眶为金色，前额、眉纹白色，头顶前部具黑宽斑。具完整的黑色领环，上体棕褐色，下体白色。飞行时没有白色翼带。幼鸟或成鸟冬羽色淡且眼眶金色不明显。【生态习性】常见于沿海溪流、内陆湿地及河流的沙洲。【分布】国外广布于欧亚大陆及非洲中部。国内见于各省。

金眶鸻｜谭文奇 摄

金眶鸻｜董磊 摄

环颈鸻 | 傅聪 摄

环颈鸻（非繁殖羽） | 潘思佳 摄

环颈鸻 Kentish Plover *Charadrius alexandrinus*

【识别特征】体小褐色或白色的鸻（15～17 cm）。喙短，飞行时能观察到翅上有白色横纹，尾羽外侧更白，腿黑色。雄鸟胸侧具黑斑；雌鸟胸侧为褐色斑块。【生态习性】单独或成小群进食，常与其他涉禽混群于海滩或近海岸的多沙草地，也于沿海河流及沼泽地活动。【分布】国外分布于北美和古北界南部。国内见于大部分地区。

蒙古沙鸻 Lesser Sand Plover *Charadrius mongolus*

【识别特征】体型中等色彩明亮的鸻（20 cm）。甚似铁嘴沙鸻，常与之混群但体较短小，喙短而纤细。繁殖羽：黑色过眼纹从眼先至耳部，后颈与胸部棕红色，有时向两胁延伸，上体灰褐色，喉、颏、前颈、下体白色。非繁殖羽：黑色部分转为灰褐色，胸部的红棕色变为灰白色；亚成鸟胸部具淡黄褐色，亦向两胁延伸，体背为灰褐色，羽缘为淡色。【生态习性】迁徙时集大群在沿海泥滩或沙滩活动。【分布】国外繁殖于中亚至东北亚，南移至非洲沿海、印度、东南亚及澳大利亚，迁徙时经过中国东部沿海，西北、（少量于）中国南部沿海及台湾越冬。

铁嘴沙鸻 Greater Sand Plover *Charadrius leschenaultii*

【识别特征】体型中等灰、褐及白色的鸻（23 cm）。喙短较厚，腿偏黄色并且较长。胸部具棕色横纹，脸部具黑色斑纹，前额白色。【生态习性】喜沿海泥滩及沙滩，与其他涉禽尤其是蒙古沙鸻混群。【分布】国外分布于中亚、西亚、蒙古、非洲、印度、东南亚及澳大利亚。国内除黑龙江、西藏、云南外，各地均可见。

蒙古沙鸻（幼鸟）｜董磊 摄

蒙古沙鸻｜彭建生 摄

铁嘴沙鸻｜朱英 摄

东方鸻 Oriental Plover *Charadrius veredus*

【识别特征】体型中等而腿长、颈长的鸻（24 cm）。喙短，腿黄色或近粉色。站姿挺拔。非繁殖羽：胸带宽、棕色；脸偏白色；上体全褐色，无翅上横纹。繁殖羽：头、颈部为淡黄褐色，颈下的淡黄褐色逐渐过渡至胸部为栗红色宽带，其下缘有一明显的黑色环带。亚成鸟上体为灰褐色，具灰白色或米黄色的鳞状斑，胸部色带不明显。

【生态习性】栖息于多草地区、河流两岸及沼泽地带取食。【分布】国外繁殖于蒙古及中国北方等地，迁徙经中国东部，越冬于东南亚、澳大利亚。国内除宁夏、西藏、云南外，见于各省。

东方鸻（幼鸟）｜董磊 摄

东方鸻｜朱英 摄

小嘴鸻（幼鸟）　张明 摄

小嘴鸻　王春芳 摄

小嘴鸻 Eurasian Dotterel *Charadrius morinellus*

　　【识别特征】小型鸻类（20～22 cm）。体羽鲜艳。喙灰黑色，腿黄绿色，前头、头顶与枕部黑色或黑褐色，宽白色眉纹后延，前胸具一窄白色胸带，腹棕红色，腹部中央有黑斑。尾下覆羽白色。【生态习性】多集群，沿海岸线、河道迁徙。【分布】国外分布于欧亚大陆北部繁殖，到非洲北部过冬。国内见于新疆、内蒙古、黑龙江等地。

鹬科 Scolopacidae（Snipes， Woodcocks， Sandpipers）

丘鹬 Eurasian Woodcock *Scolopax rusticola*

【识别特征】体大而肥胖（33～35 cm）。两眼位于头上方偏后，黄褐色的喙长而直，头灰褐色，头顶至枕后有3～4块暗色横斑。上体锈红色，杂有黑色、灰白色、灰黄色的斑，下体满布细横纹。飞行看似笨重，翅较宽，腿短。【生态习性】栖息于潮湿的低地或山丘落叶混合林地，但冬天可能移至海拔更低的溪流或干草地。【分布】国外分布于欧亚大陆。国内见于各省。

丘鹬 | 冯利民 摄

孤沙锥 Solitary Snipe *Gallinago solitaria*

【识别特征】体型较大的沙锥（30 cm）。橄榄褐色的喙长且直，且端部色深。胸褐棕色具条纹，下体具细密横纹。脸部条纹较白，具3对暗褐色纵纹；背部棕褐色且具黑色斑点，肩羽和三级飞羽具白色羽缘，形成背部4条明显的白色纵纹。【生态习性】性孤僻，主要栖息于潮湿的山谷、河流和高山沼泽。【分布】国外分布于喜马拉雅山脉、中亚及东北亚，越冬从巴基斯坦至日本及堪察加半岛的山麓地带。国内大部分地区可见。

孤沙锥 | 宋晔 摄

林沙锥 | 唐军 摄

林沙锥 Wood Snipe *Gallinago nemoricola*

【识别特征】体型大背部暗色的沙锥（31 cm）。身体斑纹较粗，顶侧条纹黑色，喙基灰色较少。脸具偏白色纹理，上体浓黑具棕黄色肩纹，胸棕黄色而具褐色横斑，下体余部白色具褐色细斑。与其他沙锥区别在于色彩较深，飞行缓慢，形如蝙蝠。【生态习性】栖息于可高至海拔5 000 m的高草地及灌丛中的沼泽泥潭及池塘。【分布】国外分布于东南亚及印度等地。国内繁殖于西藏东部并可能亦于四川西部，越冬于西藏东南部及云南的西部和东北部。

针尾沙锥 Pintail Snipe *Gallinago stenura*

【识别特征】体型小（24 cm）。喙相对短且扁。上体淡褐色，具白色、黄色及黑色的斑纹。下体白色，胸部红褐色且多具黑色细纹，两翅显圆，飞行时黄色的脚探出尾后较多。【生态习性】喜欢栖息于稻田、林中的沼泽和潮湿洼地以及红树林。【分布】国外分布于俄罗斯、东北亚、印度至东南亚地区。国内各省均可见。

针尾沙锥 | 朱英 摄

扇尾沙锥 | 朱英 摄

扇尾沙锥 Common Snipe *Gallinago gallinago*

【识别特征】体型中等的沙锥（25～27 cm）。喙基黄褐色或红褐色、端黑色，喙长约为头长的2倍以上。上体黑褐色，杂有白色、暗红色、棕色、黄色横斑和纵纹。肩羽外侧羽缘很宽，颜色鲜明，而内侧羽缘非常不明显。针尾沙锥和大沙锥的肩羽外侧羽缘较窄，故其背部羽色呈鳞片状。翅细而尖，飞行时可以看到次级飞羽具明显的宽白色羽缘，翅下有明显的白色亮区，并缀有褐色斑纹，次级飞羽的羽缘为白色。【生态习性】栖息于沼泽地带及稻田，通常隐蔽在高大的芦苇草丛中。【分布】国外分布于欧洲、亚洲、北美洲及非洲中部。国内除云南外，见于各省。

半蹼鹬 Asian Dowitcher *Limnodromus semipalmatus*

【识别特征】体型大（33～36 cm）。黑色的喙粗、长、直，端显膨胀。繁殖期头、颈、背肩部及下体为锈红色，背肩羽具黑褐色中央纹。非繁殖期眉纹白色，上体灰褐色，多淡色羽缘。下体白色，颈、胁、胸多褐色斑点。脚黑色。粗直的黑色长喙区别于黑尾塍鹬和斑尾塍鹬。飞行时翅下为白色。【生态习性】栖息于沿海滩涂。【分布】繁殖于西伯利亚及我国东北、西北，迁徙经过华东及华南至东南亚和大洋洲。

半蹼鹬 | 薄顺奇 摄

黑尾塍鹬 | 朱英 摄

斑尾塍鹬 | 朱英 摄

黑尾塍鹬 Black-tailed Godwit *Limosa limosa*

【识别特征】体型大（42 cm）。喙长而端黑，具有显著过眼纹和明显的白色翅上横斑。腰及尾基白色，尾前半部近白，端黑。腿较长。【生态习性】光顾沿海泥滩、河流两岸及湖泊，头的大部分有时都埋在泥里。【分布】国外分布于古北界北部，迁飞至非洲和澳大利亚。国内除西藏外，见于各省。

斑尾塍鹬 Bar-tailed Godwit *Limosa lapponica*

【识别特征】体型大（37～41 cm）。喙略向上翘，上体具灰褐色斑块，具显著的白色眉纹，下体胸部显灰色。尾羽具黑白相间横纹，腿长。【生态习性】栖息于潮间带、河口、沙洲及浅滩。进食时头部动作快，大口吞食，头深插入水。【分布】国外分布于欧亚大陆，越冬在澳大利亚、非洲。国内除西南外，均可见。

小杓鹬 Little Curlew *Numenius minutus*

　　【识别特征】体型纤小皮黄色的杓鹬（30 cm）。头部淡黄褐色，头顶有黑色纵纹。略下弯的喙长度约为头长的1.5倍，黑色过眼纹明显。背、肩和翅上覆羽黑褐色并有淡黄色羽缘。腰无白色。【生态习性】喜干燥、开阔的内陆及草地，极少至沿海泥滩。【分布】国外繁殖于西伯利亚；冬季南迁至澳大利亚，迁徙经过中国东部。

小杓鹬 | 冯利民 摄

中杓鹬 Whimbrel *Numenius phaeopus*

【识别特征】体型大的杓鹬（40～46 cm）。喙长且下弯，长约为头长的2倍。头部黑褐色，具西瓜皮样的花纹。白色眉纹宽阔，穿眼纹灰褐色，上体黑褐色，点缀黄色或白色杂斑，下背和腰白色，下体污白色，胸部多黑褐色纵纹，体侧具粗横纹。【生态习性】喜沿海泥滩、河口潮间带、沿海草地、沼泽及多岩石海滩，通常结小至大群，常与其他涉禽混群。【分布】国外繁殖于北美、欧洲北部及亚洲；冬季南迁至南美洲、非洲、东南亚、澳大利亚及新西兰。国内迁徙时常见于大部分地区，尤其于东部沿海几处河口地带。

中杓鹬 | 冯利民 摄

中杓鹬 | 朱英 摄

白腰杓鹬 Eurasian Curlew *Numenius arquata*

【识别特征】体型较大的杓鹬（55 cm）。喙甚长而下弯，长约为头长的3倍以上。头、颈、胸黄褐色，密布黑褐色斑纹。背部灰褐色，缀有黄褐色羽缘。两胁多黑褐色纵纹，下体白色。翅下覆羽为白色。腰部白色，并上延成尖形。尾羽白色，并缀有黑褐色细横斑。【生态习性】常单独活动在潮间带河口、河岸及沿海滩涂，有时结小群或与其他种类混群。【分布】国外繁殖于古北界北部，冬季南迁远及非洲、印度尼西亚及澳大利亚。迁徙时见于中国多数地区。国内为长江下游、华南与东南沿海、海南岛、台湾及西藏南部的雅鲁藏布江流域的定期候鸟。

白腰杓鹬 | 英长斌 摄

白腰杓鹬 | 英长斌 摄

大杓鹬 Far Eastern Curlew *Numenius madagascariensis*

【识别特征】体型硕大的杓鹬（53～66 cm）。下弯的喙甚长，为头长的3倍以上。全身为黄褐色，头、颈、胸密布黑褐色条纹。下体具暗褐色条纹。翅下覆羽白色，但密布黑褐色斑纹。下背、腰及尾上覆羽与上背同为黄褐色。【生态习性】栖息于潮间带河口、河岸及沿海滩涂，个别个体有时与白腰杓鹬混群。【分布】国外繁殖于东北亚，冬季南迁远至大洋洲，迁徙时定期经过中国东部及台湾。国内除新疆、西藏、云南、贵州外，见于各省。

大杓鹬｜阙品甲 摄

大杓鹬｜英长斌 摄

鹤鹬 董磊 摄

鹤鹬 朱英 摄

鹤鹬 Spotted Redshank *Tringa erythropus*

【识别特征】体型中等的鹬（30 cm）。喙黑色且细长，下喙基部为朱红色。繁殖期几乎全身为黑色，白色眼圈明显，肩及翅上具白色细横斑。非繁殖期头至上背灰褐色，白色眉纹明显，下体灰白色，尾下覆羽白色。飞行时可见其翅下为纯白色。过眼纹明显。腿红而长，飞行时脚伸出尾后较长。【生态习性】喜鱼塘、沿海滩涂及沼泽地带。【分布】国外广布于欧亚大陆及东非。国内见于各省。

红脚鹬 | 王勇 摄

红脚鹬 | 朱英 摄

泽鹬 | 朱英 摄

红脚鹬 Common Redshank *Tringa totanus*

【识别特征】体型中等的鹬 (28 cm)。喙明显较鹤鹬粗短，喙基部为红色端黑。繁殖期上体灰褐色且密布黑褐色斑纹。前颈、胸满布黑褐色羽干纹。非繁殖期上体为单调的灰褐色，灰色的胸部多黑褐色细斑纹。下体白色。飞行时可见翅下覆羽为白色，内侧初级飞羽和次级飞羽为白色。尾部具黑褐色横斑。【生态习性】喜泥岸、海滩、盐田、干涸的沼泽及鱼塘、近海稻田，偶尔在内陆。通常结小群活动，也与其他水鸟混群。【分布】国外繁殖于非洲及古北界，冬季南移远及东帝汶及澳大利亚。国内见于各省。

泽鹬 Marsh Sanderpiper *Tringa stagnatilis*

【识别特征】体型中等纤细型的鹬类 (24 cm)。额白色，细、直、尖的黑色喙异于其他鹬类。腿长而偏绿色。繁殖期头、后颈密布白黑相间的条纹；下颈、胸、两胁具黑褐色斑纹；上体褐灰色，各羽间有大块的黑色锚形斑。非繁殖期以上体灰色、下体白色为主。飞行时，腰、尾、翼下覆羽为白色，尾端具暗褐色横斑。【生态习性】喜湖泊、盐田、沼泽地、池塘并偶尔至沿海滩涂。通常单只或两三成群，但冬季可结成大群。【分布】国外繁殖于古北界，冬季南迁至非洲、南亚及东南亚并远及澳大利亚和新西兰。国内除西南外，见于各省。繁殖于内蒙古、东北，迁徙时经过华东沿海、海南岛及台湾，偶尔经过中国中部。

青脚鹬 Common Greenshank *Tringa nebularia*

　　【识别特征】体型中等高挑偏灰色的鹬（30～35 cm）。修长的腿近绿色，灰色的喙长而粗且略向上翘，喙基黄绿色。繁殖期头、颈密布黑褐色与白色相杂的纵纹，背部灰褐色，羽缘白色，羽缘内有一黑色的次端斑。胸、两胁具黑褐色细纹。非繁殖期上体灰褐色，头颈部具细纵纹。胸、腹为白色。飞行时可见其明显的白色腰部和尾羽，中央尾羽具暗褐色波形斑。翅下覆羽白色，并具黑褐色波形横斑。【生态习性】喜沿海和内陆的沼泽地带及大河流的泥滩。通常单独或两三成群。【分布】国外广布于欧亚大陆及东非、澳大利亚等地。国内见于各省。

青脚鹬 黄耀华 摄

小青脚鹬 | 薄顺奇 摄

小青脚鹬 Nordmann's Greenshank *Tringa guttifer*

【识别特征】体型中等灰色的鹬（30 cm）。喙粗壮上翘，喙基为肉黄色。腿偏黄，三趾间具半蹼，非常似青脚鹬，但头较大，脚短显矮；颈较短较粗；上体黑褐色，具白色斑点和边缘，背、腰、尾上白色，颈、胸、两胁密布暗色斑。夏羽时胸腹具粗点斑易与青脚鹬区分。飞行时仅趾伸出尾后；翅下覆羽几乎为纯白色。【生态习性】喜沿海泥滩。【分布】国外繁殖于东北亚的萨哈林岛。冬季迁徙经日本及中国至孟加拉国及东南亚，迷鸟有至婆罗洲及菲律宾。国内迁徙时见于东部沿海省份。

小青脚鹬 | 薄顺奇 摄

白腰草鹬 肖克坚 摄

林鹬 张嵬嵬 摄

白腰草鹬 Green Sandpiper *Tringa ochropus*

　　【识别特征】体型中等（23 cm）。喙直、端黑色，喙基暗绿色。脚灰绿色。上体深暗，下体白色，喙基与眼上方具白色短眉纹，头、后颈、背为暗橄榄褐色，而有淡棕色或白色斑点，额、胸、两胁具纤细的褐色纵纹。尾白，端部具黑色横斑。飞行时仅趾伸至尾后，且黑色的下翅、白色的腰部以及尾部的横斑极显著。【生态习性】常单独活动，喜小水塘及池塘、沼泽地及沟壑。受惊时起飞，似沙锥而呈锯齿形飞行。【分布】国外广布于欧亚大陆及非洲等地。国内见于各省。

林鹬 Wood Sandpiper *Tringa glareola*

　　【识别特征】体型略小（21 cm）。喙黑色，短而直，白色的眉纹从喙基延伸至耳后，明显较白腰草鹬要长。上体黑褐色，并布满白色或黄褐色的碎斑点。下体白色，颈和胸多暗褐色斑纹。翅下白色，具灰褐色斑纹。飞行时，脚明显伸出尾部。腿较白腰草鹬更长且颜色偏黄。【生态习性】喜沿海多泥的栖息环境，但也出现在内陆高至海拔750 m的稻田及淡水沼泽。通常结成松散小群可多达20余只，有时也与其他涉禽混群。【分布】国外广布于欧亚大陆及非洲、澳大利亚。国内见于各省。

翘嘴鹬 | 薄顺奇 摄

翘嘴鹬 Terek Sandpiper *Xenus cinereus*

【识别特征】体型小低矮灰色的鹬（23 cm）。喙大部为黑色，但喙基处为黄色或橙黄色，喙上翘明显，喙长约为头长的2倍。上体褐灰色，具纤细的黑色羽干纹，肩羽的黑色斑纹粗。下体白色，胸部具纤细黑褐色纵纹。黑色的初级飞羽明显。飞行时翅上狭窄的内缘明显。橘黄色的腿极短。【生态习性】喜沿海泥滩、小河及河口，进食时与其他涉禽混群，但飞行时不混群。通常单独或一两只在一起活动，偶成大群。【分布】国外繁殖于欧亚大陆北部，冬季南移远及非洲、澳大利亚和新西兰。迁徙时常见于国内东部及西部。

矶鹬 Common Sandpiper *Actitis hypoleucos*

【识别特征】体型略小褐色及白色的鹬（20 cm）。喙短，停栖时，翅长不及尾端。头、后颈、背、尾上覆羽、翅上覆羽均呈橄榄褐色，并具纤细的黑色羽干纹；背、肩和三级飞羽近端部具黑褐色横斑，羽缘淡棕白色。胸部灰褐色，有暗褐色纤细条纹，下缘暗色平齐。胸腹的白色与翅角前缘白色相连成明显的凸起。【生态习性】光顾不同的栖息生境，从沿海滩涂和沙洲至海拔1 500 m的山地稻田及溪流、河流两岸。走时头不停地点动，并具两翅僵直滑翔的特殊姿势。【分布】国外广布于欧亚大陆及非洲、澳大利亚。国内见于各省。

矶鹬 | 肖克坚 摄

灰尾漂鹬 Grey-tailed Tattler *Heteroscelus brevipes*

【识别特征】体型中等低矮灰色的鹬（26 cm）的。黑色的喙粗且直，过眼纹黑色，眉纹白色，腿短，黄色。颏近白色，上体纯蓝灰色，下体白色。耳羽、颊、颈侧具暗灰色细纹。胸、胁具"V"形暗灰斑。飞行时翅下色深。【生态习性】迁徙时常见于沿海湿地、河口及泥滩。【分布】国外繁殖于西伯利亚，冬季至马来西亚、澳大利亚及新西兰。迁徙时常见于国内东部的大部地区。

灰尾漂鹬 | 薄顺奇 摄

灰尾漂鹬 | 朱英 摄

翻石鹬 Ruddy Turnstone *Arenaria interpres*

【识别特征】中等鹬类（23 cm）。喙、腿及脚均短，腿及脚为鲜亮的橘黄色。头及胸部具棕色、黑色及白色的复杂图案。飞行时可观察到翅上具醒目的黑白色图案。【生态习性】结小群栖息于沿海泥滩、沙滩及海岸石岩。【分布】全球沿岸分布，北半球繁殖，南半球越冬。国内除云贵川外，见于各省，迁徙时常见，经中国东部，部分鸟留于台湾、福建及广东越冬。

大滨鹬 Great Knot *Calidris tenuirostris*

【识别特征】体型略大灰色的鹬（27 cm）。喙较长且厚，端微下弯，上体颜色深具模糊的纵纹，头顶具纵纹，腰及两翅具白色横斑。【生态习性】喜潮间滩涂及沙滩，常结大群活动。【分布】国外分布于西伯利亚，冬季迁飞到印度次大陆、东南亚及澳大利亚。国内途经东部沿海、海南岛、广东及香港。

翻石鹬 潘思佳 摄

大滨鹬 朱英 摄

红腹滨鹬 | 薄顺奇 摄

红腹滨鹬 Red Knot *Calidris canutus*

【识别特征】体型中等低矮而腿短的偏灰色的滨鹬（24 cm）。深色的喙短且厚。繁殖期自面部、前颈、胸及上腹部为鲜艳的栗红色。翅在折合时基本与尾平齐。上体各羽的中央区域为黑色，边缘土黄色或黑色。非繁殖期上体灰褐色，密布暗色斑纹；下体白色。飞羽黑褐色，大覆羽与内侧初级覆羽末梢白色，形成白色翅线。翅下覆羽为灰白色。飞行时脚后伸不过尾。【生态习性】喜沙滩、沿海滩涂及河口。通常群居，常结大群活动。与其他涉禽混群。【分布】国外繁殖于北极圈内，冬季至美洲南部、非洲、印度次大陆、澳大利亚及新西兰。迁徙时经过中国东部、南部沿海。

三趾滨鹬 | 朱英 摄

红颈滨鹬 | 孙驰 摄

三趾滨鹬 Sanderling *Calidris alba*

【识别特征】小型灰色鹬类（20～21 cm）。厚而短的喙，黑色腿，肩角黑色，飞行时翅上具白纹，中央尾羽暗，两侧白色。【生态习性】栖息于海岸沙滩，集群。【分布】国外分布于北半球，冬季于南半球。国内除黑龙江、内蒙古、四川和云南外，见于各省。

红颈滨鹬 Red-necked Stint *Calidris ruficollis*

【识别特征】体小灰褐色的滨鹬（15 cm）。喙、腿为黑色。繁殖期头、颈、上胸红棕色，头顶、后颈和背部布满栗棕色、黑色和灰褐色的斑纹。非繁殖期通体为简单的灰或白色，眉纹白色，上体灰色，有黑色纤细的羽干纹，羽缘端白色，腹、胁、翅下、尾下均为白色。亚成体上体多黑色和褐色斑纹，具棕色或白色羽缘，胸侧为灰褐色。【生态习性】喜沿海滩涂，结大群活动，性活跃。【分布】国外繁殖于西伯利亚北部，越冬于东南亚至澳大利亚。国内见于各省，为中国东部及中部常见的迁徙过境鸟，一些冬候鸟留在海南岛、广东、香港及台湾沿海地区越冬。

小滨鹬 Little Stint *Calidris minuta*

【识别特征】小型偏灰色的滨鹬（12～14 cm）。喙短而粗，腿深灰色，下体白色，上胸显灰色，暗色过眼纹模糊，眉纹白色。上背具白色"V"字形带斑。【生态习性】进食时嘴快速啄食或翻拣。喜群居并与其他小型涉禽混群。【分布】国外分布于欧亚大陆北部，南迁非洲、中亚、印度。国内见于香港、河北、新疆、青海、江苏、上海、浙江。

青脚滨鹬 Temminck's Stint *Calidris temminckii*

【识别特征】体小而矮壮的灰色滨鹬（13～15 cm）。喙黑色，脚黄绿色，眉纹不明显。下体白色。繁殖期头顶至颈后灰褐色，染黄栗色，具暗色条纹。体暗灰褐色，多数羽毛具栗色羽缘和黑色纤细羽干纹。颈、上胸淡褐色，有暗色斑纹。非繁殖期头、颈、胸、背部均为灰色，但黑褐色的羽干纹明显。【生态习性】喜内陆淡水湿地，但偶见于沿海泥地与其他滨鹬混群。【分布】国外于古北界北部繁殖，南迁非洲、印度、东南亚。国内见于各省。

青脚滨鹬 | 朱英 摄

小滨鹬 | 朱英 摄

长趾滨鹬 Long-toed Stint *Calidris subminuta*

【识别特征】小型灰褐色的滨鹬（14 cm）。头顶褐色，白色眉纹明显。上体具黑色粗纵纹，胸浅褐灰，腹白色，腰部中央及尾深褐，外侧尾羽浅褐色。腿绿黄色。【生态习性】喜沿海滩涂、小池塘、稻田及其他的泥泞地带。【分布】国外于西伯利亚繁殖，越冬在印度、东南亚和大洋洲。国内见于各省。

斑胸滨鹬 Pectoral Sandpiper *Calidris melanotos*

【识别特征】中型多具杂斑褐色的滨鹬（19～23 cm）。白色眉纹不明显，褐色顶冠。胸部密布纵纹并突然中止于腹部，且腹部变白色，飞行时两翅显暗，翅略具白色横纹，腰及尾上中心部位显宽的黑色。腿黄色。【生态习性】取食于湿润草甸、沼泽地及池塘边缘。【分布】国外分布于俄罗斯北部、北美，越冬在大洋洲、南美。国内经过香港、河北、天津、上海、台湾。

长趾滨鹬 | 朱英 摄

长趾滨鹬 | 潘思佳 摄

斑胸滨鹬 | 董江天 摄

尖尾滨鹬 | 朱英 摄

弯嘴滨鹬 | 朱英 摄

尖尾滨鹬 Sharp-tailed Sandpiper *Calidris acuminata*

　　【识别特征】体型略大且喙短的滨鹬（29 cm）。喙长，略下弯。棕色头顶，下体具粗大的黑色纵纹。腹白色；尾中央黑色，两侧白色。【生态习性】栖息于沼泽地带及沿海滩涂、泥沼、湖泊及稻田。【分布】国外在西伯利亚繁殖，越冬于大洋洲。国内途经东北、沿海省份及云南、台湾。

弯嘴滨鹬 Curlew Sandpiper *Calidris ferruginea*

　　【识别特征】体型中等的滨鹬（21 cm）。喙长而下弯，上体大部分灰色几乎无纵纹。下体白色。眉纹、翅上横纹及尾上覆羽的横斑均白。夏羽胸部及通体体羽深棕色，颏白色。【生态习性】栖息于沿海滩涂及近海的稻田和鱼塘。潮落时跑至泥里翻找食物。休息时单脚站在沙坑。【分布】国外繁殖于西伯利亚，越冬在非洲、中东、印度和澳大利亚。国内除云南、贵州外，全国均可见。

黑腹滨鹬 Dunlin *Calidris alpina*

【识别特征】小型偏灰色的滨鹬（19 cm）。有一道白色眉纹，喙端略有下弯，尾中央黑而两侧白。繁殖羽为胸部黑色，上体棕色。【生态习性】喜沿海及内陆泥滩，单独或成小群，常与其他涉禽混群。【分布】国外分布于全北界。国内均可见。

黑腹滨鹬 | 潘思佳 摄

黑腹滨鹬 | 潘思佳 摄

勺嘴鹬 | 孙华金 摄

勺嘴鹬 Spoon-billed Sandpiper *Eurynorhynchus pygmeus*

【识别特征】小型灰褐色的滨鹬 (15 cm)。腿短，上体具纵纹，具有显著白色眉纹。喙勺形，夏季上体及上胸均为棕色。【生态习性】喜在沙滩活动，取食时喙几乎垂直向下。【分布】国外分布于西伯利亚东北，迁飞至印度、东南亚。国内见于华东沿海及台湾地区。

勺嘴鹬 | 朱英 摄

阔嘴鹬 | 宋晔 摄

阔嘴鹬 | 朱英 摄

阔嘴鹬 Broad-billed Sandpiper *Limicola falcinellus*

【识别特征】体型略小而喙下弯的鹬（16～18 cm）。黑色的喙粗壮且明显较长，喙先端突然下弯。繁殖期头部棕黑褐色，两侧的白色线条在眼先与宽眉纹汇合，形成白色的双眉纹。具有看似"西瓜皮"一样的纹路。肩和背黑褐色，各羽缘具黄褐色或灰白色；胸部具暗色斑纹。【生态习性】性孤僻，喜潮湿的沿海泥滩、沙滩及沼泽地区。【分布】国外繁殖于北欧及西伯利亚北部；冬季在热带地区至非洲、中东、印度、东南亚及澳大利亚。国内常见冬候鸟及过境鸟。国内，指名亚种途经新疆西部；*Sibirica*经由东部沿海至台湾、海南岛及广东沿海越冬。

流苏鹬 Ruff *Philomachus pugnax*

【识别特征】体型略大的鹬（雄鸟29 cm，雌鸟23 cm）。暗褐色的喙短、直，与头长相似，腿长，头小，颈长。夏季雄鸟棕色或部分白色并具明显的蓬松翎颌，是鸻鹬类中羽色变化最多的一种，尾上覆羽两侧为白色，且几乎延伸至尾端，飞行时，尾两侧的白色组成"V"形。【生态习性】迁徙时栖息于海边淡水湿地或湿草地。【分布】国外繁殖于欧亚大陆，冬季至非洲及南亚，罕见迷鸟甚至到澳大利亚。迁徙时少量过境于国内东部和西部。

红颈瓣蹼鹬 Red-necked Phalarope *Phalaropus lobatus*

【识别特征】体长（18～19 cm）。喙细长，体灰色和白色，头顶及眼周黑色；上体灰色，下体偏白；飞行时可观察到明显的翅上宽白横纹。飞行似燕。夏季羽色深，喉白，棕色的眼纹至眼后而下延颈部成兜围，金黄色肩羽。【生态习性】冬季在海上结大群，食物为浮游生物。不惧人，易于接近。有时到陆上的池塘或沿海滩涂取食。【分布】国外繁殖于全北界北部，南迁于南美、阿拉伯海、印度尼西亚、马来西亚。国内见于东部沿海、海南岛、台湾和香港的沿海水域。

灰瓣蹼鹬 Red Phalarope *Phalaropus fulicarius*

【识别特征】体型小（21 cm）。体羽灰色，喙短而直，基部黄色，前额白，眉纹粗白，有黑色眼罩的过眼纹。繁殖期羽色鲜艳，头顶黑色，过眼纹白，腹棕红色。【生态习性】集群迁飞，食浮游生物及小动物。【分布】国外分布于北极地区，在北非、南美越冬。迁徙经国内沿海地区，内陆少见。

流苏鹬（雌）｜朱英 摄

灰瓣蹼鹬（非繁殖羽）｜邢睿 摄

红颈瓣蹼鹬｜朱英 摄

贼鸥科 Stercorariidae（Skuas，Jaegers）

中贼鸥 Pomarine Skua *Stercorarius pomarinus*

【识别特征】体型中等略大的深色海鸟（46～51 cm）。具两种色型：浅色型，头顶黑色，具宽阔的黄色半颈环，上体和翅羽黑褐色，初级飞羽基部淡白色，下体白色，体色多黑色；深色型，通体黑色，仅初级飞羽基部为淡白色。中央尾羽特长而似勺状，伸出约5 cm，末端圆钝。【生态习性】繁殖于极北方的苔原带，在南半球越冬。因常追赶其他鸟类，抢夺其食物而得名，也会盗食卵和雏鸟。【分布】全球性分布，见于各大洋。国内于南沙群岛固定出现，也见于江苏、浙江、福建、沿海地区，香港亦有记录。内陆见于内蒙古、甘肃、四川、贵州和山西等省份。

短尾贼鸥 Parasitic Jaeger *Stercorarius parasiticus*

【识别特征】小型深色的海鸟（16 cm）。黑色头顶，头侧及领黄色。下体白色，上体褐色，初级飞羽基部偏白，飞行时频频闪动。喙细，两翅基处较狭窄。【生态习性】低飞于海面，抢掠其他进食海鸟的食物。【分布】国外繁殖于北极地区，迁飞于南美、非洲和大洋洲。国内见于新疆、青海、广东、海南，途经南沙群岛及香港、台湾。

长尾贼鸥 Long-tailed Jaeger *Stercorarius longicaudus*

【识别特征】大型海鸟（50 cm）。有深、浅两型。中央尾羽飘带更长。非繁殖期成鸟色暗且中央尾羽延长部位短缩，初级飞羽仅两枚有白色羽轴。【生态习性】低飞于海面，抢掠其他进食海鸟的食物。【分布】国外分布于北极，迁飞到南大洋。国内见于南海、香港、东部沿海及台湾。

短尾贼鸥 萧世辉 摄

中贼鸥（上） 王瑞卿 摄

长尾贼鸥 萧世辉 摄

鸥科 Laridae（Gulls）

北极鸥 Glaucous Gull *Larus hyperboreus*

【识别特征】体大而翅白的鸥（64～77 cm）。腿粉红色，喙黄色。看似健猛。背及两翅浅灰色。比中国任何其他鸥的色彩都浅许多。越冬成鸟头顶、颈背及颈侧具褐色纵纹。四年始为成鸟。第一冬鸟具浅咖啡奶色，逐年变淡；喙粉红而具深色喙端。【生态习性】单独或结群繁殖。喜群栖。沿海岸线取食，并在垃圾堆里找食。【分布】国外分布于欧亚大陆沿海地区。国内见于东北至香港沿海地区。

北极鸥（第二年冬羽,中） 董江天 摄

西伯利亚银鸥 Siberian Gull *Larus vegae*

【识别特征】大型银鸥（55～67 cm）。上体淡灰色，非繁殖羽头有棕色深纹，特别在颈后和侧面。腿淡粉色。【生态习性】栖息于河口、海岸等湿地水域。【分布】国外分布于西伯利亚东北部，冬季迁飞到我国南部。国内除宁夏、西藏、青海外，见于各省。

西伯利亚银鸥 朱英 摄

黑尾鸥 | 郭冬生 摄

黑尾鸥 Black-tailed Gull *Larus crassirostris*

　　【识别特征】体型略大中等的鸥（44～47 cm）。所有年龄的个体尾部都有宽阔的黑色次端斑。成鸟繁殖期上体和翅覆羽为蓝灰色，初级飞羽翅尖黑色，余部均为白色；非繁殖期成鸟头部具稀疏灰色斑纹。第一龄幼鸟冬羽全身具烟灰色斑纹，随换羽逐渐变淡，直至成年。喙黄色，尖端红色具黑色环带。【生态习性】海洋性鸥类，亦会在滩涂上活动。在近海海岛上集群繁殖，做简陋的地面巢。【分布】国外分布于俄罗斯、东北亚其他沿海地区，繁殖结束后沿海岸线扩散。国内分布于东部、辽宁、福建至台湾的沿海海岛。

黑尾鸥 | 朱英 摄

普通海鸥 Mew Gull *Larus canus*

【识别特征】体型中等的鸥 (45 cm)。上体和翅覆羽浅灰色,最外侧几枚初级飞羽黑色带白色斑块。具大块的白色翅斑,身体其余部分亦为白色。冬季头及颈具黑色细纹。第一冬羽具黑色次端斑,头、颈和下体密布黑色横纹。【生态习性】见于淡水湿地,有时也在沿海滩涂出现。集群繁殖。【分布】国外分布于欧亚大陆地区。国内见于北方地区和沿海各省。

普通海鸥 | 薄顺奇 摄   普通海鸥 | 薄顺奇 摄

黄腿银鸥 *Yellow-legged Gull Larus cachinnans*

　　【识别特征】大型鸥类（60 cm）。体羽灰白色。喙黄色，下喙端具红色斑点。上体灰色，三级飞羽及肩羽具斑，翅合拢后现白尖。脚黄色。【生态习性】在河口、海岸等湿地活动。【分布】国外分布于黑海、中东、南欧、北非附近。国内见于新疆、内蒙古、宁夏、东部沿海地区。

黄腿银鸥 ┃ 潘思佳 摄

灰背鸥 | 薄顺奇 摄

渔鸥 | 董江天 摄

灰背鸥 Slaty-backed Gull *Larus schistisagus*

【识别特征】体型较大的鸥（61 cm）。似银鸥复合体，但背部颜色更深，身体更显粗壮，喙更加厚。成鸟冬季头和后颈具褐色纵纹。第一冬羽全身褐色，尾几乎全为深褐色。【生态习性】典型的大洋性鸥类。【分布】国外分布于东北亚地区。在我国较为少见，冬季见于沿海各省。

渔鸥 Great Black-headed Gull *Larus ichthyaetus*

【识别特征】体型硕大的鸥（60～72 cm）。繁殖期头黑色，喙黄色且极为厚重，上下眼睑白色。背和翅上为浅灰色，外侧初级飞羽黑色，最外侧两枚具白斑，身体余部均为白色。非繁殖期头部黑色变淡。【生态习性】栖息于大型湖泊、河流和内海。集群繁殖。【分布】国外分布于欧亚大陆中、西、南部。国内见于青藏高原和内蒙古，偶尔也会在东部沿海出现。

棕头鸥 Brown-headed Gull *Larus brunnicephalus*

【识别特征】体型中等的鸥（41～45 cm）。繁殖期头部深棕色，背灰色，初级飞羽基部有大块白斑，带白色斑点的黑色翅尖为本种的辨识特征。身体余部均为白色。非繁殖期成鸟头部白色，第一冬羽似成鸟冬羽，但翅尖无白色点斑，尾尖具黑色横带。喙和腿均为暗红色。【生态习性】多栖息于内陆湿地，也会在沿海出现。集群繁殖。【分布】国外分布于亚洲中部、南亚次大陆和东南亚。国内繁殖于青海、西藏和新疆的内陆湖泊，浙江和广东也有零星记录。

红嘴鸥 Black-headed Gull *Larus ridibundus*

【识别特征】体型中等的鸥（40 cm）。繁殖期成鸟头部深褐色，非繁殖期头部白色，眼后具黑色点斑。背和翅上覆羽浅灰色，翅尖黑色，身体余部白色。喙和腿红色。【生态习性】栖息于湖泊和沿海湿地。喜集群。【分布】国外分布于欧亚大陆、非洲、北美地区。国内甚常见，繁殖于北方湿地，至南方越冬。

棕头鸥 | 董江天 摄

棕头鸥 | 彭建生 摄

红嘴鸥 | 王春芳 摄

红嘴鸥 | 童巧玲 摄

细嘴鸥 张岩 摄

细嘴鸥 张岩 摄

细嘴鸥 Slender-billed Gull *Larus genei*

　　【识别特征】中型鸥类（42 cm）。红色纤细的喙；侧看颈部短粗，头前倾而下斜；脚红色；下体偏粉红色。繁殖期成年个体白色的上体和翅上沾灰色，初级飞羽白偏淡粉红色而羽端黑色。非繁殖期成鸟耳羽上具浅灰色斑点。亚成鸟体羽及飞羽暗棕色，喙橘黄色，眼先及耳后具黑色小斑。翅略具褐色杂斑，尾具黑色较窄的次端横带。【生态习性】非繁殖期栖息于海岸边的湿地沼泽、泥滩和泻湖内。【分布】国外分布于欧洲南部、北非及中亚、东南亚。国内见于新疆、云南，迷鸟偶见于东部沿海（北戴河）、华南沿海、香港。

黑嘴鸥 Saunders's Gull *Larus saundersi*

　　【识别特征】体小的鸥（32 cm）。夏羽及冬羽均似红嘴鸥，但体型小，头具黑帽，粗短的喙为黑色。具清晰的白色眼圈，腿为黑色。翅下初级飞羽具黑色斑点，最外侧初级飞羽白色，飞行时显著。【生态习性】栖息于沿海滩涂，多在水线附近活动。常成群活动，飞行姿势轻盈。集群繁殖。【分布】国外分布于东南亚至越南。全球性濒危，主要见于我国，国内繁殖于辽宁、山东和江苏，越冬在浙江、福建和广东，在台湾和香港也有记录。

黑嘴鸥 | 宋晔 摄

黑嘴鸥 | 孙华金 摄

黑嘴鸥 | 孙华金 摄

遗鸥 Relict Gull *Larus relictus*

【识别特征】体型中等的鸥（45 cm）。外形似红嘴鸥，繁殖期头罩少褐色而近黑。飞行时前几枚初级飞羽黑色，翅尖具白点。眼后具白色半眼圈且上下断开。成鸟冬羽头顶及颈背具暗色纵纹，有别于红嘴鸥和棕头鸥。【生态习性】集群繁殖于内陆荒漠中的咸水湖和碱水湖。【分布】国外分布于哈萨克斯坦和东亚其他地区。全球性濒危。国内主要繁殖于内蒙古和陕西，向东迁徙至渤海湾越冬。

小鸥 Little Gull *Larus minutus*

【识别特征】体小（27 cm）。头及喙黑色，腿红色。冬羽头白色，头顶、眼周及耳覆羽为月牙形斑均显灰色。第一冬的鸟飞行时能看到黑色的"W"形图纹，尾端黑色，头顶较暗。【生态习性】结群繁殖，入水时两腿下悬先行伸入水面。【分布】国外分布于欧亚大陆、北美，冬迁西欧、地中海和北美。国内见于新疆西部天山、河北、江苏、香港。

遗鸥 | 朱英 摄　　小鸥 | 朱英 摄

遗鸥 | 孙华金 摄

鸥嘴噪鸥 | 薄顺奇 摄

燕鸥科 Sternidae(Terns)

鸥嘴噪鸥 Gull-billed Tern *Gelochelidon nilotica*

鸥嘴噪鸥 | 薄顺奇 摄

【识别特征】体型中等的燕鸥（33～43 cm）。喙黑色，短粗。繁殖期头部黑色，上体浅灰色，下体白色。成鸟冬羽头部白色，具黑色过眼斑。白色的叉尾狭而尖。【生态习性】栖息于内陆湿地、沿海泻湖、河口和滩涂。【分布】国外分布于世界各地。国内见于新疆、内蒙古和东部沿海，内陆省份亦偶有记录。

红嘴巨燕鸥 | 傅聪 摄

红嘴巨燕鸥 Caspian Tern *Hydroprogne caspia*

　　【识别特征】大型燕鸥（52 cm）。喙粗长，红色且端黑。冠羽黑色，冬羽白具纵纹。上体灰色，飞行时内侧翅尖偏深。脚黑色。【生态习性】栖息于各种开阔水域。【分布】国外分布于各大洲。国内见于沿海及内陆水域。

红嘴巨燕鸥 | 傅聪 摄

小凤头燕鸥 Lesser Crested Tern *Thalasseus bengalensis*

【识别特征】体型中等的燕鸥 (40 cm)。与大凤头燕鸥相似，区别在于喙为橙色而非黄色，整体色调偏白。繁殖期额部全黑，非繁殖期前额白色，凤头黑色。【生态习性】与大凤头燕鸥相似。【分布】国外分布于非洲、亚洲南部和大洋洲。国内分布于东南沿海各省和台湾，无繁殖记录。

中华凤头燕鸥 Chinese Crested Tern *Thalasseus bernsteini*

【识别特征】体型中等的燕鸥 (38 cm)。上体浅灰色，接近白色。喙部黄色，末端黑色而区别于其他凤头燕鸥。繁殖期额部全黑，非繁殖期额后为黑色半环。脚黑色。【生态习性】习性与大凤头燕鸥相似。混群于大凤头燕鸥中，在近海海岛上繁殖。极度濒危，现存全球种群不足50只。主要受胁因素有栖息地破坏、渔民捡蛋、摄影者干扰和台风。【分布】繁殖于浙江和台湾的海岛，可能还有尚未发现的北方繁殖种群存在。福建闽江口是其重要停歇地，上海、江苏和山东亦有记录。在南中国海、菲律宾越冬。

小凤头燕鸥 | 黄秦 摄

中华凤头燕鸥 | 黄秦 摄

中华凤头燕鸥 | 朱英 摄

大凤头燕鸥 | 黄秦 摄

大凤头燕鸥 | 黄秦 摄

大凤头燕鸥 Greater Crested Tern *Thalasseus bergii*

【识别特征】中等偏大的燕鸥（45 cm）。繁殖期有醒目的黑色凤头，额部亦为黑色，繁殖后期逐渐褪去。上体和翅膀为灰褐色。尾羽中度开叉。喙为绿黄色，较为粗壮。脚黄色。幼鸟上体斑驳。【生态习性】海洋性燕鸥，不进入内陆。飞行能力强，能在空中做各种高难度动作，喜欢跟在轮船后俯冲抓鱼，亦会潜水。在海中常站在漂浮物上，极少凫水，集群繁殖于近海海岛上。【分布】国外分布于印度洋、东南亚和大洋洲。国内种群繁殖于浙江、福建和台湾的近海海岛，越冬至南中国海。东部沿海省份亦有记录。

河燕鸥 River Tern *Sterna aurantia*

【识别特征】体型中等灰白色的燕鸥（40 cm）。喙黄色，上体到尾深灰色，翅尖近黑色，外侧尾羽白色。脚红色。【生态习性】多在淡水或河口处混群栖息。【分布】国外分布于印度至中南半岛。国内分布于云南西部。

黑枕燕鸥 Black-naped Tern *Sterna sumatrana*

【识别特征】体型略小且非常白的燕鸥（31 cm）。浅灰色上体，下体和头均为白色，仅眼前具黑色点斑，枕部具有黑色飘带。颈背具黑色带。具叉形尾。【生态习性】喜结群活动，喜沙滩及珊瑚海滩。【分布】国外分布于印度洋、热带岛屿、澳大利亚北岸和太平洋西岸。国内见于东南及华南沿海的海上岩礁及岛屿、香港、台湾、海南岛、南沙群岛。

黑枕燕鸥(左) 萧世辉 摄

河燕鸥 董江天 摄

普通燕鸥 | 朱英 摄

普通燕鸥 | 周华明 摄

普通燕鸥 Common Tern *Sterna hirundo*

【识别特征】中等偏小的燕鸥（32 cm）。繁殖期头顶黑色，胸和翅上覆羽灰色，翅尖为灰色，身体余部白色，喙黑色基部红色。尾叉深。非繁殖期头顶具黑白色杂斑，上翅及背部灰色，颈背颜色最深，身体余部白色，喙全黑。幼鸟部上具深色横纹，翅角有大块深色横斑。【生态习性】沿海水域和内陆湿地皆会出现。飞行姿势轻盈，常有点水的动作。【分布】国外分布于世界各地。国内较为常见，在北方各省和青海高原繁殖，迁徙时见于华东和华南。

白额燕鸥 Little Tern *Sterna albifrons*

【识别特征】体型纤小的燕鸥（24 cm）。繁殖期头顶、颈和过眼线黑色，额白色，喙黄色具黑色喙尖。背和翅上覆羽浅灰，最外侧几枚初级飞羽黑色，体羽其他部分白色，尾叉较浅。成鸟冬季头及颈的黑色缩小至月牙形，喙黑色。幼鸟似成鸟冬羽，背部具褐色杂斑。【生态习性】栖息于湿地生境，在滩地上集群繁殖，内陆和沿海均可见到。飞行姿势轻盈。【分布】国外分布于温带和热带地区。国内繁殖于大多数地区，西南地区较少见。

白腰燕鸥 Aleutian Tern *Sterna aleutica*

【识别特征】体型中等（35～38 cm）。喙尖并且黑色。脸具白色条纹，头黑色，下体灰色。越冬成鸟头顶及下体白色，喙及腿较黑，体羽灰色重及特征性翅下斑纹。【生态习性】喜集群活动，振翅稳重。停栖时两翅上翘。【分布】国外分布于西伯利亚东北部、阿拉斯加。国内见于福建、香港、台湾。

白额燕鸥 | 朱英 摄　　白腰燕鸥 | 萧世辉 摄

白额燕鸥 | 宋晔 摄

褐翅燕鸥 Bridled Tern *Sterna anaethetus*

【识别特征】中等偏小的燕鸥 (36 cm)。上体和翅上为深褐色,头部黑色,有明显的黑帽子。前额有狭窄的白色区域,并延伸至眼后。尾部中度开叉,外侧尾羽为白色,较为宽阔。喙和脚均为黑色。幼鸟上体斑驳,下体沾灰。【生态习性】海洋性燕鸥,极少进入内陆。集群繁殖于近海海岛上,飞行灵活,喜欢跟船捕鱼,亦会潜水。常站在海面漂浮物上,极少凫水。【分布】国外分布于中美洲、印度洋和太平洋海域。国内繁殖于浙江、福建和台湾的近海海岛。

灰翅浮鸥 Whiskered Tern *Chlidonias hybrida*

【识别特征】中型鸥类 (25 cm)。喙红色或黑色,叉尾浅,腿红色。繁殖期额黑色,上体浅白色,腹部灰色。非繁殖期额白色,头顶具纹,枕部于颈后黑色。【生态习性】常在淡水湿地活动。【分布】国外分布于全世界大部分地区。国内除西藏、贵州外,见于各省。

褐翅燕鸥 | 薄顺奇 摄

褐翅燕鸥 | 薄顺奇 摄

灰翅浮鸥 | 朱英 摄

白翅浮鸥 | 朱英 摄

白翅浮鸥 White-winged Tern *Chlidonias leucopterus*

【识别特征】体小（23 cm）。尾浅开叉。繁殖期成鸟，尾部白色，翅上为浅灰色，其余部位均为黑色。非繁殖期成鸟上体浅灰，头后具灰褐色杂斑，下体白色。【生态习性】常栖息于沿海地区、港湾及河口，以小群活动；也到内陆稻田及沼泽觅食。取食时低空掠过水面，顺风而飞捕捉昆虫。常栖息于杆状物上。【分布】国外分布于欧亚大陆、大洋洲、非洲和东南亚。国内见于各省。

黑浮鸥 Black Tern *Chlidonias niger*

【识别特征】体小（24 cm）。近黑色。喙黑色，翅下灰白色，两翅及腿部的灰色较深，尾深凹。冬季除头顶至眼后的黑色延伸与眼先黑色小点，头与胸部的黑色消失。飞行时翅前的胸侧具一小块黑斑，振翅快速而幅度大，喙下垂。【生态习性】栖息于沿海及内陆水域。喜海洋环境。【分布】国外分布广泛。在我国极为罕见，繁殖于新疆西部的天山，在内蒙古呼伦池地区可能出现。北京、天津等地均有迷鸟记录。

黑浮鸥 | 董江天 摄

白顶玄燕鸥 ｜ 萧世辉 摄

白顶玄燕鸥 Brown Noddy *Anous stolidus*

【识别特征】体型中等的燕鸥（42 cm）。成鸟除头顶近白和眼圈白色，翅后缘和初级飞羽黑色，身体余部均为烟灰色。幼鸟的额和头顶深色。凹形尾，喙和腿黑色。【生态习性】海洋性燕鸥。飞行缓慢懒散，很少冲入水中捕鱼。集群繁殖。【分布】国外分布于热带大洋。国内繁殖于台湾的澎湖列岛，亦见于浙江、福建、广东、南中国海。

海雀科 Alcidae（Auks）

扁嘴海雀 Ancient Murrelet *Synthliboramphus antiquus*

【识别特征】体型略小的海雀（25 cm）。外形似小型企鹅。头厚，喙为象牙白色。繁殖期头、喉和颈背黑色，粗壮的眼纹白色，半颈环亦为白色。背蓝灰色，下体白色。非繁殖期头和颈背黑色，喉、胸和下体白色。繁殖期无凤头，区别于其他海雀。【生态习性】集群繁殖于近海的悬崖上。善潜水，多在海上出现。【分布】国外见于东北亚沿海至北美西海岸。国内繁殖于山东和江苏沿海海岛，冬季偶见于沿海海域。

扁嘴海雀 ｜ 薄顺奇 摄

沙 鸡 目

PTEROCLIFORMES

　　沙鸡目鸟类在世界有1科2属16种，分布于非洲、欧洲和亚洲。我国有1科2属3种。在东北和西部地区有分布。

　　沙鸡为中型陆生鸟类，20～40 cm，体色是沙土色。头较小，喙短，喙基无软膜。翅端尖形，腿前缘有密的短毛，足3趾，后趾退化。脚底为垫状，被以细鳞，适于在沙漠中行走。在地面凹处营建简陋鸟巢。卵椭圆形，每窝2～4枚卵，雏鸟早成性。

　　食物主要为各种植物种子、果实和幼芽。

　　适于荒漠、半荒漠地带生活，多为集群栖息，易在水源处集群饮水。有较强的行走和飞翔能力，往往低空疾速飞行。

沙鸡科 Pteroclidae（Sandgrouse）

西藏毛腿沙鸡 Tibetan Sandgrouse *Syrrhaptes tibetanus*

【识别特征】体型较大（约40 cm）。形似毛腿沙鸡，翅与尾均尖长，中央一对尾羽最长，羽片大部分为沙棕色，并具黑色横斑，羽端转为蓝灰色。头部至后颈白色，具有明显的黑斑，头的前方具纵纹，上背棕黄色，下背至尾上覆羽呈灰白色，肩羽杂以黑色斑块，下体棕白色。喙蓝灰色，脚与趾密被短羽。【生态习性】多集群栖息于海拔3 500～5 100 m的荒漠、草原、半荒漠、高山草甸及湖边草地等地区。【分布】国外分布于印度、巴基斯坦、帕米尔高原。国内分布于青海湖、新疆、四川、西藏等地。

西藏毛腿沙鸡 | 彭建生 摄

毛腿沙鸡 | 高云飞 摄

毛腿沙鸡(雄) | 宋晔 摄

毛腿沙鸡 Pallas's Sandgrouse *Syrrhaptes paradoxus*

【识别特征】体大（36 cm），体羽沙色，上体具黑色杂点斑，眼周浅蓝色，脸侧有橙黄色斑纹，胸具浅黑带，腹部有黑斑，中央尾羽延长。雌鸟头顶、后颈具黑斑。【生态习性】多集群，栖息于开阔且贫瘠的荒漠、农田等地。【分布】国外分布于中亚哈萨克斯坦到我国东北。国内见于北方。

黑腹沙鸡 Black-bellied Sandgrouse *Pterocles orientalis*

　　【识别特征】体型略大（34 cm），沙褐色。雄鸟头、颈及喉灰色具栗色块斑，翅上具黑色与黄褐色粗横纹。雌鸟色较浅，黑色点斑较多。两性下胸及腹部均黑。飞行时易见黑色下体与白色下翅。【生态习性】栖息于干燥而植被稀少地区至耕作区边缘。部分为迁徙鸟。【分布】国外分布于中亚、西亚、北非、印度和俄罗斯等地区。国内见于新疆北部和西部。

黑腹沙鸡 | 高云飞 摄

鸽 形 目

COLUMBIFORMES

　　鸽形目鸟类全世界现存1科41属309种，分布于除两极外的世界各地。我国有1科7属31种，全国各地均有分布。

　　体型中等，雄性比雌性大，两性羽色相似，处在热带的种类羽色鲜艳。喙细短，基部大都有柔软膨大的蜡膜，嗉囊很发达，短颈，翼尖长，尾短而圆。腿短小，4趾位于一个平面上或缺后趾，具钝爪。大部分在树木枝条上营巢，也有在岩缝、峭壁上，巢简陋，通常产2枚卵，孵化期14～31天，为晚成雏。

　　食物主要是植物的种子、果实，多在地面取食。

　　集群，地栖或树栖，善飞行，飞行快速。发出口哨、咕噜等叫声。

鸠鸽科 Columbidae（Doves， Pigeons）

原鸽 王春芳 摄

原鸽 Rock Dove *Columba livia*

【识别特征】体型中等（32 cm）。通体蓝灰色，颈胸部具紫绿色金属光泽，翅上横斑及尾端横斑黑色。此鸟为人们所熟悉的城市及家养品种鸽的野型。【生态习性】原本为崖栖息性的鸟，但被人类驯化后很快适应城市生活。常结群活动，盘旋飞行。【分布】国内分布于西北、西藏，引种至世界各地，如今许多城镇都有野化的鸽群。

岩鸽 Hill Pigeon *Columba rupestris*

【识别特征】体型中等的灰色鸽（31 cm）。喙黑色，头和颈呈灰蓝色，肩和上胸、颈基以及喉、胸等部分都带有铜绿色的金属光泽，形成显著颈环。翅上具两道黑色横斑。非常似原鸽，但腹部及背色较浅，腰部和近尾端处各具有一道白斑。尾羽呈灰黑色，先端黑色。脚朱红色。【生态习性】栖息在有岩石和峭壁的地方，常结小群到山谷和平原地带农田地上觅食杂草种子、高粱等谷类。也到住宅附近活动。【分布】国外沿喜马拉雅山脉、中亚至中国的东北地区分布。国内分布于西部、北部。

岩鸽 彭建生 摄

雪鸽 | 肖克坚 摄

雪鸽 Snow Pigeon *Columba leuconota*

【识别特征】体型大的鸽（31～34 cm）。头深灰；上背灰褐，颈、下背及下体白色；腰黑色；尾和尾上覆羽黑色，尾中部具白色宽带；翅灰，具两道宽阔黑色翅带。脚红色。【生态习性】一般栖息于海拔2 000～4 000 m的高山悬崖地带，或高海拔地区裸岩河谷和岩壁上。成对或结小群活动。滑翔于高山草甸、悬崖峭壁及雪原的上空。【分布】国外分布于中亚、印度北部。国内分布于甘肃西北部、青海东部、四川北部、西部和南部，以及云南西北部、西藏东南部沿喜马拉雅山向西地区。

欧鸽 Stock Dove *Columba oenas*

【识别特征】体型中等（31 cm）。胸浅葡萄紫色，颈两侧具绿色金属光泽，羽色为深灰色，翅膀上有两条不明显的黑色横线。喙基部红色，喙端渐变为黄色。脚粉红色。与原鸽的区别在腰灰，翅上纵纹不完整，初级飞羽具黑色缘，颈部金属亮紫色少，眼色更深。【生态习性】一般生活于山地森林中，尤其喜欢有大树的落叶阔叶林和混交林。栖息于地面上，于树穴中筑巢。【分布】国外分布于欧洲、北非、小亚细亚、伊朗、土耳其斯坦至中国西北部。国内分布于新疆，非常稀少。

欧鸽 | 张正学 摄

斑尾林鸽 朱英 摄

斑林鸽 肖克坚 摄

黑林鸽 萧世辉 摄

斑尾林鸽 Common Wood Pigeon *Columba palumbus*

【识别特征】体大 (42 cm)，灰色。胸粉红，颈侧具绿色闪光斑与乳白色块斑。飞行时黑色的飞羽及灰色的覆羽间具宽白色横带。幼鸟胸棕色，颈侧无乳白色块斑。【生态习性】起飞时扑翼响动大。炫耀飞行为两翼至最高点后俯冲而下，或两翼半合滑翔。喜结群活动。于农耕地觅食。【分布】国外分布于欧洲、北非、西亚、印度、俄罗斯。国内分布于新疆西部为留鸟，罕见。

斑林鸽 Speckled Wood Pigeon *Columba hodgsonii*

【识别特征】体型较大 (38 cm)。翅覆羽多具白点，头灰色，上背紫酱色，下背灰色，下胸和上腹满具浅灰粉红色斑纹。虹膜灰白色；喙黑色，喙基紫色；脚黄绿色，爪艳黄色。与其他所有鸽种的区别在于颈部羽毛形长而具端环，体羽无金属光泽。【生态习性】三三两两或成小群活动。基本为树栖性。遇警时凝神不动，以致倒悬。栖息于亚高山多岩崖峭壁的森林。【分布】国外分布于巴基斯坦至我国西部。国内分布于西藏南部、东南部及东部，云南及四川海拔1 800~3 300 m的常见留鸟。

黑林鸽 Japanese Wood Pigeon *Columba janthina*

【识别特征】体大 (43 cm)，近黑色。头、额、喉紫色，颈、胸为绿色金属色，体羽余部闪紫辉。【生态习性】栖息于小岛上的亚热带阔叶林。结群活动。【分布】国外分布于日本、琉球。国内分布于山东东部和台湾。

欧斑鸠 European Turtle Dove *Streptopelia turtur*

【识别特征】体型小（27～29 cm）。体羽粉褐色，雌雄同色，下颈两侧黑白色纹状斑块，翅深色具鳞状斑，尾羽深灰褐具白色端斑。【生态习性】栖息于农田附近。【分布】国外分布于欧洲、亚洲西部、北非。国内分布于新疆、西藏、内蒙古、甘肃、青海。

山斑鸠 Oriental Turtle Dove *Streptopelia orientalis*

【识别特征】体型中等（32 cm）。上体大部分呈褐色，颈基部两侧有明显黑白色条纹的块状颈斑，肩具红褐色羽缘，腰灰色，尾羽近黑色，尾梢具灰白色端斑，飞翔时呈扇形散开。下体酒红褐色，脚红色，喙铅蓝色。【生态习性】成对或单独活动，多栖息于低山丘陵、平原、山地阔叶林、混交林、次生林、果园和开阔农耕地，以及房前屋后竹林和树上。取食于地面。【分布】国外分布于北非、欧洲、喜马拉雅山脉、东北亚。国内分布于各省。

鸥斑鸠 | 邢睿 摄

山斑鸠 | 冯利民 摄

灰斑鸠 | 郭冬生 摄

灰斑鸠 | 朱英 摄

火斑鸠 | 彭建生 摄

灰斑鸠 Eurasian Collared Dove *Streptopelia decaocto*

【识别特征】体型中等（32 cm），褐灰色。后颈具黑白色半领圈。较山斑鸠与粉色火斑鸠，色浅而多灰色。【生态习性】性格温顺。喜栖息于农田及村庄，停于房子、电杆及电线上。【分布】国外分布于欧洲、西亚、南亚。除西南地区外，国内相当常见。

火斑鸠 Red Turtle Dove *Streptopelia tranquebarica*

【识别特征】体型较小（20～23 cm）。颈部的黑色半领圈前端白色。雄鸟头和颈蓝灰色，背、胸和上腹紫葡萄红色，下体偏粉色，飞羽黑色，外侧尾羽黑色，末端白色。雌鸟上体灰黑色，下体较浅，头暗棕色，体羽红色较少。【生态习性】成对或成群活动，常见于平原、草地，成群觅食。主要栖息于开阔田野以及村庄附近，喜欢停在电线或高大的枯枝上。【分布】国外分布于印度、尼泊尔、不丹、孟加拉、中南半岛、菲律宾。国内除新疆外，分布于各省。

珠颈斑鸠 Spotted Dove *Streptopelia chinensis*

【识别特征】体型中等（27～30 cm）。头灰色，喙暗褐色，颈侧满是白点的黑色块斑。上体大部分褐色，下体粉红色，尾略显长，外侧尾羽黑褐色，前端的白色甚宽，飞翔时明显。脚红色。【生态习性】常成小群活动，栖息于有稀疏树木生长的平原、草地、低山丘陵和农田地带，地面取食，也常成对立于开阔路面。【分布】国外分布于南亚、东南亚地区。国内分布于华北以南。

棕斑鸠 Laughing Dove *Streptopelia senegalensis*

【识别特征】体型小（27 cm）。体羽粉褐色，色彩较深，颈前有黑色斑点，具蓝灰色翅斑，外侧尾羽端白。【生态习性】栖息于荒漠、半荒漠地区的绿洲树丛间、农田附近。【分布】国外分布于亚洲西部、北非。国内分布于新疆。

斑尾鹃鸠 Barred Cuckoo Dove *Macropygia unchall*

【识别特征】体型大（38 cm）。头灰色，颈背呈亮蓝绿色。胸至臀部，由粉色过渡至白色。雌鸟无亮绿色。背上横斑较密，尾部横斑是与同地区鹃鸠的重要区别。尾长，褐色。【生态习性】喜结小群活动。疾速穿越树冠层。落地时尾上举。【分布】国外分布于东南半岛和喜马拉雅山脉。国内分布于云南、四川、河南、上海、江西、福建、广东、香港、海南。

珠颈斑鸠 | 王晓刚 摄

棕斑鸠 | 邢睿 摄

斑尾鹃鸠（雌） | 朱英 摄

菲律宾鹃鸠 Philippine Cuckoo Dove *Macropygia tenuirostris*

【识别特征】体型大（38 cm），体羽褐色。喙褐色。上体和翅橄榄棕色，其余为红棕色，无斑。脚红色。【生态习性】见于雨林，极少成群，树冠层直线飞行。以浆果为食。【分布】国外分布于东南亚和喜马拉雅山脉。国内见于台湾。

绿翅金鸠 Emerald Dove *Chalcophaps indica*

【识别特征】体型中等（25 cm）。短尾的地栖型斑鸠。头顶灰色，额白色，腰灰色，两翅具亮绿色，肩部具白斑，下体褐粉红色。雌鸟头顶无灰色。喙红色，脚红色。飞行时背部两道黑色和白色的横纹清晰可见。【生态习性】通常单个或成对活动于森林下层植被浓密处。极快速地低飞，穿林而过，起飞时振翅有声。饮水于溪流及池塘。【分布】国外广泛分布于澳大利亚、印度、东南亚。国内分布于我国华南的热带区。

灰头绿鸠 Pompadour Green Pigeon *Treron pompadora*

【识别特征】体型中等（26 cm），绿色。喙较细，额、头顶蓝灰色并且无明显眼圈。雄鸟翅与背绛紫色，胸部染橙红色。雌鸟尾下覆羽具短条纹。【生态习性】结群栖息于低地的常绿雨林，常至盐渍地。【分布】国外分布于东南亚、南亚。国内分布于云南南部。

菲律宾鹃鸠 | 孙驰 摄

灰头绿鸠 | 孙驰 摄

绿翅金鸠 | 冯利民 摄

针尾绿鸠 | 董磊 摄

针尾绿鸠 Pin-tailed Green Pigeon *Treron apicauda*

【识别特征】体型中等的绿鸠（30 cm）。雄鸟头颈部淡黄草绿色，下体淡黄绿色，胸部粉红橙色，尾羽珠灰色，中央一对尾羽特别延长而尖，末端绿色，尾下覆羽褐色。雌鸟体色较暗，胸浅绿，尾羽较短。尾下覆羽白色并具深色纵纹。【生态习性】常组成小群活动于高大的树上，多在树丛之间飞跃，或者站立在树枝上鸣叫，声音大多为富有变化的口哨声，富有音韵，十分悦耳。飞行快速而直。主要以榕树和其他植物的果实为食。大多筑巢于开阔地或河岸边的乔木树上。【分布】国外分布于喜马拉雅山脉至中南半岛。国内于云南、四川、西藏等省有分布，较为罕见。

楔尾绿鸠 Wedge-tailed Green Pigeon *Treron sphenurus*

【识别特征】体型中等（30～33 cm）。雄鸟头绿色，头顶、胸橙黄色，上背紫灰色；翅上有大块紫红栗色斑，其余上体橄榄绿色；尾下覆羽淡黄具深色纵纹；两胁边缘黄色。雌鸟尾下覆羽浅黄具大块的深色斑纹；无雄鸟的金色及栗色。尾部楔形，橄榄绿色，外侧两对尾羽具宽阔黑色次端斑。【生态习性】主要栖息于海拔3 000 m以下的山地阔叶林和混交林中。常单个、成对或成小群活动。尤以早晨和傍晚活动较频繁，主要在树冠层活动和觅食。叫声非常动听，富有箫笛的音韵。【分布】国外分布于喜马拉雅山脉、东南亚地区。国内分布于西藏、云南、四川、湖北。

楔尾绿鸠 | 周华明 摄

红翅绿鸠 White-bellied Green Pigeon *Treron sieboldii*

【识别特征】中等大（33 cm），绿色。腹部两侧具灰斑，腹部近白色。雄鸟翅为绛紫色，上背偏灰，头顶橘黄色。雌鸟以绿色为主。【生态习性】群栖息于常绿树木、果树。飞行极快。【分布】国外分布于日本、东南亚。国内分布于陕西南部、四川、重庆、贵州、海南、江苏、上海、福建、台湾和湖北西部。

绿皇鸠 Green Imperial Pigeon *Ducula aenea*

【识别特征】体型大（36~38 cm）。喙大，头部、颈部和下体为灰色染有粉葡萄红色，背和翅墨绿色具紫红色光泽，尾下覆羽为暗栗色。【生态习性】栖息于平原、丘陵地带的林地中。【分布】国外分布于印度、东南亚。国内分布于广东、云南和海南。

山皇鸠 Mountain Imperial Pigeon *Ducula badia*

【识别特征】体型大（43~51 cm）。嘴橙红色，头、颈、胸及腹部酒红灰色。颏及喉白色。上背及翼覆羽紫红褐色。背及腰深灰褐色。尾褐黑色，具宽大的浅灰色端带。尾下覆羽皮黄。【生态习性】主要栖息于海拔2 000 m以下的山地常绿阔叶林中，常成小群活动于高大乔木的树冠层。早晨和傍晚常栖息于大树顶端枯枝上。飞行快而有力，两翅煽动频繁，常发出呼呼作响的振翅声，特别是在大雨到来之前常成群低飞，十分活跃，叫声深沉。【分布】国外分布于印度、中南半岛、马来西亚和印度尼西亚。国内分布于西藏、云南西南部和南部以及海南岛。

红翅绿鸠　萧世辉 摄　　绿皇鸠　董文晓 摄

山皇鸠　彭建生 摄　　山皇鸠　朱英 摄

鹦 形 目

PSITTACIFORMES

    鹦形目鸟类全世界共有2科84属353种，在世界各地的热带地区和亚热带森林中有分布。我国有1科4属9种，分布于南方。

    鹦形目鸟类是典型的攀禽，大、中型，雌雄同型。体长10～100 cm，羽色鲜艳，多具红、绿色。喙厚而强劲有力，上喙钩曲，两侧缘有缺刻，可以磕果实硬壳，基部有蜡膜，舌肉质。翅尖形。尾长短不一。腿短健，对趾型足，两趾向前两趾向后，爪尖锐弯曲，适合抓握攀缘。在树洞或岩缝营巢，每窝产卵2～9枚，雏鸟晚成性。

    以植物果实、种子、花蜜、昆虫为食。

    多树栖，常集群。叫声嘈杂粗厉。

红领绿鹦鹉 | 朱英 摄

灰头鹦鹉 | 朱英 摄

鹦鹉科 Psittacidae（Parrots）

红领绿鹦鹉 Rose-ringed Parakeet *Psittacula krameri*

【识别特征】中等大绿色鹦鹉（38 cm）。喙红色，尾蓝色，端黄色。雄鸟头绿色，枕偏蓝色，狭颊纹延至颈侧粉色领圈之上。雌鸟全头为绿色。【生态习性】在热带雨林、开阔的树林活动。【分布】国外分布于非洲、印度至缅甸。国内分布于西藏、云南西部、广东、香港。

灰头鹦鹉 Grey-headed Parakeet *Psittacula finschii*

【识别特征】体型中等（25～45 cm）。头青灰色，喙红色，颏、喉黑色，肩羽上栗色斑块为本种特征。后颈和颈侧有铜绿色翎环，上体黄绿色，下体灰淡绿色，延长的尾羽尖端黄色。【生态习性】以小群栖息于山地常绿阔叶林和混交林中，也出现于林缘、耕地和山坡疏林地带，常下至耕地吃食玉米。【分布】国外分布于喜马拉雅山脉东部及中南半岛。国内为西藏东南部、云南及四川西南部相当常见的留鸟。

大紫胸鹦鹉 Derbyan Parakeet *Psittacula derbiana*

【识别特征】体大而尾长的鹦鹉（46～50 cm）。头、胸、腹为浅蓝紫灰色。背部、翅为绿色，具宽的黑色髭纹，狭窄的黑色额带延伸成眼线。雄鸟喙红色，眼周及额沾淡绿色，中央尾羽渐变为偏蓝色。雌鸟喙全黑，前顶冠无蓝色。【生态习性】栖息于热带的低纬度森林地带、充满棘丛和树木的平原，以及松木山林区等干燥或半干燥地区。会随着季节作垂直性迁徙，以避开严寒与寻觅充足的食物来源，有时候会前往农耕区觅食。通常成对活动，繁殖期聚小群。【分布】国外分布于印度东北部。国内分布于西藏高原东南部至西南。为全球性近危种。

绯胸鹦鹉 Red-breasted Parakeet *Psittacula alexandri*

【识别特征】体型中等色彩艳丽的鹦鹉（34 cm）。头部葡萄灰色，眼周绿色，前额有一窄的黑带延伸至两眼，胸粉红色。成鸟头顶及脸颊紫灰色，眼先黑色，枕、背、两翅及尾绿色，具显著黑色髭须，腿及尾下覆羽浅绿色。亚成鸟的头皮黄褐色，黑色髭须不显。【生态习性】主要栖息于低山和山麓常绿阔叶林区，常十余只至数十只成群活动，善攀缘，且能嘴、脚并用攀缘。快速而常成直线飞行。夜晚栖息于树上。【分布】国外分布于喜马拉雅山脉到东南亚。国内分布于西藏、云南、广西和海南。

大紫胸鹦鹉（雌）｜彭建生 摄　　　　绯胸鹦鹉（雄）｜阙品甲 摄

大紫胸鹦鹉（雄）｜彭建生 摄

鹃 形 目

CUCULIFORMES

　　鹃形目有2科34属159种，全球分布，有些处于温带的物种有季节性迁徙特性。我国有1科8属20种，各地有分布。

　　杜鹃属于中小型攀禽，雌雄相似，多呈棕色或灰色。喙形稍粗厚，向下微曲，但不具钩。翅膀尖或短圆形。尾羽长度不同，呈凸尾或圆尾。有的脚小而弱，对趾型，2、3趾向前，1、4趾向后，即第四脚趾逆转。大多不营巢，多在雀形目鸟类巢中产卵，由义亲代孵代养，为巢寄生，晚成雏。

　　大多数物种吃昆虫，但有一些吃蜥蜴和其他小动物，有的则食植物性食物。

　　杜鹃多数在丛林中树栖生活，善于攀缘生活，有些则是地面生活的鸟类。

杜鹃科 Cuculidae（Cuckoos）

大鹰鹃 Large Hawk-cuckoo *Cuculus sparverioides*

【识别特征】体型大的灰褐色鹰样杜鹃（40 cm）。头和颈侧灰色，眼先近白色。上体和两翅表面淡灰褐色。尾灰褐色，尾端白色。胸栗色，具暗灰色纵纹。下胸及腹白色，具较宽的暗褐色横斑。颏黑色。与鹰类的区别在于其姿态及喙形。【生态习性】有巢寄生的习性，不营巢，在喜鹊等鸟类巢中产卵，卵与寄主卵的外形相似，孵化后雏鸟将寄主雏鸟杀死，被寄主喂养至成熟。一般栖息于山林、山旁平原，冬天常到平原地带，限于树上活动。【分布】国外分布于印度、东南亚。国内见于除西北、东北以外各省。

棕腹杜鹃 Hodgson's Hawk-cuckoo *Cuculus nisicolor*

【识别特征】体型中等的青灰色杜鹃（28 cm）。额灰褐色，头顶、后颈、头侧、背和两翅表面石板灰色，翅黑褐色，翅上覆羽暗灰色，胸、上腹和两胁棕红色，胸棕色，具白色纵纹。尾淡灰褐色，具黑褐色横斑。【生态习性】多见于常绿林或茂密的山地灌木丛。活动范围较大，没有固定的栖息地，常在一个地方活动1～2天又移至他处。性机警而胆怯，常躲在乔木树枝上鸣叫。【分布】繁殖于喜马拉雅东部和缅甸、泰国、越南以及中国海南。越冬于苏门答腊、爪哇和婆罗洲。国内见于长江以南地区，不常见。

大鹰鹃 ｜ 冯利民 摄　　　　大鹰鹃 ｜ 朱英 摄

棕腹杜鹃 ｜ 戴波 摄

四声杜鹃 | 朱英 摄

四声杜鹃 Indian Cuckoo *Cuculus micropterus*

【识别特征】体型中等（32～33 cm）。头顶和后颈暗灰色；头侧浅灰色，眼先、额、喉和上胸等色更浅。上体余部和两翅表面深褐色。尾与背同色，但近端处具一道宽黑斑。下体自下胸以后均白色，杂以黑色横斑。似大杜鹃，区别在于尾灰并具黑色次端斑，且虹膜较暗，灰色头部与深灰色的背部形成对比。雌鸟胸褐色。亚成鸟头及上背具偏白的皮黄色鳞状斑纹。【生态习性】常隐栖于树林间，平时不易见到。叫声格外洪亮，四声一度，音拟"快快布谷"。每隔2～3秒一叫，有时彻夜不停。【分布】国外分布于东亚、东南亚。国内除新疆、西藏、青海外，见于各省。在海南岛为留鸟。

北棕腹杜鹃 Northern Hawk-cuckoo *Cuculus hyperythrus*

【识别特征】体长（29～32 cm），外形与棕腹杜鹃非常相似，胸棕色且无白色纵纹。【生态习性】见于落叶林和常绿林，也出现于次生林、竹林、灌丛和种植园。【分布】国外分布于俄罗斯乌苏里、韩国和日本南部。越冬于中国南方、婆罗洲和苏拉威西岛。国内繁殖于四川至东北、东南至长江流域。

大杜鹃 Common Cuckoo *Cuculus canorus*

【识别特征】体型中等（32 cm）。大额浅灰褐色，头顶、枕至后颈暗银灰色，背暗灰色，腰及尾上覆羽蓝灰色，尾偏黑色，腹部近白色而具黑色横斑。棕红色变异型雌鸟为棕色，背部具黑色横斑。与四声杜鹃的区别在于虹膜黄色，尾上无次端斑，与雌中杜鹃的区别在于腰无横斑。【生态习性】栖息于山地、丘陵和平原地带的森林中，有时也出现于农田和居民点附近高的乔木树上。性孤独，常单独活动。【分布】国外繁殖于欧亚大陆，迁徙至非洲及东南亚。国内各地常见。

北棕腹杜鹃　薄顺奇 摄

大杜鹃（雄）　朱英 摄

大杜鹃（雌）　彭建生 摄

中杜鹃 Himalayan Cuckoo *Cuculus saturatus*

【识别特征】体型略小的灰色杜鹃（29 cm）。腹部及两胁多具宽的横斑。雄鸟及灰色雌鸟胸及上体灰色，翅角有白缘，下体皮黄色且具黑色横斑，尾纯黑灰色而无斑，与大杜鹃及四声杜鹃的区别在于胸部横斑较粗较宽，鸣声也有异。棕红色型雌鸟与大杜鹃雌鸟的区别在于腰部具横斑。【生态习性】隐于林冠的鸟种。除春季繁殖期叫声非常频繁外很难见到。【分布】国外繁殖于喜马拉雅山脉，冬季迁徙至东南亚。国内见于长江以南地区。

东方中杜鹃 Oriental Cuckoo *Cuculus optatus*

【识别特征】小型灰色杜鹃（30～33 cm），眼圈黄色，腿黄色。腹部及胁具横斑，有灰色和棕色型。棕色型雌鸟腰具横斑。【生态习性】栖息于山地林区，常栖息在高枝上。【分布】国外广泛分布于亚洲东北部、东南亚、澳大利亚。国内除西北外，大部分地区可见。

中杜鹃（雄）　张巍巍 摄

东方中杜鹃（幼鸟）　邢睿 摄

小杜鹃 | 朱英 摄

小杜鹃 Lesser Cuckoo *Cuculus poliocephalus*

【识别特征】体型小（26 cm）。腹部具横斑。上体灰色，头、颈及上胸浅灰色。下胸及下体余部白色且具清晰的黑色横斑，尾下覆羽部沾皮黄色。尾灰色，无横斑但端具白色窄边。雌鸟似雄鸟，但也具棕红色变型，全身具黑色条纹。眼圈黄色。似大杜鹃但体型较小，以叫声最易区分。【生态习性】似大杜鹃。栖息于多森林覆盖的乡野。【分布】国外分布于喜马拉雅山脉至印度及日本；越冬在非洲、印度南部及缅甸。国内见于除西北以外各省。

栗斑杜鹃 Banded Bay Cuckoo *Cacomantis sonneratii*

【识别特征】体型小（22 cm），褐色，多横斑。成鸟上体浓褐色，下体偏白色，全身满布黑色横斑，具浅色眉纹。亚成鸟褐色，具黑色纵纹及块斑。【生态习性】栖息于开阔的林地、林边、次生灌丛及农耕区。【分布】国外分布于印度、东南亚。国内见于云南南部、四川西南部、广西东北部。

栗斑杜鹃 | 孙驰 摄

八声杜鹃 冯利民 摄

翠金鹃(雄) 冯利民 摄　　翠金鹃(雌) 朱英 摄

八声杜鹃 Plaintive Cuckoo *Cacomantis merulinus*

【识别特征】体型小（21 cm）。头灰色，背及尾黑褐色，胸腹橙褐色，脚黄色。亚成鸟上体褐色而具黑色横斑，下体偏白色且多横斑。【生态习性】栖息于开阔林地、次生林及农耕区，包括城镇村庄。叫声熟悉于耳，但却难见其鸟。【分布】国外分布于印度东部、东南亚地区，国内见于我国南部。

翠金鹃 Asian Emerald Cuckoo *Chrysococcyx maculatus*

【识别特征】体型小（17 cm）。喙黄色，端黑色，雄鸟头、上体、胸及两翅表面金属绿色，腹部白色具绿色横条纹，尾绿色而沾蓝色。雌鸟头顶及枕部棕栗色，上体辉铜绿色，下体白色具深皮黄色横斑。亚成鸟头棕色，顶具条纹。飞行时翅下飞羽根部具一白色宽带。【生态习性】单个或成对活动，常见于山区低处茂密的常绿林，繁殖期活动于山上灌木丛间。叫声为响亮的吱吱哨音。【分布】国外繁殖于喜马拉雅山脉、东南亚的北部，冬季南迁至马来半岛及苏门答腊。国内见于四川、贵州、湖北、云南、重庆、湖南、广东、广西、海南等省。

紫金鹃 Violet Cuckoo *Chrysococcyx xanthorhynchus*

【识别特征】体型小（16 cm）。雄鸟喙黄色且喙基红色。头、胸、两翅和尾表面均为辉紫色，最外侧一对尾羽具成对排列的白色横斑，腹部白色且具绛紫色横条纹。雌鸟上喙黑色且喙基红色，上体淡铜绿色，具金属光泽；头顶偏褐色；眉纹及脸颊白色，下体白色具铜色条纹。【生态习性】多单只或成对活动。喜欢栖息于树顶端高处，喜林缘地带、院落及人工林而非原始林。性怯，在树枝间悄悄移动捕食昆虫。【分布】国外分布于东亚、东南亚。我国较罕见，分布于云南。

紫金鹃（亚成体）　顾伯健 摄

紫金鹃（亚成体）　朱英 摄

乌鹃 Asian Drongo Cuckoo *Surniculus dicruroides*

【识别特征】体型中等（23 cm）。通体大致黑色而具蓝色光泽，最外侧一对尾羽及尾下覆羽具白色横斑。幼鸟具不规则的白色点斑。尾羽开如卷尾。【生态习性】栖息于林中、林缘及次生灌丛。性羞怯。喜三两成群活动。主要以植物的果实和各种浆果为食。主要在树上栖息和活动。【分布】国外分布于印度、印度尼西亚及菲律宾。国内分布于四川、云南、广东、贵州、福建、海南、西藏、东南部。

乌鹃 | 韦铭 摄

噪鹃（雌）｜冯利民 摄

噪鹃（雄）｜朱英 摄

噪鹃 Common Koel *Eudynamys scolopacea*

【识别特征】体型大（42 cm）。尾长，雄鸟通体蓝黑色，具蓝色光泽，下体沾绿色。雌鸟上体暗褐色，略具金属绿色光泽，并满布整齐的白色小斑点，头部白色小斑点略沾皮黄色，细密，常呈纵状排列。背、翅上覆羽及飞羽，以及尾羽常呈横斑状排列。额至上胸黑色，具白色斑点。其余下体具黑色横斑。【生态习性】多单独活动，栖息于山地、丘陵、山脚平原地带林木茂盛的地方。常隐蔽于大树顶层茂盛的枝叶丛中，若不鸣叫，很难发现。【分布】国外分布于印度、东南亚。国内见于除西北以外的其他地方。

褐翅鸦鹃 | 邢睿 摄

绿嘴地鹃 Green-billed Malkoha *Phaenicophaeus tristis*

【识别特征】体型大（50 cm）。体羽灰绿色。喙绿色，眼周裸皮红色，头和胸灰色，上体、翅和尾绿色，尾长。【生态习性】栖息于山地、竹林及林地，叫声似蛙声。【分布】国外分布于东南亚、喜马拉雅山脉。国内分布于西藏、云南、两广及海南。

褐翅鸦鹃 Greater Coucal *Centropus sinensis*

【识别特征】体型大（52 cm），虹膜红色，黑色的嘴较为粗厚，尾羽呈长而宽的凸状。体羽全黑色，仅上背、翅及翅覆羽为纯栗红色，头、颈和胸部闪耀紫蓝色的光泽，胸、腹、尾部等逐渐转为绿色的光泽。【生态习性】单个或成对活动，喜林缘地带、次生灌木丛、多芦苇河岸及红树林。常下至地面，但也在小灌木丛及树间跳动。【分布】国外分布于印度、东南亚。国内南方为常见留鸟。

绿嘴地鹃 ｜ 董江天 摄

小鸦鹃 Lesser Coucal *Centropus bengalensis*

【识别特征】体略小（34 cm）。虹膜黑色，尾长，似褐翅鸦鹃但体型较小，头、颈、上背及下体黑色，具深蓝色光泽和亮黑色的羽干纹。下背和尾上覆羽为淡黑色，具蓝色光泽。尾羽为黑色，具绿色金属光泽和窄的白色尖端。肩部和两翅为栗色，翅端和内侧次级飞羽较暗褐，显露出淡栗色羽干。亚成鸟具褐色条纹。中间色型的体羽常见。【生态习性】常单独或成对活动。性机智而隐蔽。喜山边灌木丛、沼泽地带及开阔的草地包括高草。常栖息于地面。【分布】国外分布于印度、东南亚。国内分布于北纬27°以南及安徽、台湾，海南岛的为常见留鸟。

小鸦鹃（幼鸟）| 董磊 摄

小鸦鹃 | 朱英 摄

鸮 形 目

STRIGIFORMES

　　鸮形目包括草鸮、鸱鸮鸟类，俗称猫头鹰，全世界有2科27属205种，分布于南极洲之外的所有大洲。我国有2科13属31种，各地均有分布。

　　猫头鹰属夜行性猛禽。雌性通常比雄性大，羽色大多为棕、褐、灰色。大多具有一个特色的面盘，头宽大，喙短而粗壮，前端下弯成钩曲状，喙基具须。双目均向前，视力灵敏。耳孔周缘具耳羽，两边位置不对称，听觉敏锐，能准确定位猎物。灵活的颈骨使颈部可270°旋转。翅的外形不一，尾短圆。腿很强壮，常全部被羽，第四趾能向后反转，发达爪强锐内弯，以利攀缘。不筑巢，大多利用其他动物的树洞营巢，部分种类栖息于岩石间和草地上，通常一雌一雄，孵化期约30天，孵卵一般由雌鸟完成，双亲育雏，每窝产2～7枚卵，雏鸟晚成性。

　　猫头鹰均以动物为食，捕食猎物包括哺乳动物、小型鸟类、两栖动物、爬行动物和昆虫。有一些猫头鹰专门吃鱼。

　　栖息在茂密的森林、开阔的草地到极地苔原，猫头鹰有柔软的羽毛，可无声飞行。大多数猫头鹰是久蹲不动的，　适应晚上跟踪猎物，有吐"食丸"的习性。

仓鸮 | 肖克坚 摄

草鸮科 Tytonidae（Barn Owls）

仓鸮 Barn Owl *Tyto alba*

【识别特征】体大而易识别的偏白色鸮（34 cm）。白色心形宽面盘。上体棕黄色而多具纹理，白色的下体黑点密布。亚成鸟皮黄色较深。【生态习性】白天藏于房屋、树木、山洞、悬崖等处的黑暗洞穴或稠密植被中，黄昏时见于开阔地面上空，主要以鼠类和野兔为食，有时也猎杀小中型鸟类、蛙、蛇等。【分布】国外分布于美洲、西古北界、非洲、中东、印度次大陆、东南亚、新几内亚及澳大利亚。国内分布于云南南部、广西。

黄嘴角鸮 | 薄顺奇 摄

鸱鸮科 Strigidae（Typical Owls）

黄嘴角鸮 Mountain Scops Owl *Otus spilocephalus*

【识别特征】体小的茶黄褐色角鸮（18 cm）。虹膜黄色，喙奶油色，体羽无明显的纵纹或横斑，肩部具一排三角形白色点斑。【生态习性】于夜间活动，常栖息于橡树、杜鹃、雪松等常绿针、阔林中，主要捕食大型昆虫，也捕食一些小型啮齿类、小鸟和蜥蜴等。【分布】国外分布于喜马拉雅山脉、印度次大陆的东北部、东南亚。国内分布于云南、福建、广东、广西、澳门、海南及台湾。

领角鸮 Collared Scops Owl Otus lettia

【识别特征】体型略大的偏灰或偏褐色角鸮（24 cm）。具明显耳羽簇及特征性的浅沙色颈圈。上体偏灰色或沙褐色，并多具黑色及皮黄色的杂纹或斑块，下体白色或皮黄色，缀有淡褐色波状横斑和黑色羽干纹。【生态习性】栖息于山地阔叶林、混交林、山麓林缘和村寨附近树林内，白天多躲藏在树上浓密的枝叶丛间，晚上才开始活动和鸣叫，主要以鼠类、昆虫等为食。【分布】国外分布于印度次大陆、东亚、东南亚。国内分布于东北、华北、华南、华东及西南地区。

纵纹角鸮 Pallid Scops Owl Otus brucei

【识别特征】体型小（21 cm）。相似于西红角鸮。但体色黄，头部、腹部纵纹细小。【生态习性】栖息于半开阔有树和灌丛区。【分布】国外分布于中亚、西亚、南亚。国内见于新疆西部。

红角鸮 Oriental Scops Owl Otus sunia

【识别特征】体小"有耳"型的角鸮（20 cm）。虹膜黄色，体羽多纵纹，上体灰褐色或棕栗色，具黑褐色细纹，面盘灰褐色，密布纤细黑纹，头顶至背和翅覆羽具棕白色斑，下体大部红褐色至灰褐色，有暗褐色纤细横斑和黑褐色羽干纹。【生态习性】纯夜行性的小型角鸮，喜有树丛的开阔原野，栖息于山地林间，筑巢于树洞中，主要以昆虫、鼠类、小鸟为食。【分布】国外分布于东北亚、印度、中南半岛。国内见于东部、南部。

领角鸮 | 朱英 摄

纵纹角鸮 | 邢睿 摄

红角鸮 | 英长斌 摄

兰屿角鸮 Elegant Scops Owl *Otus elegans*

【识别特征】体型小（20 cm）。体羽褐色，具灰黄色斑纹。喙橄榄灰色，头具角羽，端部橘黄色。面盘褐色，眼先灰白色，胸具密集纵斑。肩羽具一列白色斑点。【生态习性】栖息于茂密树林中。【分布】国外分布于日本、菲律宾、琉球。国内只分布于台湾兰屿岛。

雕鸮 Eurasian Eagle-owl *Bubo bubo*

【识别特征】体型硕大的鸮类（69 cm）。耳羽簇长，喉白色，橘黄色的眼特显形大，体羽褐色斑驳，胸部偏黄，多具深褐色纵纹，且每片羽毛均具褐色横斑。【生态习性】栖息于山地森林、平原、荒野、林缘灌丛、疏林以及裸露的高山和峭壁等各类环境中，白天多躲藏在密林中栖息，常缩颈闭目栖于树上，通常在人迹罕至的偏僻之地活动。【分布】国外遍布于大部分欧亚地区。国内各地均能见到。

兰屿角鸮 | 孙驰 摄　　兰屿角鸮 | 潘思佳 摄

雕鸮 | 宋杰 摄

雪鸮（雌）｜张明 摄

雪鸮（雄）｜张明 摄

雪鸮 Snowy Owl *Bubo scandiacus*

　　【识别特征】大型猫头鹰（61 cm）。体羽白色，虹膜黄色，头小，无外耳廓。头顶、背、两翅、下胸羽尖、尾羽有稀疏的灰褐色横斑。腿及脚趾覆羽白色。雌鸟体型较雄鸟大，雌鸟头顶及胸腹面黑色斑点较多。【生态习性】主要栖息在冻土苔原地带，冬季游荡者常跟随猎物闯入北方针叶林及温带森林，喜在森林边缘、海边草滩或高山区域活动；一般昼行性，捕食田鼠及鼠兔，在地面营巢。【分布】国外分布于全北界的北部，包括北美洲北部、格陵兰及欧洲北部。若冬季繁殖地食物状况好，也可以不迁徙。在我国为罕见冬候鸟，我国见于东北及西北开阔原野。

黄腿渔鸮 | 向定乾 摄

黄腿渔鸮 Tawny Fish Owl *Ketupa flavipes*

【识别特征】体型硕大的棕色渔鸮（61 cm）。具水平耳羽簇，虹膜黄色，具蓬松的白色喉斑，上体棕黄色，具醒目的深褐色纵纹但纹上无斑。与雕鸮的区别在于眼黄而脚无被羽。【生态习性】栖息于山区茂密森林的溪流畔，常在枝叶茂密的大树上停息，常到溪流边捕食，主要捕食鱼类。【分布】国外分布于喜马拉雅山脉至中南半岛。国内分布于华东、华南、华中、西南及台湾。

褐林鸮 Brown Wood Owl *Strix leptogrammica*

【识别特征】体型大（50 cm），体羽具红褐色横斑。面庞分明，上戴棕色"眼镜"，眼圈黑色，眉白。下体皮黄色且具深褐色细横纹，胸淡染巧克力色；上体深褐色，皮黄色及白色横斑浓重。【生态习性】罕见。白天遭扰时体羽缩紧，眼半睁以观动静。黄昏出来捕食前，配偶相互以叫声相约。【分布】国外分布于东南亚、印度。国内分布于南方。

褐林鸮 | 董江天 摄

灰林鸮 | 董磊 摄

灰林鸮 Tawny Owl *Strix aluco*

【识别特征】体型中等的偏褐色鸮鸟（39 cm）。无耳羽簇，通体具浓红褐色或暗褐色的杂斑及棕纹，每片羽毛均具复杂的纵纹及横斑，上体具白斑，面庞之上有一偏白的"V"形。【生态习性】栖息于落叶疏林，有时会在针叶林中，较喜欢近水源的地方，主要以啮齿类和其他鸟类为食。【分布】国外广布于欧亚大陆、非洲西北部。国内主要分布于华北、华南、华东西南及喜马拉雅地区。

长尾林鸮 | 冯利民 摄

四川林鸮 | 巫嘉伟 摄

长尾林鸮 Ural Owl *Strix uralensis*

【识别特征】体型大的灰褐色鸮鸟（54 cm）。头部较圆，没有耳簇羽，面盘显著，为灰白色，具细的黑褐色羽干纹，眉偏白，下体皮黄灰色，具深褐色粗大纵纹，两胁横纹不明显，上体深褐色，两翅及尾具横斑。【生态习性】栖息于山地针叶林，于阔叶林和针阔叶混交林较多见，偶尔也出现于林缘次生林和疏林地带，主要以田鼠等鼠类为食。【分布】国外分布于欧洲北部和东部、俄罗斯、蒙古北部、朝鲜和日本。国内主要分布于北京、新疆、辽宁、黑龙江、内蒙古东北部、吉林等地。

四川林鸮 Sichuan Wood Owl *Strix davidi*

【识别特征】体型大的灰褐色鸮鸟（54 cm）。无耳羽簇，面庞灰色，虹膜褐色，翅覆羽具白斑，看似一只体型大的灰林鸮，但下体纵纹较简单。【生态习性】栖息于海拔2 500 m以上针叶林中，偶尔也出现于林缘次生林和疏林地带，主要以鼠兔等为食，也吃一些其他鸟类。【分布】中国特有种，分布区极为狭窄，仅分布于青海东南部和四川北部、甘肃南部。

乌林鸮 Great Grey Owl *Strix nebulosa*

【识别特征】体型硕大（59～69 cm），灰色。无耳羽簇，面庞为深浅色同心圆，虹膜鲜黄色，两眼间有白色半月纹。额黑色，通体羽色浅灰色，具浓重的深褐色纵纹。两翅及尾具灰色及深褐色横斑。【生态习性】栖息于针叶林及混交林或落叶林。性沉静或有攻击性，通常在巢区附近一无所惧。【分布】国外分布于古北界北部和北美西部。国内分布于新疆、东北、内蒙古呼伦贝尔地区。

猛鸮 Hawk Owl *Surnia ulula*

【识别特征】体型中等（38 cm），褐色。尾似鹰，脸部图案深褐色与白色纵横。额羽蓬松具细小斑点，两眼间白色，眼旁有深褐色的宽阔弧形纹饰，颈侧成白色弧型和宽大黑斑。上、下胸偏白色，具褐色细密横纹。上体棕褐色，具大的近白色点斑。飞行时像体大而头厚重的雀鹰。【生态习性】栖息于针叶林、混交林、白桦与落叶松灌丛。昼行性。迅疾俯冲而下。【分布】国外分布于欧亚大陆北部、北美。国内繁殖于新疆西北部天山，迁徙时也见于新疆西部。越冬于内蒙古东北部的呼伦池地区。

领鸺鹠 Collared Owlet *Glaucidium brodiei*

【识别特征】纤小（16 cm），多横斑。无耳羽簇，上体浅褐色而具橙黄色横斑。头顶灰色，具白色或皮黄色的小型"眼状斑"，颈背"眼状斑"为黑色或黄色。喉白具褐色横斑。胸及腹部皮黄色，具黑色横斑。大腿及臀白色具褐色纵纹。【生态习性】栖息于高树，由凸显的栖木上出猎捕食。飞行时振翅极快。【分布】国外分布于喜马拉雅山脉、东南亚。国内分布于西藏东南部、华中、华东、西南、华南、东南、台湾和海南。

乌林鸮 | 董江天 摄

猛鸮 | 董江天 摄

领鸺鹠 | 朱英 摄

斑头鸺鹠 | 黎宏 摄

纵纹腹小鸮 | 王春芳 摄

斑头鸺鹠 Asian Barred Owlet *Glaucidium cuculoides*

【识别特征】体小而遍具棕褐色横斑的鸮鸟（24 cm）。面盘不明显，头侧无直立的簇状耳羽，头、胸和整个背面几乎均为暗褐色，头部和全身的羽毛均具有细的白色横斑，腹部白色，下腹部和肛周具有宽阔的褐色纵纹，喉部还具有两显著的白色斑。【生态习性】栖息于从平原、低山丘陵到海拔2 000 m左右的中山地带的阔叶林、混交林、次生林和林缘灌丛，也出现于村寨和农田附近的疏林和树上，夜行性，但有时白天也活动，主要以昆虫为食。【分布】国外分布于喜马拉雅山脉、东南亚。国内分布于华中、华南、华东及西南地区。

纵纹腹小鸮 Little Owl *Athene noctua*

【识别特征】体小而无耳羽簇的鸮鸟（21～23 cm）。面盘和领翎不明显，也没有耳簇羽，颏白色。上体为沙褐色或灰褐色，并散布有白色的斑点，下体为棕白色而有褐色纵纹，腹部的中央到肛周以及覆腿羽均为白色，跗跖和趾则均被有棕白色羽毛。【生态习性】矮胖而好奇，常神经质地点头或转动，有时以长腿高高站起。栖息于低山丘陵、林缘灌丛和平原森林地带，也出现在农田、荒漠和村庄附近的树林中。主要在白天活动，主要以鼠类和鞘翅目昆虫为食。【分布】国外分布于欧洲、非洲东北部、亚洲西部和中部。国内分布于新疆西部、喜马拉雅山区、西藏东南部、西南地区、华中、华北、东北、华东。

横斑腹小鸮 Spotted Owlet Athene brama

【识别特征】体型小的褐色鸮鸟（20 cm）。没有耳羽簇，皱领也不显著。上体为灰褐色至棕褐色，具白色斑点，尤以头顶较为细密，眉纹和两眼之间为白色，后颈具不完整的白色翎领。下体为灰色，没有条纹，两胁具横斑，腹中部为纯白色，没有斑。【生态习性】栖息于低山、丘陵、平原、农田和村寨附近的疏林及灌木林中，也出现于花园、果园和村镇的附近。主要以各种昆虫为食，也吃小鸟和小型哺乳动物。【分布】国外分布于伊朗南部至印度次大陆及东南亚。国内分布于西藏等地。

鬼鸮 Boreal Owl Aegolius funereus

【识别特征】体型小（25 cm），多具点斑。头高而略显方形，具白色的大"眼镜"。面庞为白色，眉毛上扬呈吃惊状，眼下具黑色点斑。下体白，具污褐色纵纹。肩部具大块的白斑。【生态习性】营巢于茂密针叶林的啄木鸟的洞穴，有时多配型。夜行性。【分布】国外分布于欧亚大陆、北美。国内于新疆西部天山、内蒙古呼伦贝尔地区及大兴安岭的繁殖鸟或留鸟，甘肃中部、四川北部及青海东部的留鸟。

鹰鸮 Brown Hawk-Owl Ninox scutulata

【识别特征】体型中等大眼睛的深色似鹰样鸮鸟（30 cm）。上体深褐色，胸以下白色，遍布粗重的棕褐色纵纹，尾棕褐色并有黑褐色横斑，端部近白色。【生态习性】栖息于山地阔叶林中，也见于灌丛地带，性活跃，黄昏前活动于林缘地带。主要以昆虫、鸟类和鼠类为食。【分布】国外分布于印度次大陆、东北亚、东南亚。国内分布于西南、华南、华中及华东地区。

横斑腹小鸮　薄顺奇 摄

鬼鸮　董江天 摄

鹰鸮　英长斌 摄

日本鹰鸮 Northern Boobook *Ninox japonica*

【识别特征】体型中等（27～33 cm）。尾和翅长，脸暗具小白斑，虹膜黄色，翅深褐色，腹部具纵条纹。【生态习性】栖息于各种类型林地环境，包括雨林、落叶林、针叶林、郊野公园。【分布】国外分布于西伯利亚东部、日本、朝鲜半岛。国内见于东部和台湾。

长耳鸮 Long-eared Owl *Asio otus*

【识别特征】体型中等的鸮（36 cm）。皮黄色圆面庞，具两只长长的"耳朵"。嘴以上的面庞中央部位具明显白色"X"图形。上体褐色，具暗色块斑及皮黄色和白色的点斑；下体皮黄色，具棕色杂纹及褐色纵纹或斑块。与短耳鸮的区别在于耳羽簇较长，脸上白色的"X"图纹较明显。【生态习性】栖息于针叶林、针阔混交林和阔叶林等各种类型的森林中，也出现于林缘疏林、农田防护林和城市公园的林地中，白天多躲藏在树林中，黄昏和夜晚才开始活动。主要以各种鼠类为食，还包括小型鸟类。【分布】国外分布于整个欧亚大陆的北部、库页岛、日本列岛、伊朗、土耳其、印度西北部、非洲北部、北美洲的加拿大和美国北部。国内除海南外均可见。

短耳鸮 Short-eared Owl *Asio flammeus*

【识别特征】体型中等的黄褐色鸮鸟（38 cm）。体型、大小均似长耳鸮，只是耳短。脸盘发达，面庞显著，短小的耳羽簇在野外不可见，眼为光艳的黄色，眼圈暗色。上体黄褐色，满布黑色和皮黄色纵纹；下体皮黄色，具深褐色纵纹。翅长，飞行时黑色的腕斑显而易见。【生态习性】栖息于低山、丘陵、苔原、荒漠、平原、沼泽、湖岸和草地等各类生境中，多在黄昏、晚上活动和猎食，主要以鼠类为食。【分布】国外分布于欧洲、非洲北部、北美洲、南美洲、大洋洲和亚洲的大部分地区。在我国繁殖于内蒙古东部、黑龙江和辽宁，越冬时几乎见于全国各地。

日本鹰鸮 薄顺奇 摄　　　　日本鹰鸮 薄顺奇 摄

长耳鸮 董江天 摄　　　　短耳鸮 董磊 摄

夜 鹰 目

CAPRIMULGIFORMES

夜鹰目包括油鸱、裸鼻鸱、蟆口鸱、林鸱、夜鹰等鸟类，全世界有5科20属117种，几乎遍布全世界。我国有2科3属8种，全国各地均有分布。

夜鹰目鸟类属夜行性鸟类，小到中型，雌雄同色，体羽柔软，羽色呈斑杂状。大而扁平的头，相对短额的面部。喙短弱，嘴巨大，嘴周常常包围着长胡须。眼大而横向放置，鼻孔呈管状或狭隙状。翼长而尖，尾呈凸尾状。腿短弱，被羽或裸出，脚小，中爪具栉缘。卵产在地面或岩石上，常仅2枚。雏属晚成性。

食物以昆虫为主，少数食用果实。

通常白天栖息于山林间、岩石或倒下的树干，但有些更喜欢水平的树枝，凭借羽毛奇特的枯树皮色保持一动不动的姿势。有的在洞穴中，黄昏出动扑食昆虫，叫声诡异。

蛙口夜鹰科 Podargidae（Frogmouths）

黑顶蛙口夜鹰 Hodgson's Frogmouth *Batrachostomus hodgsoni*

【识别特征】体长（22～27 cm），眉纹棕白色，头顶、眼先黑褐色，且具横斑，颏棕白色，颈环白色，上体余部棕红色，具黑褐虫蠹状和点斑。【生态习性】栖息于林木。独行，以昆虫为食。【分布】国外分布于喜马拉雅山东南到中南半岛北部。国内分布于云南西部。

黑顶蛙口夜鹰 | 李东 摄

夜鹰科 Caprimulgidae（Nightjars）

毛腿夜鹰 Great Eared Nightjar *Eurostopodus macrotis*

【识别特征】体型大的偏棕色夜鹰（28 cm）。耳簇明显，头顶具沙棕色，脸和喉黑色，红褐色眉斑，胸黑且具栗色横斑，尾长，有黄黑道斑。【生态习性】主要栖息于山区林地。【分布】国外分布于东南亚。国内分布于云南。

毛腿夜鹰 | 罗爱东 摄

普通夜鹰 | 彭建生 摄

普通夜鹰 | 朱英 摄

普通夜鹰 Indian Jungle Nightjar *Caprimulgus indicus*

【识别特征】体型中等的偏灰色夜鹰（28 cm）。上体灰褐色，密杂以黑褐色和灰白色虫蠹斑，额、头顶、枕具宽阔的绒黑色中央纹，背羽、肩羽端部有绒黑色块斑和细的棕色斑点，两翅覆羽和飞羽黑褐色。最外侧3对初级飞羽，内侧近翼端处有一大形棕红色或白色斑。【生态习性】主要栖息于阔叶林和针阔叶混交林中，也出现于灌丛和农田地区竹林和丛林内，白天栖息于地面或横枝。【分布】国外分布于印度次大陆、东南亚，南迁至新几内亚。国内除新疆、青海外，分布于各省。

欧夜鹰 European Nightjar *Caprimulgus europaeus*

【识别特征】中等大小 (27 cm)，棕灰色。满布杂斑及纵纹，无耳羽簇。雄鸟与雌鸟比较近翅尖处有小白点，飞行时外侧的两对尾羽端部白色。【生态习性】滚翻飞行于空中追捕飞蛾。炫耀飞行的雄鸟两翼张开并高举成"V"型滑翔，尾扇开成一定角度。有时去围攻猛禽，有时又被作为猛禽而遭围攻。喝水时低掠水面似雨燕。【分布】国外繁殖于欧洲、亚洲北部和非洲。国内繁殖于阿尔泰山、新疆西部的喀什、天山地区、宁夏、甘肃西北部及内蒙古。

林夜鹰 Savanna Nightjar *Caprimulgus affinis*

【识别特征】体型稍小的夜鹰 (22 cm)。雄鸟上体灰褐色，具有非常细的黑色虫蠹斑，头顶和枕具箭头状的黑色斑，后颈具棕皮黄色斑点，特征为外侧尾羽白色，白色喉带分裂成两块斑。雌鸟多棕色但尾部无白色斑纹。【生态习性】栖息于阔叶林和林缘地带，也出现于河边和沟谷灌丛草地。白天栖身于地面，或于城市高平建筑物的顶部，黄昏和晚上活动，以昆虫为食。【分布】国外分布于印度、东南亚。国内分布于云南南部、广西南部、广东沿海、福建沿海和台湾。

欧夜鹰 董江天 摄

林夜鹰 薄顺奇 摄

雨 燕 目

APODIFORMES

　　雨燕目包括雨燕和凤头雨燕两科鸟类，全世界有2科19属96种，绝大多数在热带地区，我国有2科5属11种，分布于各地。

　　雨燕属于小型攀禽。雌雄同色，为棕、灰、黑、白色且具光泽。喙弱、短阔而平扁，尖端稍曲。两翅尖长，尾形多变，大多呈叉状。脚短，大都被羽，足大多呈前趾型。在岩洞、建筑物缝隙处，用自己唾液混合所取得的材料，甚至完全用唾液营巢，每窝1～6枚卵，雌雄孵卵，雏鸟晚成性。

　　主要以昆虫为食物。

　　雨燕多集群活动，飞行速度快而敏捷，也可翱翔和短暂悬停飞行，可在飞行中捕食昆虫。

短嘴金丝燕 | 薄顺奇 摄

雨燕科 Apodidae（Swifts）

短嘴金丝燕 Himalayan Swiftlet *Aerodramus brevirostris*

【识别特征】体型略小近黑色金丝燕（14 cm）。两翅长而钝，尾略呈叉形，腰部颜色有异，从浅褐色至偏灰色，下体浅褐色并具稍深的纵纹，腿略覆羽。【生态习性】主要栖息于海拔500～4 000 m的山坡石灰岩溶洞中，常结群快速飞行于开阔的高山峰脊，营巢于岩崖裂缝，巢以苔藓为材。【分布】国外分布于喜马拉雅山脉、东南亚及爪哇西部。国内见于长江中上游地区及云南西南部和新疆。

白喉针尾雨燕 White-throated Needletail *Hirundapus caudacutus*

【识别特征】体大的偏黑色雨燕（20 cm）。颏及喉白色，尾下覆羽白色，三级飞羽具小块白色，背褐色，上具银白色马鞍形斑块。【生态习性】主要栖息于山地森林、河谷等开阔地带，常成群在森林上空飞翔，尤其是开阔的林中河谷地带，有时低飞于水上取食。【分布】国外分布于亚洲北部、喜马拉雅山脉，冬季南迁至澳大利亚及新西兰。国内见于东北、东南沿海、西南及西藏南部。

白喉针尾雨燕 | 薄顺奇 摄

棕雨燕 | 彭建生 摄

普通雨燕 | 王晓刚 摄

棕雨燕 Asian Palm Swift *Cypsiurus balasiensis*

【识别特征】体小的全身深褐色纤小型雨燕 (11 cm)。与金丝燕似，但尾较窄且有较深的分叉，两翅较金丝燕大而窄，尾部大叉开。【生态习性】本种的分布与扇棕榈密切相关，以此树作为营巢及歇息地点，巢紧贴于棕桐树的叶下。【分布】国外分布于印度、东南亚。国内分布于云南及海南岛热带地区。

普通雨燕 Common Swift *Apus apus*

【识别特征】体大的雨燕 (17 cm)。尾略叉开，两翼相当宽。特征为白色的喉及胸部为一道深褐色的横带所隔开。【生态习性】栖息于多山地区，振翅频率相对较慢。【分布】国外分布于东南欧、北非、中东、中亚、喜马拉雅山脉，越冬区在热带非洲。国内见于东北、华北、新疆北部、内蒙古北部。

白腰雨燕 | 朱英 摄

白腰雨燕 Fork-tailed Swift *Apus pacificus*

【识别特征】略大（18 cm），污褐色。相较于小白腰雨燕，体大而色淡，喉白色，腰部白色马鞍形斑较窄，体型较细长，尾叉开。【生态习性】常与其他雨燕混合成群于开阔地区活动。飞行速度比针尾雨燕慢，进食时做不规则的振翅和转弯。【分布】国外分布在东北亚、东南亚到大洋洲。国内繁殖于东北、华北、华东、西藏东部及青海；有记录迁徙时国内见于中国南部、台湾、海南岛及新疆西北部。

小白腰雨燕 House Swift *Apus nipalensis*

【识别特征】体型中等偏黑色的雨燕（15 cm）。喉及腰白色，尾不叉型。与体型较大的白腰雨燕区别在于色彩较深，喉及腰更白，尾部几乎为平切。【生态习性】成大群活动，在开阔地的上空捕食，飞行平稳，营巢于屋檐下、悬崖或洞穴口。【分布】国外分布于喜马拉雅山脉、日本、东南亚。国内分布于云南南部、广西南部、广东南部、福建东南部、四川、江苏、贵州、台湾、海南等。

小白腰雨燕 | 薄顺奇 摄

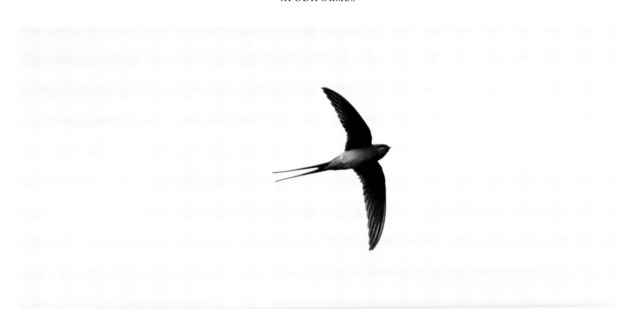

凤头雨燕（雌）　朱英　摄

凤头雨燕（雌）　冯利民　摄

凤头雨燕科 Hemiprocnidae（Crested Treeswifts）

凤头雨燕 Crested Treeswift *Hemiprocne coronata*

　　【识别特征】体长的灰色雨燕（21 cm）。尾长，两翅长且弯曲。特征为具竖起的凤头。上体深灰，三级飞羽具八道灰色横纹，具黑色眼罩，下体灰色。雄鸟脸侧及耳羽有棕色块斑，亚成鸟多褐色，凤头极小。【生态习性】喜常绿雨林的林缘或林间空地，栖息于光枝，似蜂虎作盘旋巡猎飞行。【分布】国外分布于南亚、中南半岛和印度尼西亚、所罗门群岛等热带地区。国内仅分布于云南沧源、景洪、勐养、勐仑等地。

咬鹃目

TROGONIFORMES

　　咬鹃目鸟类全世界有1科6属39种，主要分布于拉丁美洲、非洲和东南亚热带森林中（澳大利亚除外）。我国有1科1属3种，分布于最南部和西南部。

　　咬鹃属中小型攀禽，体长23～103 cm，其中尾羽占2/3的长度，颜色鲜艳，具金属光泽，雌雄异色。头大，喙短厚而基宽，尖端稍向下勾曲，具发达的嘴须，眼周裸露。颈短，翅短圆而有力。脚短弱，异趾型，1、2趾向后，3、4趾向前。尾长而宽，平或凸形尾。在树洞中营巢，每窝2～4枚卵，雌雄双方轮流孵化，雏鸟为晚成性。

　　以野果、昆虫幼虫、蜗牛、两栖类动物为食。

　　树栖，大多数完全生活在森林，多沿树干攀爬，飞行力不强，飞行路线呈破浪状，有时在空中追捕飞虫。不迁徙。

咬鹃科 Trogonidae（Trogons）

红头咬鹃 Red-headed Trogon *Harpactes erythrocephalus*

【识别特征】体大而头红的咬鹃（33 cm）。雄鸟特征为红色的头部。红色的胸部上具狭窄的半月形白环。雌鸟与雄鸟的区别在于头黄褐色。外侧3对尾羽端白色。【生态习性】主要栖息于海拔1 500 m以下的常绿阔叶林和次生林中，性胆怯而孤僻，常一动不动垂直地站在树冠层低枝或藤条上。主要以昆虫幼虫为食，也吃植物果实。【分布】国外分布于喜马拉雅山脉、东南亚。国内分布于西藏、云南西南部、广西南部、广东南部、福建东南部、海南等。

红头咬鹃（雄）｜朱英 摄　　红头咬鹃（雌）｜朱英 摄

红头咬鹃（雄）｜董磊 摄

佛法僧目

CORACIIFORMES

　　佛法僧目包括翠鸟、短尾鸿、蜂虎、佛法僧和三宝鸟等鸟类，全世界有7科34属152种，分布广，以温带为多，有的分布局限于热带、亚热带地区。我国有3科11属21种，以南方分布为主。

　　佛法僧目鸟类属中小型攀禽。体型大小不一，雌雄多相似，羽色大都艳丽，以蓝、绿、棕红色占优势，有时具金属辉亮。喙形多样，有的直而强，有的细而弯，适应于多种生活方式。翅短圆。尾短或适中，呈方形或凸形。腿短，脚弱，趾纤弱，并趾型，后趾偶有缺失。在洞穴中繁殖，如天然的树洞、堤岸、山坡、坟墓、山路边的土壁等环境挖洞为巢，每窝产1～8枚卵，孵卵期18～24天，雏鸟晚成性。

　　多数种类以昆虫和小动物为食，有些种类食鱼，还有些种类食果实。

　　生活方式多种多样，多数种类喜栖息于近水域的林区，群栖或独栖，善久站，也善于飞翔，俯冲捕鱼。

翠鸟科 Alcedinidae（Kingfishers）

普通翠鸟 Common Kingfisher *Alcedo atthis*

【识别特征】体型小（15 cm），亮蓝色及棕色的翠鸟。上体金属浅蓝绿色，耳羽棕色，颈侧具白色点斑，下体橙棕色，颏白。幼鸟色暗淡，具深色胸带。【生态习性】栖息于有灌丛或疏林、水清澈而缓流的小河、溪涧、湖泊以及灌溉渠等水域。性孤独，平时常独栖在近水边的树枝或岩石上，食物以小鱼为主。【分布】国外分布于欧亚大陆、东南亚、新几内亚。国内各地均易见到。

普通翠鸟 ｜ 郭冬生 摄

普通翠鸟 ｜ 黎宏 摄

三趾翠鸟 | 罗爱东 摄

白胸翡翠 | 肖克坚 摄

三趾翠鸟 Three-toed Kingfisher *Ceyx erithaca*

【识别特征】体型小 (14 cm)，红黄色。喙红色，头顶橘红色，后颈侧有一块蓝斑，其下接白斑。下体鲜黄，背部及翅上覆羽蓝黑色。【生态习性】喜生活于近溪流的林中。在低矮栖木间高速飞行以捕食昆虫或其他小猎物。【分布】国外分布于印度、东南亚。国内分布于云南西部和南部、广西、海南、台湾。

白胸翡翠 White-throated Kingfisher *Halcyon smyrnensis*

【识别特征】体略大的蓝色及褐色翡翠鸟 (27 cm)。额、喉及胸部白色，头、颈及下体余部褐色，上背、翅及尾蓝色鲜亮如闪光，翅上覆羽上部及翅端黑色。【生态习性】性活泼而喧闹，捕食于旷野、河流、池塘及海边。【分布】国外分布于中东、印度、菲律宾、安达曼斯群岛及苏门答腊。国内分布于南部。

蓝翡翠 | 黎宏 摄

白领翡翠 | 阙品甲 摄

蓝翡翠 Black-capped Kingfisher *Halcyon pileata*

【识别特征】体大的蓝色、白色及黑色翡翠鸟（28 cm）。特征为黑头。颈具白色环。翅上覆羽黑色，上体羽为亮丽的蓝色或紫色，两胁及臀沾棕色，飞行时白色翅斑显见。【生态习性】栖息于河上方的树枝。喜大河流两岸、河口及红树林。【分布】国外分布于印度、印度尼西亚、东南亚、朝鲜、韩国等。国内分布于除新疆、西藏、青海外的各省。

白领翡翠 Collared Kingfisher *Todiramphus chloris*

【识别特征】中等体型的蓝白色翡翠鸟（24 cm）。头顶、两翅、背及尾呈亮丽蓝绿色，过眼纹黑色，额部具白点。颈白色，上下缘具黑线。下体白色。【生态习性】栖息于岩石或树上，捕食于沿海或近水开阔区域。【分布】国外分布于东南亚。国内分布于香港、台湾、福建、江苏沿海。

冠鱼狗 | 黎宏 摄

斑鱼狗 | 朱英 摄

冠鱼狗 Crested Kingfisher *Megaceryle lugubris*

【识别特征】体型非常大的鱼狗（41 cm）。喙前黑后灰色，冠羽发达，上体青黑并多具白色横斑和点斑，大块的白斑由颊区延至颈侧，下有黑色髭纹，下体白色，具黑色的胸部斑纹，两胁具皮黄色横斑。【生态习性】栖息于大块岩石上，常光顾流速快、多砾石的清澈河流及溪流，飞行慢而有力且不盘飞。【分布】国外分布于喜马拉雅山脉、中南半岛北部、朝鲜、韩国、日本。国内分布于东北、华中、华东及华南、海南岛等。

斑鱼狗 Lesser Pied Kingfisher *Ceryle rudis*

【识别特征】体型中等的黑白色鱼狗（25 cm）。喙黑色，上体黑而多具白点，初级飞羽及尾羽基白而稍黑，下体白色，上胸具黑色的宽阔条带，其下具狭窄的黑斑。雌鸟胸带不如雄鸟宽。与冠鱼狗的区别在于体型较小，冠羽较小，具显眼白色眉纹。【生态习性】成对或结群活动于较大水体及红树林，喜嘈杂。【分布】国外分布于非洲、印度东北部、斯里兰卡、中南半岛及菲律宾。国内分布于北京以南的南方各省。

蜂虎科 Meropidae (Bee-eaters)

蓝须夜蜂虎 Blue-bearded Bee-eater *Nyctyornis athertoni*

【识别特征】体型中等的绿色林栖型蜂虎（31～35 cm）。蓝色的胸羽蓬松，喙厚重而下弯，成鸟顶冠淡蓝，腹部棕黄带绿色纵纹，尾羽腹面黄褐色。亚成鸟全身绿色。【生态习性】栖息于山地或丘陵地带、草地或山坡、沟谷、河边、村旁等林间乔木中层或树冠，有时栖息于树梢上，见虫飞过即腾空而起捕食。【分布】国外分布于喜马拉雅山脉、中南半岛。国内分布于云南西南部、海南岛。

蓝须夜蜂虎 | 肖克坚 摄

绿喉蜂虎 | 宋晔 摄

蓝喉蜂虎 | 宋晔 摄

绿喉蜂虎 Little Green Bee-eater *Merops orientalis*

【识别特征】体型小的绿色蜂虎（18 cm）。头顶及枕部铜色，过眼线黑色，喉及脸侧淡蓝色，胸具黑线，中央尾羽延长。与蓝喉蜂虎的区别在于尾及腹部绿色，前领黑色。【生态习性】栖息于干燥的开阔原野，以小群从枯树上捕食。【分布】国外分布于中东、印度至中南半岛。国内分布于云南西南部和四川。

蓝喉蜂虎 Blue-throated Bee-eater *Merops viridis*

【识别特征】体型中等的偏蓝色蜂虎（21 cm）。头顶及上背巧克力色，过眼线黑色，翅蓝绿色，腰及长尾浅蓝色，下体浅绿色，蓝喉。中央尾羽长。亚成鸟尾羽无延长，头及上背绿色。【生态习性】喜近海低洼处的开阔原野及林地，繁殖期群鸟聚于多沙地带，偶从水面或地面捕食昆虫。【分布】国外分布于东南亚。国内见于云南、广西、广东、福建、海南等。

栗喉蜂虎 Blue-tailed Bee-eater *Merops philippinus*

【识别特征】体型略大体态优雅的蜂虎（30 cm）。黑色的过眼纹上下均蓝色，头及上背绿色，腰、尾蓝色，颏黄色，喉栗色，腹部浅绿色，飞行时下翅羽橙黄色。【生态习性】结群聚于开阔地捕食，栖息于裸露树枝或电线，懒散地迂回滑翔寻食昆虫，较其他蜂虎更喜在空中捕食。【分布】国外分布于南亚、菲律宾、苏拉威西、新几内亚及巽他群岛。国内见于四川南部、云南、广西、广东及海南、台湾。

栗喉蜂虎｜英长斌 摄

栗喉蜂虎 | 英长斌 摄

栗头蜂虎 | 朱英 摄

栗头蜂虎 Chestnut-headed Bee-eater *Merops leschenaulti*

【识别特征】略小（21 cm），绿色及棕色。头顶、枕及上背亮栗色，两翅、腹部及尾绿色，腰艳蓝色，喉黄色而边缘栗色，贯眼纹与过上颊的前领纹黑色。飞行时翅下可见橙黄色。中央尾羽延长。【生态习性】栖息于灌木或树林边缘，集群。【分布】国外分布于南亚和东南亚。国内见于云南西部和南部。

黄喉蜂虎 European Bee-eater *Merops apiaster*

【识别特征】体型中等色彩亮丽的蜂虎（28 cm）。背部金色显著，喉黄色，具狭窄的黑色前领，下体余部蓝色，颈、头顶及枕部栗色。幼鸟中央尾羽无延长，背绿色。【生态习性】结群优雅地盘桓于开阔原野上空觅食昆虫。【分布】国外分布于南欧、非洲、中东、中亚。国内见于新疆西北部。

黄喉蜂虎 ｜ 朱英 摄

佛法僧科 Coraciidae（Rollers）

蓝胸佛法僧 European Roller *Coracias garrulus*

【识别特征】体型略大的佛法僧（30 cm）。头、下体及前翅为明快的天蓝色，飞羽黑色，上背、背及三级飞羽粉棕色。尾羽中央棕色，其余蓝色，外侧尾羽端黑色。【生态习性】栖息于树木上俯冲下来捕食昆虫，炫耀飞行如麦鸡般上下翻飞。【分布】国外分布于欧洲至中亚，迁徙至非洲。国内见于新疆西北部和西藏。

蓝胸佛法僧 | 宋晔 摄

棕胸佛法僧 | 董磊 摄

三宝鸟 | 朱英 摄

棕胸佛法僧 Indian Roller *Coracias benghalensis*

【识别特征】体型略大的蓝灰色佛法僧（33 cm）。黑色的喙细而下弯，头顶、尾覆羽及两翅具华美的青蓝色组合，喉、上背及部分飞羽淡紫色，背部及中央尾羽暗绿色，飞行时两翅及尾部的鲜艳蓝色非常显眼。【生态习性】同蓝胸佛法僧。【分布】国外分布于西亚、巴基斯坦、印度、斯里兰卡。国内见于云南西南部、四川、西藏部分地区。

三宝鸟 Dollarbird *Eurystomus orientalis*

【识别特征】体型中等的深色佛法僧（27～32 cm）。具宽阔的红色喙（亚成鸟为黑色），整体色彩为暗蓝灰色，头黑色，但喉为亮丽蓝色，飞行时两翅中心有对称的亮蓝色圆圈状斑块。【生态习性】常栖息于近林开阔地的枯树上，偶尔起飞追捕过往昆虫，或向下俯冲捕捉地面昆虫，飞行姿势似夜鹰，怪异、笨重，胡乱盘旋或拍打双翅。【分布】国外广泛分布于东亚、东南亚、日本、菲律宾、印度尼西亚及新几内亚和澳大利亚。国内除新疆、西藏、青海外，见于各省。

戴 胜 目

UPUPIFORMES

　　戴胜目包括戴胜和林戴胜两科鸟类，全世界有2科3属10种，分布最广泛，遍布欧亚大陆温热带地区及非洲，林戴胜科只分布于非洲。我国有1科1属1种，我国分布广。

　　戴胜科鸟类具扇状冠羽，喙细长、尖而向下弯，翅形短圆，体羽土棕色而有黑白斑，尾近方形，在树洞、壁洞等内做巢，双亲孵卵及育雏，雏鸟晚成性。

　　以昆虫、蠕虫等为食。喜开阔潮湿地面，长长的嘴在地面翻动寻找食物。警觉时冠羽立起。扇翅缓慢，波浪式飞行。

戴胜科 Upupidae（Hoopoes）

戴胜 Eurasian Hoopoe *Upupa epops*

【识别特征】体型中等（19～32 cm）色彩鲜明的鸟类。喙长且下弯。具长而尖黑的棕色丝状冠羽，头、上背、肩及下体粉棕色，两翅及尾具黑白相间的条纹。【生态习性】性活泼，喜开阔潮湿地面，在地面翻动寻找食物，有警情时冠羽立起，起飞后松懈下来。【分布】国外分布于非洲、欧亚大陆、中南半岛。国内分布于各省。

戴胜｜英长斌 摄

犀 鸟 目

BUCEROTIFORMES

犀鸟目鸟类有1科9属57种，广泛分布于非洲中南部、东南亚、大洋洲和太平洋群岛。我国有1科4属5种，见于云南和广西热带雨林地区。

犀鸟体大，40～160 cm，通常是黑色、褐色、白色和棕色。两性喙型不一，喙粗厚巨大，直或下弯，喙缘多具缺刻或斑纹，通常黄色或红色，喙上通常具拱形盔突。眼周裸露，眼睑具睫毛。翅强而宽阔，大多有黑或白翅斑。尾长而阔。腿短而强，上部具羽毛。并趾型，外趾和中趾基部有2/3互相并合，中趾与内趾基部也有些并合。以树洞为巢，筑巢时用泥密封巢口，产1～4枚纯白色的卵，雌鸟在巢中独自孵卵，雄性喂育。

食物为各种水果。

典型的热带森林鸟类，善于攀缘，成家族活动，飞行缓慢而轻。

冠斑犀鸟(雄) 宋晔 摄

犀鸟科 Bucerotidae (Hornbills)

冠斑犀鸟 Oriental Pied Hornbill *Anthracoceros albirostris*

　　【识别特征】体小的黑白色犀鸟 (55～60 cm)。具黄色或白色大盔突, 有时盔突上具黑色纹理。全身体羽黑色, 仅眼下方有一小块白色, 下腹部、大腿及尾下覆羽白色, 飞羽端及外侧尾羽亦白色。【生态习性】喜较开阔的森林及林缘, 成对或喧闹成群, 振翅飞行或滑翔在树间, 喜食昆虫多于果实。【分布】国外分布于印度北部、东南亚。国内分布于西藏东南部、云南南部及广西南部低地的原始林及次生林。

双角犀鸟 Great Hornbill *Buceros bicornis*

【识别特征】硕大（90～105 cm），黑色及奶白色犀鸟。白色体羽常沾黄色，尾白色而具黑色次端斑，翅黑而具白色斑。喙及前凹的盔突黄色，脸黑色。【生态习性】通常成对。取食和栖息于原始林的顶冠层。【分布】国外分布于喜马拉雅山脉、中南半岛。国内分布于云南西南部。

双角犀鸟（雌）｜谭文奇 摄

双角犀鸟（雌）｜谭文奇 摄

花冠皱盔犀鸟（左雌右雄）｜高云飞 摄

花冠皱盔犀鸟 Wreathed Hornbill *Aceros undulatus*

【识别特征】体型大（75～85 cm），尾白色，雄雌两性的背、两翅及腹部均为黑色，但雄鸟头部奶白色，枕部具略红的丝状羽，裸出的喉囊上具明显的黑色条纹。雌鸟头颈黑色，喉囊蓝色。【生态习性】成对或小群飞翔于森林上空，鼓翼声沉重。【分布】国外分布于印度次大陆东北部、东南亚。国内可能出现于云南西部。

䴕形目

PICIFORMES

　　䴕形目包括鹟䴕、蓬头䴕、须䴕、响蜜䴕、巨嘴鸟和啄木鸟等鸟类，全世界有6科63属408种，除南北两极、大洋洲外，在全球分布。我国有3科15属42种，遍及全国各地。

　　䴕形目鸟类属中、小型攀禽，体长10～60 cm。雌雄相似，羽色多样，通常头部有明亮的羽毛。喙多形，啄木鸟科喙粗长，呈凿状。舌长，先端具角质小钩，在口内外伸缩自如，钩取昆虫。翅短圆，脚短而强健，对趾型，趾端有锐爪。尾呈平尾或楔形，大多具坚硬的羽干，富弹性，起支撑作用，多在树干上凿洞为巢，每窝产2～5枚卵，孵化期10～18天，雏鸟晚成性。

　　主要以果实和昆虫为食。

　　栖息于森林，善攀缘。

大拟啄木鸟　朱英 摄

金喉拟啄木鸟　朱英 摄

拟䴕科 Capitonidae（Barbets）

大拟啄木鸟 Great Barbet *Megalaima virens*

【识别特征】体型甚大的拟啄木鸟（30 cm）。头大呈墨蓝色，喙大而粗厚，象牙色或淡黄色。肩、背和上胸褐色，腰、翅和尾绿色，腹黄而带深绿色纵纹，尾下覆羽亮红色。【生态习性】常单独或成对活动，在食物丰富的地方有时也成小群。常栖息于高树顶部，能站在树枝上像鹦鹉一样左右移动。叫声单调而宏亮。【分布】国外分布于喜马拉雅山脉、中南半岛北部。国内分布于南方各省。

金喉拟啄木鸟 Golden-throated Barbet *Megalaima franklinii*

【识别特征】体略大而色彩艳丽的拟啄木鸟（23 cm）。雌雄同色，上体绿色，下体黄绿色。额及上喉黄色，下喉浅灰色。从额到枕部排列红、黄、红三道斑，具宽的黑色贯眼纹。【生态习性】多单独活动，喜欢停息在枝叶茂密的乔木树上。【分布】国外分布于尼泊尔、中南半岛、马来半岛。国内分布于西藏东南部、云南、广西西南部。

台湾拟啄木鸟 | 林宏儒 摄

台湾拟啄木鸟 Taiwan Barbet *Megalima nuchalis*

【识别特征】体长（20 cm）。喙粗厚黑色，前额金黄色，眼先红色，眉纹黑色，头顶由黄色逐渐变蓝色，耳羽天蓝色，喉金黄色，胸具红斑，上体绿色，下体鲜黄色。【生态习性】栖息于平地阔叶林。【分布】我国特有种，分布于台湾。

台湾拟啄木鸟 | 潘思佳 摄

蓝喉拟啄木鸟 | 董磊 摄

蓝喉拟啄木鸟 Blue-throated Barbet *Megalaima asiatica*

【识别特征】体型中等的绿色拟啄木鸟（22～23 cm）。特征为顶冠前后部位绯红，中间黑色或偏蓝色。眼周、脸、喉及颈侧亮蓝色，胸侧各具一红点。【生态习性】常见以小群在果树尤其是无花果树上取食。【分布】国外分布于喜马拉雅山脉、中南半岛。国内分布于云南西部、东部、南部。

蓝耳拟啄木鸟 | 彭建生 摄

赤胸拟啄木鸟 | 朱英 摄

蓝耳拟啄木鸟 Blue-eared Barbet *Megalaima australis*

【识别特征】体型小的拟啄木鸟 (18 cm)。雌雄同色，体色绿色。头顶及颊蓝色，额黑色，蓝色耳羽上下各有一红色斑。【生态习性】栖息于高大的榕树上。【分布】国外分布于印度次大陆东北部、中南半岛及大巽他群岛。国内分布于云南南部。

赤胸拟啄木鸟 Coopersmith Barbet *Megalaima haemacephala*

【识别特征】体型小头顶红色的拟啄木鸟 (15 cm)。雌雄同色，背、两翅及尾蓝绿色。头红色，黑色过眼纹，额和眼眶黄色，前胸具红道，下体污白色且具粗浓的黑色纵纹。亚成鸟头少红色及黑色，但眼下及颊下具黄点。【生态习性】喜开阔的栖息环境如林地、园林及人工林，清晨时数鸟会集合鸣叫。【分布】国外分布于巴基斯坦、印度、菲律宾、苏门答腊、爪哇及巴厘岛。国内分布于云南西南和南部。

响蜜䴕科 Indicatoridae（Honeyguides）

黄腰响蜜䴕 *Yellow-rumped Honeyguide Indicator xanthonotus*

【识别特征】体型略小的暗褐灰色（15 cm）。雄鸟下体近白色且具深色纵纹，眉、顶及颊黄色，腰背部为鲜亮的金黄色及三级飞羽具白色条纹为识别特征。雌鸟色深沉，头部黄色较少。【生态习性】栖息于蜂窝附近。【分布】国外分布于印度次大陆的北部及东北部、缅甸东北部。国内罕见，分布于西藏南部和云南西部。

黄腰响蜜䴕 | 董磊 摄

啄木鸟科 Picidae（Woodpeckers）

蚁䴕 Eurasian Wryneck *Jynx torquilla*

【识别特征】体型小的灰褐色啄木鸟（17 cm）。雌雄同色，有眼后纹，体羽斑驳杂乱，下体具小横斑。喙相对短，呈圆锥形。尾较长，具不明显的横斑。【生态习性】不同于其他啄木鸟，栖息于树枝而不攀树，也不啄树干取食，头部往两侧扭转角度大，通常单独活动，取食地面蚂蚁。【分布】国外分布于非洲、欧亚大陆、印度到东南亚。国内见于各地。

斑姬啄木鸟 Speckled Piculet *Picumnus innominatus*

【识别特征】纤小橄榄色啄木鸟（10 cm）。雌雄同色，前额橘黄色或橙红色，脸具黑白色纹。下体多具黑点。【生态习性】栖息于热带低山混合林的枯树或树枝上，尤喜竹林，觅食时持续发出轻微的叩击声。【分布】国外分布于喜马拉雅山脉、中南半岛、婆罗洲及苏门答腊。国内分布于南方各省。

蚁䴕 | 朱英 摄

斑姬啄木鸟 | 朱英 摄

白眉棕啄木鸟 冯利民 摄　星头啄木鸟 王晓刚 摄

小星头啄木鸟 朱英 摄

白眉棕啄木鸟 White-browed Piculet *Sasia ochracea*

【识别特征】纤小的绿色及橘黄色山雀型短尾啄木鸟（9 cm）。雄鸟前额黄色，雌鸟前额棕色。上体橄榄绿色，眉白色，下体棕色，仅三趾。亚成鸟色较暗淡。【生态习性】栖息于阔叶林及次生林，尤其是竹林的中下层。在树干树枝上觅食时常发出轻微叩击声。【分布】国外分布于喜马拉雅山脉、中南半岛。国内分布于西藏东南、云南、贵州和广西。

星头啄木鸟 Grey-capped Woodpecker *Dendrocopos canicapillus*

【识别特征】体小且具黑白色条纹的啄木鸟（15 cm）。雌雄相似，下体无红色，头顶灰色，脸白色，黑褐色过眼纹延伸到颈部。雄鸟眼后上方具红色点斑。【生态习性】栖息于山地、平原林地，成对活动。【分布】国外分布于巴基斯坦、东南亚、东北亚。国内分布于除新疆、青海、西藏外的各省。

小星头啄木鸟 Pygmy Woodpecker *Dendrocopos kizuki*

【识别特征】体型小的黑白色啄木鸟（14 cm）。前额白色向嘴基延伸，白色过眼纹后延伸到枕部。耳羽褐色后接白斑。上体黑色，背具白色点斑，两翅白色点斑成行，外侧尾羽边缘白色，下体皮黄色，具黑色条纹，上胸白色。【生态习性】单独或成对活动，有时混入其他鸟群，栖息于各种林区及园林。【分布】国外分布于西伯利亚东南部、朝鲜、日本、琉球群岛。国内分布于东北、内蒙古、河北、山东和新疆。

小斑啄木鸟(雄)｜董江天 摄

小斑啄木鸟 Lesser Spotted Woodpecker *Dendrocopos minor*

【识别特征】体型小（15 cm）。上体黑色缀成排白斑，下体近白色，两侧具黑色纵纹。雄鸟头顶红色，枕黑色，前额近白色。【生态习性】飞行时大幅度地起伏。栖息于落叶林、混交林、亚高山桦木林及果园。【分布】国外分布于欧亚大陆、非洲。国内繁殖于阿尔泰山及新疆西北部准噶尔盆地北部，在黑龙江北部有越冬记录。

纹胸啄木鸟 Stripe-breasted Woodpecker *Dendrocopos atratus*

【识别特征】体型中等（21 cm）。额白色，上体黑色而具成排的白色点斑。下体茶黄色，尾下腹羽红色，胸部具黑色纵纹至颈部有黑色的须状条纹。雄鸟红色的顶冠延至枕部。【生态习性】栖于海拔800～2 200 m的热带常绿林。【分布】国外分布于印度和中南半岛。国内分布于云南。

棕腹啄木鸟 Rufous-bellied Woodpecker *Dendrocopos hyperythrus*

【识别特征】体型中等色彩浓艳的啄木鸟（20 cm）。头侧及下体浓赤褐色。背、两翅及尾黑色，上体具成排的白点，尾下覆羽红色。雄鸟顶冠及枕红色，雌鸟顶冠黑而具白点。【生态习性】喜针叶林或混交林。【分布】国外分布于喜马拉雅山脉、东南亚、西伯利亚东北部。国内除西北外，分布于各省。

纹胸啄木鸟｜朱英 摄

纹胸啄木鸟（雄）｜董江天 摄　　棕腹啄木鸟（雄）｜周华明 摄

黄颈啄木鸟(雌) 韦铭 摄

黄颈啄木鸟 Darjelling Woodpecker
Dendrocopos darjellensis

【识别特征】体型中等的黑白色啄木鸟（25 cm）。脸浓茶黄色，胸部具黑色重纹，尾下覆羽部淡绯红色，背全黑色，具宽的白色肩斑，两翅及外侧尾羽具成排的白点。雄鸟枕部绯红色，雌鸟黑色。【生态习性】取食于各个高度，有时与其他种混群。【分布】国外分布于尼泊尔、中南半岛北部。国内分布于西藏南部、云南西北部和四川。

黄颈啄木鸟(雄) 周华明 摄

赤胸啄木鸟(雌) | 黄耀华 摄

赤胸啄木鸟(雄) | 巫嘉伟 摄

赤胸啄木鸟 Crimson-breasted Woodpecker *Dendrocopos cathpharius*

【识别特征】体型小的黑白色啄木鸟 (18 cm)。绯红色胸块及红臀为识别特征。具宽的白色翅斑，黑色的宽颊纹成条带延伸至下胸。雄鸟枕部红色，雌鸟枕黑色但颈侧或具红斑。亚成鸟顶冠全红色但胸无红色。【生态习性】取食于低处，常栖息于死树上，食花蜜及昆虫。【分布】国外分布于尼泊尔、中南半岛北部。国内分布于西南及陕西、四川、重庆、湖北、甘肃。

白背啄木鸟(雌) 冯利民 摄

白背啄木鸟(雄) 王勇 摄

白背啄木鸟 White-backed Woodpecker *Dendrocopos leucotos*

【识别特征】体型中等的黑白色啄木鸟 (25 cm)。雄鸟顶冠全绯红色。雌鸟顶冠黑色，额白色，下体白而具黑色纵纹，尾下覆羽部浅绯红，两翅及外侧尾羽白点成斑。【生态习性】喜栖息于老朽树木，不怕人。【分布】国外分布于东欧至日本。国内分布于东北、新疆北部、河北、内蒙古东南部、福建西北、江西北部、陕西南部、四川中部及台湾。

大斑啄木鸟 Great Spotted Woodpecker *Dendrocopos major*

【识别特征】体型中等的啄木鸟（24 cm）。雄鸟枕部具狭窄红色带而雌鸟无，翅上有白斑，尾下覆羽部为红色。【生态习性】常单独或成对活动，多在树干和粗枝上觅食，有时也在地上倒木和枝叶间取食，飞翔时两翅一开一闭，成大波浪式前进。【分布】国外分布于欧亚大陆的温带林区、印度东北部、中南半岛北部。国内各地均可见。

白翅啄木鸟 White-winged Woodpecker *Dendrocopos leucopterus*

【识别特征】体型中等的黑白色啄木鸟（23 cm）。翅合拢时具大块的白色区域。雄鸟枕部红色，胸白色无斑。尾下覆羽红色。【生态习性】单独活动于溪流边的胡杨林及天山山麓地带。【分布】国外分布于中亚。国内分布于新疆。

大斑啄木鸟（雄）｜王晓刚 摄　　大斑啄木鸟（雌）｜宋晔 摄

白翅啄木鸟（雌）｜董江天 摄

三趾啄木鸟（雌）　彭建生 摄　　三趾啄木鸟（雄）　唐军 摄

白腹黑啄木鸟（雄）　冯利民 摄

三趾啄木鸟 Three-toed Woodpecker *Picoides tridactylus*

【识别特征】体型中等的黑白色啄木鸟（23 cm）。雄鸟头顶前部黄色，雌鸟白色，仅具三趾，体羽无红色，上背及背部中央部位白色。【生态习性】喜老云杉树及亚高山桦树林，环树干錾圈以取食树液。【分布】国外分布于古北界。国内分布于东北、西北、西南。

白腹黑啄木鸟 White-bellied Woodpecker *Dryocopus javensis*

【识别特征】体大的黑白色啄木鸟（42 cm）。上体及胸黑色，腹白色。雄鸟具红色冠羽及颊斑。【生态习性】喜开阔低地森林，常单独活动，于不同高度取食。【分布】国外分布于印度、东南亚。国内分布于四川西南部及云南。

黑啄木鸟 Black Woodpecker *Dryocopus martius*

【识别特征】体型非常大的全黑啄木鸟（46 cm）。喙黄而顶红，雌鸟仅后顶红色，极易识别。【生态习性】飞行不平稳但不如其他啄木鸟起伏大，主食蚂蚁。【分布】国外分布于欧洲至小亚细亚、西伯利亚、日本。国内分布于东北、北京、河北、山西、新疆西北、内蒙古、青海、西藏东部、甘肃、四川、云南西北部。

黑啄木鸟(雌) ｜ 彭建生 摄

黑啄木鸟(雄) ｜ 董磊 摄

黄冠啄木鸟 *Lesser Yellownape Picus chlorolophus*

【识别特征】体型中等的亮绿色啄木鸟（26 cm）。枕部冠羽具蓬松的黄色羽端，脸部具红色纹理及白色颊线，雄鸟具红色的眉纹和颊纹以及白色的上颊纹。雌鸟仅顶冠两侧带红，两胁具白色横斑，飞羽黑色。【生态习性】常以小群或跟随混合的大鸟群移动。【分布】国外分布于喜马拉雅山脉、东南亚。国内分布于云南、广西南部、广东南部、江西、福建、海南。

大黄冠啄木鸟 *Greater Yellownape Picus flavinucha*

【识别特征】体型大的绿色啄木鸟（34 cm）。喉黄色，具形长的黄色羽冠，尾黑色，翅上飞羽具黑色及褐色横斑，体羽余部绿色，雌鸟喉棕褐色。【生态习性】见于山地森林，结对或成群活动。【分布】国外分布于喜马拉雅山脉、东南亚。国内分布于西藏南部、云南南部、广西南部、广东南部、江西、福建、海南。

黄冠啄木鸟（雄）｜朱英 摄

大黄冠啄木鸟（雄）｜戴波 摄

灰头绿啄木鸟(雌) 谢志伟 摄

灰头绿啄木鸟 Grey-headed Woodpecker *Picus canus*

【识别特征】体型中等的绿色啄木鸟（27 cm）。识别特征为下体全灰，颊及喉亦灰，雄鸟前顶冠猩红色，眼先及狭窄颊纹黑色，枕灰色。雌鸟顶冠灰色而无红斑，喙相对短而钝。【生态习性】怯生谨慎。常活动于小片林地及林缘，亦见于大片林地。有时下至地面寻食蚂蚁。【分布】国外分布于欧亚大陆。国内各地均可见。

灰头绿啄木鸟(雄) | 谢志伟 摄

大金背啄木鸟 Greater Flameback *Chrysocolaptes lucidus*

【识别特征】体型大，色彩艳丽的啄木鸟（31 cm）。背金黄色，冠羽红色。具两条黑色颊纹至颈侧相连。颈背交接处黑色。腹白具网纹。雌鸟顶冠黑色具白色点斑。【生态习性】喜较开阔的林地及林缘。成对活动。【分布】国外分布于南亚和东南亚。国内分布于云南西南部和南部、西藏东南部。

大金背啄木鸟（雄）｜董磊 摄

大金背啄木鸟（雌）｜董磊 摄

竹啄木鸟 Pale-headed Woodpecker *Gecinulus grantia*

【识别特征】中型啄木鸟（25 cm）。体色橄榄棕褐色，冠羽淡皮黄色，雄鸟冠羽中央具桃红色斑块。翅红褐色，飞羽着黑色和皮黄色条纹。尾羽具栗色和黑色条纹。【生态习性】喜常绿林内的竹林和半落叶阔叶林。【分布】国外分布于喜马拉雅山脉至中南半岛。国内有3个亚种：*viridanu*分布于中国南部东至福建（罕见）；*indochinensis*分布于云南西南部及南部；指名亚种*grantia*分布于云南西部（盈江）。

黄嘴栗啄木鸟 Bay Woodpecker *Blythipicus pyrrhotis*

【识别特征】体型略大的啄木鸟（30 cm）。识别特征为体羽赤褐色具黑色斑，喙浅黄色，雄鸟颈侧及枕具绯红色块斑。【生态习性】不鏨击树木。【分布】国外分布于尼泊尔以及东南亚。国内分布于四川、云南、西藏、贵州、广西、湖南、广东、江西、浙江、福建、海南。

竹啄木鸟（雌）　张明 摄

黄嘴栗啄木鸟（雄）　戴波 摄

黄嘴栗啄木鸟（雌）　周华明 摄

雀 形 目

PASSERIFORMES

　　雀形目包括鸫、鹟、莺、百灵、燕、鹎、鹪、鹨、鸦雀、山雀、鸦、鸡等鸟类，全世界有100科1 158属5 785种，本目数量占鸟类全部种类的一半以上，世界各地均有分布。我国有44科192属762种，遍及我国各地。

　　雀形目鸟类为中、小型鸣禽，雌雄同型或异型。在大小和形状方面差别极大，从5 g重的金冠鹪鹩至1.75 kg的琴鸟。喙形多样，适于多种类型的生活习性和生态环境。鸣管结构及鸣肌复杂，大多善于鸣啭，有复杂和有旋律的鸣声。翅形和尾形多样。腿细弱，离趾型足，三趾向前，一趾向后，后趾与中趾等长，易于抓握，能在任何狭窄的地方栖息。精于筑巢，双亲孵卵，大多雏鸟晚成性。

　　食性杂，从植物种子、昆虫、蠕虫到垃圾等。

　　常有复杂的占区、营巢、求偶行为。除繁殖季节外，雀形目多成群活动。

银胸丝冠鸟（雌） 宋晔 摄

阔嘴鸟科 Eurylaimidae（Broadbills）

银胸丝冠鸟 Silver-breasted Broadbill *Serilophus lunatus*

【识别特征】体型较小的阔喙鸟（18 cm）。银灰色，宽阔的黑色贯眼纹，翅黑色，具蓝色翅斑和白色端斑，腰及三级飞羽为红棕色，尾黑色，尾下多为白色。雌鸟具狭窄的白色半颈环。【生态习性】常栖息于海拔1 500 m以下的热带和亚热带森林。不甚惧人。【分布】国外分布同长尾阔喙鸟。国内分布于海南、广西西南部、云南南部及西藏东南部。

长尾阔嘴鸟 Long-tailed Broadbill *Psarisomus dalhousiae*

【识别特征】体型中等（23～26 cm）。全身为草绿色，雌雄相似。具黑色顶冠，头顶中央为淡蓝色，宽阔而平扁的喙为黄绿色，脸、喉及领为亮黄色，蓝色的尾羽长而尖。【生态习性】常栖息于海拔600～2 000 m的热带常绿阔叶林，多集小群活动于林间中上层。【分布】国外分布于喜马拉雅南部、东南亚。国内分布于贵州西南部、广西西南部及云南的西部和南部。

长尾阔嘴鸟 朱英 摄

仙八色鸫 | 朱英 摄

八色鸫科 Pittidae (Pittas)

仙八色鸫 Fairy Pitta *Pitta nympha*

【识别特征】体型中等的八色鸫（18 cm）。色彩艳丽，头大，翅长而宽，尾短，上体和翅为苹果绿色，顶冠栗色具黑色顶冠纹，宽阔的黑色过眼纹自眼先延伸至后枕，眉纹黄色，喉、颊、颈及胸部为淡黄色，腹部及尾下覆羽为鲜红色，腰、肩为亮蓝色。【生态习性】多栖息于海拔1 200 m以下的森林和林缘灌丛，常在地面活动。【分布】国外分布于东亚、婆罗洲。国内主要见于东部及东南部，最北可到河北、天津等地。

长嘴百灵 | 宋晔 摄

百灵科 Alaudidae（Larks）

长嘴百灵 Tibetan Lark *Melanocorypha maxima*

　　【识别特征】体型苗条的百灵（21 cm）。喙长而厚重，腿为黑色，强壮，上体纵纹较多，枕部为灰色，胸部具黑色点斑，次级和三级飞羽具白色尖端，尾部白色较多。【生态习性】多栖息于开阔草原。雄鸟鸣唱于灌丛顶部，炫耀时两翅下悬，尾上举，同时左右摆动。【分布】国外分布于印度、蒙古。国内分布于新疆、西藏、青海、陕西、甘肃及四川。

蒙古百灵 Mongolian Lark *Melanocorypha mongolica*

【识别特征】体型较大的百灵（18 cm）。体色较淡，喙甚大，较淡的沙白色眉纹从眼圈延伸至枕部，头部为黄褐色，上体灰褐色具黑色纵纹，胸具宽阔的黑色横纹，翅黑褐色，覆羽及三级飞羽具黄褐色羽缘，飞羽具浅色羽缘，腰、尾为黑褐色，外侧尾羽白色。【生态习性】常栖息于湿润的山丘草地。炫耀时似云雀飞入高空边飞边唱。【分布】国外分布于俄罗斯、蒙古及朝鲜半岛。国内分布于青海东部至吉林西部的北方各省区。

黑百灵 Black Lark *Melanocorypha yeltoniensis*

【识别特征】体型较大的百灵（20 cm）。通体黑色，喙厚重、淡黄色。秋季时单色的羽缘遮盖了大部分黑色。雌鸟灰褐色染黑色，羽色多变，下体白色。【生态习性】栖息于开阔的平原、草地和半荒漠地区。通常繁殖于邻近沼泽或盐湖的山丘。非繁殖期多集群活动。【分布】国外分布于俄罗斯、里海、哈萨克斯坦。国内偶见于新疆西北部。

蒙古百灵　高云飞　摄

黑百灵　王春芳　摄

大短趾百灵 邢睿 摄

细嘴短趾百灵 王宁 摄

大短趾百灵 Greater Short-toed Lark *Calandrella brachydactyla*

【识别特征】体型中等（17 cm）。体羽沙色，背具黑色纵纹，短白色眉纹，胸侧具黑色斑，外侧尾羽白色，下体黄白色。【生态习性】栖息于空旷干旱草地、荒漠等区域。【分布】国外分布于欧亚大陆及北非。国内见于西部到东北区间。

细嘴短趾百灵 Hume's Short-toed Lark *Calandrella acutirostris*

【识别特征】体型中等的灰褐色百灵（14～16 cm）。颈侧具黑色的小块斑，上体具少量近黑色纵纹，眉纹较细，皮黄色，喙较长而尖，腹白色，外侧尾羽的白色甚少。【生态习性】多栖息于裸露岩石的高山两侧及多草的干旱平原。【分布】国外分布于中亚、印度。国内分布于内蒙古、四川北部、宁夏、甘肃南部、青海东部至新疆西北部及西藏南部。

短趾百灵 | 董磊 摄

短趾百灵 Asian Short-toed Lark *Calandrella cheleensis*

【识别特征】体型紧凑、较小的百灵 (13 cm)。上体沙褐色,满布暗褐色纵纹,具狭窄的浅黄色眼圈、眼先及贯眼纹,喉白色,翅黑褐色,覆羽和三级飞羽具浅色羽缘,胁部浅黄色,胸部深色纵纹散布较开,下体白色,尾黑褐色,外侧尾羽白。【生态习性】常栖息于干燥的草原、农田。【分布】国外分布于非洲、中亚、西亚、蒙古。国内分布于北方大部分地区,亦见于四川、江苏及台湾。

凤头百灵 Crested Lark *Galerida cristata*

【识别特征】体型略大 (18 cm)。过眼纹黑褐色,长而尖的羽冠有别于其他百灵。喙长,上体灰褐色,无暖黄或橙色调,下体偏白色,胸及两胁具多变的细纹,尾羽色深,无白色外侧尾羽。【生态习性】常栖息于干旱平原、农耕地及半荒漠地带。不甚怕人,飞行多为波浪式。【分布】国外分布于欧亚大陆和非洲。国内分布于新疆北部至辽宁的广大区域,西藏南部、四川北部、湖南、江苏亦有分布。

凤头百灵 | 张正学 摄

云雀 Eurasian Skylark *Alauda arvensis*

【识别特征】体型略小（18 cm）。喙较小，具羽冠，眉纹棕白色，胸具纵纹，下体白色，尾及翅端较长，飞羽具浅黄色羽缘，次级飞羽具白色边缘。【生态习性】多见于农田及低草地，常于高空振翅飞行时鸣唱，接着俯冲回地面。【分布】国外分布于欧亚大陆、非洲。国内除西藏、云南、贵州、重庆、广西、海南外，各省区皆可见。

小云雀 Oriental Skylark *Alauda gulgula*

【识别特征】体型中等（16 cm）。甚似云雀，但下体羽色略淡，头部羽毛有时竖立呈冠状。眼后白色较为显著，喙略细长，翅上覆羽边缘及外侧尾羽为浅黄色而非白色，下体羽色较褐。【生态习性】主要栖息于开阔的农田及干草地。繁殖期常成对活动，其他时候多成群。主要在地面活动，常突然从地面垂直飞入高空，并悬停片刻再振翅高飞，有时飞得太高，仅能听见鸣叫而难见其影。【分布】国外分布于中亚、南亚、中南半岛。国内见于新疆、西藏、甘肃、青海、宁夏、山东、陕西及南方各省。

云雀 朱英 摄

小云雀 朱英 摄

小云雀 倪一农 摄

角百灵 | 朱英 摄

角百灵 Horned Lark *Eremophila alpestris*

【识别特征】体型中等修长的百灵（16 cm）。顶冠前段的黑色条纹后延，在头顶两侧形成角状，宽阔的黑色胸带和"面罩"均有别于其他百灵。雌鸟及幼鸟色暗且无"角"，但头部图纹仍可见。【生态习性】主要栖息于干旱的山地及草原，冬季也在农田、河滩、矮草地活动。【分布】国外分布于欧亚大陆、北美、非洲。国内见于西北、华北、东北及四川等地。

燕科 Hirundinidae（Swallows, Martins）

崖沙燕 Sand Martin *Riparia riparia*

【识别特征】体型紧凑、纤细的小型褐色燕（12 cm）。成鸟灰褐色，具浅色下体和清晰的褐色胸带，头小，脸部色深，耳后具白色半月形颈环。幼鸟的覆羽具浅色羽缘，脸、喉为黄灰色，胸带亦不明显。【生态习性】几乎仅活动于近水处，如湖泊、河流等湿地，常集群营巢于垂直的沙质崖壁或堤岸。【分布】国外分布于北半球、南美、非洲、东南亚。国内见于新疆、青海、四川以东各省。

崖沙燕 | 王晓刚 摄   崖沙燕 | 王春芳 摄

淡色崖沙燕 Pale Sand Martin *Riparia diluta*

【识别特征】体长（12 cm）。与崖沙燕相似，喉灰色，腹白色，胸带浅色。【生态习性】成群栖息于湿地岸边坡上。【分布】国外分布于中亚、俄罗斯、印度。国内除东北、华北外，见于西部、中部、东南部和南部。

褐喉沙燕 Brown-throated Martin *Riparia paludicola*

【识别特征】体型较小的暗灰褐色燕（12 cm）。喉及胸为浅灰褐色，下体其余部分为灰白色。有时喉部较胸部颜色略浅，翅下覆羽较崖沙燕和淡色崖沙燕更深，下体较淡色崖沙燕略深，褐色更重，腰色浅。【生态习性】通常沿河流、湖泊活动。【分布】国外分布于非洲、印度、东南亚。国内分布于云南南部、香港、台湾等地。

岩燕 Eurasian Crag Martin *Ptyonoprogne rupestris*

【识别特征】中型燕（15 cm）。体羽暗褐色，胸部污白色，下胸腹部棕褐色，尾短翅长，尾具浅凹口，尾羽近端处有白色点斑。【生态习性】栖息于悬崖、峡谷和山峰，偶尔在建筑物上。【分布】国外分布于古北界的南部，从非洲西北部、欧洲南部至中亚及中国东北部，越冬至地中海、非洲东北部、中东、印度。国内分布于西部和北部。

淡色崖沙燕｜朱英 摄

褐喉沙燕｜冯利民 摄

岩燕｜张明 摄

岩燕 | 邢睿 摄

家燕 | 董磊 摄

家燕 Barn Swallow *Hirundo rustica*

【识别特征】体型中等（18 cm）。成鸟上体蓝黑色具金属光泽，下体白色，前额、颏、喉为深砖红色，外侧尾羽甚长，呈铁形，近端处有白色点斑。各亚种下体羽色有别。亚成鸟色暗，尾无延长。【生态习性】常见于城市及乡村的低地，喜水域附近。非繁殖期常集大群活动。【分布】遍及全世界。

洋燕 潘思佳 摄

金腰燕 黄耀华 摄

洋燕 Pacific Swallow *Hirundo tahitica*

【识别特征】体型小（13 cm）。体羽具黑色金属光泽，前额、颏、喉栗红色，下体淡灰色，尾短，凹尾浅。【生态习性】栖息于岛屿。【分布】国外分布于印度、东南亚。国内分布于台湾。

金腰燕 Red-rumped Swallow *Cecropis daurica*

【识别特征】体型略大的燕（18 cm）。体型似家燕，相较略大。上体蓝黑色具金属光泽，腰砖红色，尾蓝黑色，外侧尾羽甚长，呈铗形，下体白，具黑色细纹。相似种斑腰燕腰部为深栗色，后颈无栗褐色领环。【生态习性】多栖息于丘陵和平原地区的村庄、城镇，常集群活动，于飞行中捕捉昆虫。【分布】国外分布于欧亚大陆、非洲、澳洲。国内常见于大部分地区。

斑腰燕 | 朱英 摄

线尾燕 | 高云飞 摄

斑腰燕 Striated Swallow *Cecropis striolata*

【识别特征】体型较大（19 cm）的燕。甚似金腰燕，野外不易分辨，体型较金腰燕略大，下体及脸侧的纵纹更浓重，脸部的红褐色更深，腰部的纵纹更宽更黑，后颈部无栗色。【生态习性】主要栖息于海拔1 500 m以下的农田、丘陵等地。习性似金腰燕。【分布】国外分布于东南亚、印度。国内分布于云南和台湾。

线尾燕 Wire-tailed Swallow *Hirundo smithii*

【识别特征】体型中等（14～21 cm）。头顶红色，黑色上体羽具金属光泽，下体白色，雄鸟外侧尾羽超长。【生态习性】栖息于和人生活的相关水域。在水面上低飞猎食。【分布】国外分布于非洲撒哈拉以南、印度、中亚和东南亚。国内分布于云南。

毛脚燕 Common House Martin *Delichon urbicum*

【识别特征】体型较小的燕（13 cm）。上体蓝色，带金属光泽，与腰、下背及尾上覆羽的白色形成明显的对比，下体从颏到臀部均为纯白色，翅、尾黑色。【生态习性】主要栖息于山地、森林、河谷等生境，喜邻近水域的岩石山坡和悬崖，常集小群活动。【分布】国外分布于欧亚大陆、南亚和非洲。国内多见于东北、华北、新疆、四川、湖北、江苏、上海，西藏西部亦有分布。

毛脚燕 | 冯利民　摄

烟腹毛脚燕 | 朱英 摄

黑喉毛脚燕 | 董磊 摄

烟腹毛脚燕 Asian House Martin *Delichon dasypus*

【识别特征】体型紧凑、较小的黑色燕（13 cm）。成鸟似毛脚燕，不同之处在于其下体为均匀浅淡的烟灰色，翅下覆羽及飞羽腹面为深灰色，腰部白斑略小。【生态习性】多栖息于1 500 m以上的山地悬崖峭壁处，也栖息于房舍、桥梁等建筑物上，常集群栖息活动。【分布】国外分布于喜马拉雅山脉、东南亚、东北亚。国内除西北外，繁殖于中东部及青藏高原，留鸟分布于台湾、华南及东南部。

黑喉毛脚燕 Nepal House Martin *Delichon nipalense*

【识别特征】体型较小的黑色燕（12 cm）。较毛脚燕和烟腹毛脚燕略小，体型更紧凑，尾平，翅下覆羽和尾下覆羽与白色下体成鲜明的对比，颏及喉黑色，具狭窄的白色颈圈。【生态习性】通常栖息于海拔1 000～2 000 m的河谷、森林及山脊的悬崖处。【分布】国外分布于喜马拉雅山脉、中南半岛北部。国内仅分布于西藏南部和云南西部。

山鹡鸰　朱英　摄

白鹡鸰　黄徐　摄

鹡鸰科 Motacillidae（Wagtails, Pipits）

山鹡鸰 Forest Wagtail Dendronanthus indicus

【识别特征】体型中等的鹡鸰（17 cm）。上体为橄榄褐色，白色眉纹显著，翅上覆羽黑色，具2道宽阔的黄白色翅斑。下体发白，具2道黑色胸带，较下的一道通常不完整。尾褐色，外侧尾羽白色。【生态习性】通常栖息于海拔1 500 m以下的常绿阔叶林或落叶林。多繁殖于林间的开阔地带，停歇时尾常左右来回摆动。【分布】国外分布于欧亚大陆，南迁非洲、印度、东南亚。国内除西藏外，见于各省。

白鹡鸰 White Wagtail Motacilla alba

【识别特征】体型中等的鹡鸰（19 cm）。各亚种羽色多有差异，常为黑白或黑白灰色，背部为黑色或灰色，翅黑色或灰色且具明显的白斑，下体白，胸部黑斑大小各异，尾黑色，其外侧尾羽白色。雌鸟及幼鸟羽色较灰暗。【生态习性】多栖息于河流、湖泊、农田、沼泽等水域附近。飞行姿式呈波浪形，常边飞边叫，站立时尾不停上下摆动。【分布】国外分布于欧亚大陆、非洲、东南亚。国内各省区均有分布。

白鹡鸰 | 王宁 摄

黄头鹡鸰 *Citrine Wagtail Motacilla citreola*

【识别特征】体型中等的鹡鸰（16～20 cm）。雄鸟头部和下体的明黄色为其显著的特征。后颈具宽阔黑斑，背部灰色，翅黑色且具2道白色翅斑，尾黑且外侧尾羽白色。雌鸟胸部灰色。【生态习性】主要栖息于沼泽、湖泊、河流等湿地附近，常成对或集小群活动，栖息时尾常上下摆动。【分布】国外分布于俄罗斯、东欧、中亚、印度、东南亚。国内见于各省。

黄头鹡鸰 唐军 摄

黄头鹡鸰 周华明 摄

黄鹡鸰 Yellow Wagtail *Motacilla flava*

【识别特征】体型中等的鹡鸰（18 cm）。羽色多变。繁殖期成鸟上体为均匀的橄榄绿色，两翅黑色，飞行时可见狭窄的白色翅斑，尾修长，为黑色，外侧尾羽白色。非繁殖期成鸟上体为褐色，胁部为白色或淡黄色，尾下覆羽略黄，白色贯眼纹不经耳羽向下延伸。【生态习性】常在林间溪流、河谷、湖泊、民居附近活动，飞行时呈波浪形前进，尾常上下摆动。【分布】国外分布于欧亚大陆、非洲、东南亚、大洋洲北部。国内见于各省。

黄鹡鸰 | 宋晔 摄

黄鹡鸰 | 朱英 摄

灰鹡鸰 黄徐 摄

灰鹡鸰 彭建生 摄

灰鹡鸰 Gray Wagtail *Motacilla cinerea*

【识别特征】体型最大的鹡鸰（19 cm）。粉灰色的脚有别于中国其他几种鹡鸰。上体黑灰色，翅黑，腰黄，尾黑色且长于躯干，外侧尾羽白。雄鸟繁殖期具明显的白色眉纹，颏及喉为黑色，下体从胸部到臀部为鲜艳的柠檬黄色。雌鸟眉纹较细，喉白色，下体颜色较淡。【生态习性】常栖息于山间河流附近，多在岸边或道路上活动，受惊时沿河谷飞行，并不停鸣叫。【分布】国外分布于西伯利亚、非洲、印度、东南亚、大洋洲北部。国内分布于各省。

东方田鹨 Oriental Pipit *Anthus rufulus*

【识别特征】体型较大的鹨（16 cm）。较田鹨略小而尾短，腿及后爪亦较短，鸣声有所不同。似平原鹨第一年冬羽，但通常眼先颜色较淡，胸至两胁为姜黄色。【生态习性】习性似田鹨和平原鹨，站立时身体较直，进食时尾摇动。【分布】国外分布于印度至东南亚。国内分布于云南、四川、广西及广东北部。

田鹨 Richard's Pipit *Anthus richardi*

【识别特征】我国体型最大的鹨（18 cm）。尾长，腿强壮而色浅，后爪甚长，整体为沙褐色，上体褐色，顶冠、背、肩具深色纵纹，眉纹、眼先、额、喉均色浅，下体由胸部至两胁为黄褐色，其余部分偏白，下颈及上胸具狭窄的深色纵纹。【生态习性】主要栖息于开阔的平原、草地、农田等地，常单独或成对活动，多贴地面飞行。【分布】国外分布于俄罗斯、蒙古、印度到东南亚。国内除西藏、台湾外，分布于各省。

东方田鹨 | 李飏 摄

田鹨 | 朱英 摄

平原鹨｜宋晔 摄

林鹨｜朱英 摄

平原鹨 Tawny Pipit *Anthus campestris*

【识别特征】体型较大的鹨（16 cm）。甚似田鹨，但体型略小而腿较短，站姿较平，上体纵纹模糊，胸部纵纹甚少或无，下体为均匀的黄白色，后爪较田鹨略短而弯曲，且跗蹠较短，尾较东方田鹨略长。【生态习性】常栖息于干旱平原、草地和半荒漠地区。【分布】国外分布于欧洲、亚洲西南、北非。国内仅见于新疆西部及西北部。

林鹨 Tree Pipit *Anthus trivialis*

【识别特征】体型中等的淡皮黄褐色或灰褐色鹨（16 cm）。头及上背满布黑色纵纹，下体皮黄白色，胸多纵纹且延至两胁，喙短，后爪短且甚弯。【生态习性】喜林缘多草、多矮树的栖息生境。【分布】国外分布于欧亚大陆中西部、印度、非洲。国内见于新疆、宁夏、陕西、内蒙古、西藏和广西。

树鹨 Olive-backed Pipit *Anthus hodgsoni*

【识别特征】体型中等的鹨 (15 cm)。白色眉纹显著,具乳白色耳羽,整体橄榄绿色染白,上体为橄榄色,背部橄榄绿,深色纵纹模糊或无,翅及尾具绿色边缘,翅上具2道清晰的翅斑,下体多皮黄色,胸及两胁黑色纵纹浓密。【生态习性】通常活动于林缘、河谷、林间空地等各类生境,常成对或集小群活动。多在地上奔跑觅食,站立时尾多上下摆动。【分布】国外分布于东北亚、俄罗斯、蒙古、印度到东南亚。国内见于各省。

北鹨 Pechora Pipit *Anthus gustavi*

【识别特征】体型中等的褐色鹨 (15 cm)。背部白色纵纹成两个"V"字形,黑色的髭纹显著,翅具白色横斑,胸、胁具纵纹。【生态习性】喜开阔的湿润多草地区及沿海森林。【分布】国外分布于西伯利亚东北部、东南亚。国内分布于北部、东部至广东、台湾。

树鹨 | 朱英 摄

北鹨 | 朱英 摄

草地鹨 Meadow Pipit *Anthus pratensis*

【识别特征】体型中等（14 cm）。体羽橄榄褐色，喙细，头顶具细纹，背具粗纹但腰无纵纹，胸前具稀疏褐色纵纹，尾细长，最外侧2枚尾羽端白。【生态习性】常集群栖息于荒漠多石或草地区域。性机警。【分布】国外分布于古北界西部，冬季南迁北非、中东。国内见于新疆、甘肃、辽宁。

红喉鹨 Red-throated Pipit *Anthus cervinus*

【识别特征】体型中等（15 cm）。体羽棕红色，喙较细长。繁殖期头侧、喉至上胸为棕红色，胸部黑褐色纵纹淡。非繁殖期纵纹深。【生态习性】迁徙时喜欢平原、农田。【分布】国外分布于古北界北部，越冬于非洲、东南亚、印度。国内除宁夏、西藏、青海外，见于各省。

草地鹨｜邢睿 摄

红喉鹨｜朱英 摄

粉红胸鹨 | 周华明 摄

粉红胸鹨 Rosy Pipit *Anthus roseatus*

【识别特征】体型中等的鹨 (15 cm)。成鸟繁殖期头偏灰，具粉色眉纹，眼先及耳羽色深，耳后有浅色点斑，下体浅粉色，两胁具轻细的纵纹。【生态习性】繁殖期多见于海拔 2 000～4 500 m 的高山草甸，冬季下至山脚平原及湿地附近，常单独或成对活动。【分布】国外分布于喜马拉雅山脉、阿富汗、缅甸、老挝。国内主要见于西部，繁殖于新疆西部至河北、湖北等地，越冬于云南、贵州等地。

水鹨 朱英 摄

黄腹鹨 朱英 摄

水鹨 Water Pipit *Anthus spinoletta*

【识别特征】体型中等的鹨 (15 cm)。成鸟繁殖期顶冠、脸和后枕多灰色,头顶具轻微的黑色纵纹,眉纹乳白色,颏至下胸具狭窄的深色纵纹,下体乳白沾粉色。【生态习性】主要繁殖于海拔2 000 m以上的高山草原、溪流、河谷等地,冬季下到山脚平原和丘陵地带。【分布】国外分布于欧亚大陆南部,南迁到东南亚、印度和北非。国内见于除海南、西藏以外的南方各省,向北可到河北、山西及新疆北部。

黄腹鹨 Buff-bellied Pipit *Anthus rubescens*

【识别特征】体型略小的鹨 (15 cm)。颈侧具黑斑,上体暗淡且具模糊纵纹,下体淡黄色,胸部至两胁的纵纹多有差异。繁殖期为橙黄或棕黄色,黑色纵纹较细,上体为灰褐色。【生态习性】常单独或成对活动,飞行呈波浪形。【分布】国外分布于全北界。国内除宁夏、青海、西藏外,见于各省。

山椒鸟科 Campephagidae（Cuckoo Shrikes）

大鹃鵙 Large Cuckoo-shrike *Coracina macei*

【识别特征】体型较大的鹃鵙（23～30 cm）。体羽灰色，脸及颏黑色。雄鸟上体及胸灰色，飞羽黑色具白色羽缘，眼先及眼圈黑色，喉深灰色，腹部偏白色，尾黑色，尾中线深灰色，尾端棕灰色。雌鸟色较浅，下胸及两胁具灰色横斑。【生态习性】通常单独或成对活动。常停留在林间空地边缘最高树木的树顶上。【分布】国外分布于斯里兰卡、印度到东南亚。国内分布于云南西部及南部、贵州、广东、广西、福建、江西、台湾、海南岛。

暗灰鹃鵙 Black-winged Cuckoo-shrike *Coracina melaschistos*

【识别特征】体型中等的灰色及黑色鹃鵙（23 cm）。雄鸟青灰色，两翅亮黑，尾下覆羽白色，尾羽黑色，三枚外侧尾羽的羽尖白色。雌鸟相似，色浅，下体及耳羽具白色横斑，翅下通常具一小块白斑。【生态习性】栖息于开阔的林地及竹林。以昆虫、植物种子为主食，在树上筑碗状巢。【分布】国外分布于中南半岛、喜马拉雅山脉。国内除东北、西北外，分布于各省。

大鹃鵙 | 朱英 摄

暗灰鹃鵙（雌） | 朱英 摄

暗灰鹃鵙（雌） | 戴波 摄

暗灰鹃鵙（雄） | 董磊 摄

粉红山椒鸟(雌) | 董江天 摄

小灰山椒鸟 | 英长斌 摄

粉红山椒鸟 Rosy Minivet *Pericrocotus roseus*

【识别特征】体型略小的山椒鸟（20 cm）。具红或黄色斑纹，颏及喉白色，头顶及上背灰色。雄鸟头灰、胸玫红而有别于其他山椒鸟。雌鸟与其他山椒鸟的区别在于腰部及尾上覆羽的羽色仅比背部略浅，并淡染黄色，下体为甚浅的黄色。【生态习性】冬季结成大群。【分布】国外分布于喜马拉雅山脉、中南半岛。国内分布于云南、四川西南部、贵州、浙江、广东西南部、广西南部。

小灰山椒鸟 Swinhoe's Minivet *Pericrocotus cantonensis*

【识别特征】体型略小的黑、灰及白色山椒鸟（18 cm）。前额明显白色，向后延成眉纹，腰及尾上覆羽浅皮黄色，颈背灰色较浓。雌鸟似雄鸟，但褐色较浓，有白色翅斑。【生态习性】冬季形成较大群，栖息于高至海拔1 500 m的落叶林及常绿林。以昆虫为食，常成群在树冠上层飞翔，鸣声清脆。【分布】国外分布于中南半岛。国内见于华中、华东及华南地区，为地方性常见留鸟。

灰山椒鸟 Ashy Minivet *Pericrocotus divaricatus*

【识别特征】体型略小的山椒鸟 (19 cm)。特征为体羽黑、灰及白色,眼先黑色。雄鸟顶冠至枕部、过眼纹及飞羽黑色,上体余部灰色,下体白色。【生态习性】在树层中捕食昆虫。飞行时不如其他色彩艳丽的山椒鸟易见。【分布】国外分布于东北亚、印度,越冬于东南亚。国内见于东北、华北、华东、华南、甘肃、云南、四川等地。

灰山椒鸟(雌) 薄顺奇 摄

灰山椒鸟(雄) 薄顺奇 摄

长尾山椒鸟 Long-tailed Minivet *Pericrocotus ethologus*

【识别特征】体大的黑、红色山椒鸟（20 cm）。红色雄鸟喉黑，翅斑色泽较淡，下体红色。雌性头灰色，相对雄性红色部位为黄色。【生态习性】结大群活动，在开阔的高大树木及常绿林的树冠上空盘旋降落。主要以昆虫为食，叫声尖锐单调，常边飞边叫。【分布】国外分布于阿富汗、喜马拉雅山脉、中南半岛。国内除东北、西北外，分布于各省，海拔在1 000～2 000 m处。

短嘴山椒鸟 Short-billed Minivet *Pericrocotus brevirostris*

【识别特征】体型中等的黑红色山椒鸟（19～20 cm）。具红色或黄色斑纹。红色雄鸟甚艳丽，体型较细小，尾较长，具"∠"型红色翅斑。雌鸟额部呈鲜艳黄色，翅斑纹较简单。【生态习性】多成对活动，以常绿阔叶林和混交林及林缘疏林地带较常见。主要以昆虫为食，叫声为响亮而甜润的单音节笛音。【分布】国外分布于喜马拉雅山脉及中南半岛北部。国内见于西藏、云南、贵州、四川、广东、广西、海南。

长尾山椒鸟（雌） 彭建生 摄 ｜ 长尾山椒鸟（雄） 谭文奇 摄

短嘴山椒鸟（雌） 彭建生 摄 ｜ 短嘴山椒鸟（雄） 董磊 摄

赤红山椒鸟(雄)　彭建生　摄

赤红山椒鸟(雌)　肖克坚　摄

赤红山椒鸟 Scarlet Minivet *Pericrocotus flammeus*

　　【识别特征】体型略大而色彩浓艳的山椒鸟（20 cm）。雄鸟蓝黑，胸、腹部、腰、尾羽羽缘及翅上的2道斑纹红色。雌鸟背部多灰色，黄色代替雄鸟的红色，且黄色延至喉、颏、耳羽及额头。【生态习性】喜原始森林，多成对或成小群活动。主要以昆虫为食。【分布】国外分布于印度沿喜马拉雅山脉至中南半岛、印度尼西亚、菲律宾。国内分布于西藏、云南、福建、湖南、江西、浙江、广东、广西、海南、香港等地。

灰喉山椒鸟（雄）　朱英　摄

灰喉山椒鸟（雌）　向定乾　摄

灰喉山椒鸟 Grey-chinned Minivet *Pericrocotus solaris*

【识别特征】体小的红或黄色山椒鸟（18 cm）。雄鸟下背、腰和尾上覆羽鲜红或赤红色，尾黑色，中央尾羽仅外翈端缘赤红或橙红色。雌鸟下背橄榄绿色，腰和尾上覆羽橄榄黄色，两翅和尾与雄鸟同色，但红色被黄色取代。【生态习性】常成小群活动，喜欢在疏林和林缘地带的乔木上活动。主要以昆虫为食，叫声轻柔而略似喘息声。【分布】国外分布于喜马拉雅山脉、东南亚。国内分布于云南、四川、重庆、贵州到华东、华南地区。

褐背鹟鵙 Bar-winged Flycatcher Shrike *Hemipus picatus*

【识别特征】体小的鹟鵙（14 cm）。头、上背亮黑色，颏、颈白色，胸、腹灰褐色，具宽的白色翅斑，腰偏白，中央尾羽黑色，其他侧羽端白色，雌鸟头和上背为黑色。【生态习性】喜群居，常与其他种类混群，于树间活动，仔细查找藏匿的或惊起的昆虫，然后似伯劳猛扑上去。【分布】国外分布于印度、东南亚。国内分布于西藏、云南、贵州和广西。

褐背鹟鵙（雄） 高云飞 摄

褐背鹟鵙（雄） 宋晔 摄

鹎科 Pycnonotidae（Bulbuls）

凤头雀嘴鹎 Crested Finchbill *Spizixos canifrons*

【识别特征】体大橄榄绿色的鹎（20 cm）。象牙色的喙形厚而似雀，黑色羽冠凸显，额灰色，眼周和喉黑色，下体绿黄色，尾具宽阔的黑色端带。【生态习性】常见于林缘疏林和沟谷地带，杂食性鸟类，常成对或成3～5只的小群活动。【分布】国外分布于印度东北部到中南半岛北部。国内分布于云南、四川和广西。

凤头雀嘴鹎 | 王瑞卿 摄

领雀嘴鹎 | 韦铭 摄

领雀嘴鹎 | 郭冬生 摄

领雀嘴鹎 Collared Finchbill *Spizixos semitorques*

　　【识别特征】体大偏绿色的鹎（23 cm）。厚重的喙象牙色，具短羽冠，头及喉偏黑，颈背灰色，特征为喉下具白色颈圈，喙基周围近白色，脸颊具白色细纹，尾绿且端黑。【生态习性】通常于次生植被及灌丛活动，结小群停栖于电话线或竹林。杂食性，叫声急促悦耳。【分布】国外分布于越南。国内分布于河南以南的华南、东南地区和台湾。

纵纹绿鹎 | 彭建生 摄

黑冠黄鹎 | 冯利民 摄

纵纹绿鹎 Striated Bulbul *Pycnonotus striatus*

【识别特征】体型中等而具冠羽的橄榄绿色鹎（20 cm）。头绿褐色具明显的冠羽，其上具细的白色纵纹，下体密布浅黄色纵纹，上体橄榄色带细白色纵纹，眼圈、喉黄色。【生态习性】主要以植物性食物为食。性活泼，6～15只鸟结成吵嚷群体。栖息于山区常绿林。【分布】国外分布于喜马拉雅山脉、中南半岛北部至中国西南。国内分布于西藏、云南、贵州、广西。

黑冠黄鹎 Black-crested Bulbul *Pycnonotus melanicterus*

【识别特征】体型中等的偏黄色鹎（18 cm）。虹膜金色，头及羽冠黑色，上体褐橄榄色，下体黄色。亚种 *flaviventris* 的腹部多黄色。【生态习性】喜林缘及次生林枝叶稠密的较高树木。偶尔追捕空中昆虫，但通常积极觅食果实。兴奋时羽冠耸起。【分布】国外分布于印度、东南亚。国内分布于云南、广西。

台湾鹎 Taiwan Bulbul *Pycnonotus taivanus*

【识别特征】体型中等的鹎（18 cm）。顶冠及髭纹黑色，喙基有一红色斑点，上体橄榄绿色，两翅褐色，下体近白，胸灰色，两胁偏褐色，尾褐色。【生态习性】快速掠过灌木或树木，从叶或茎上啄取猎物。通常小群栖息于水边。【分布】我国特有种，分布于台湾。

白颊鹎 Himalayan Bulbul *Pycnonotus leucogenys*

【识别特征】体型中等的橄榄褐色鹎（20 cm）。褐色冠羽形长而前弯，脸、颏及喉黑色，具白色颊块，浅黄色尾下覆羽，尾黑而端白。【生态习性】主要栖息于树林中。以果实和昆虫为食。【分布】国外分布于喜马拉雅山脉。国内分布于西藏东南部。

台湾鹎 潘思佳 摄

台湾鹎 潘思佳 摄

白颊鹎 董江天 摄

红耳鹎 | 朱英 摄

黄臀鹎 | 郭冬生 摄

红耳鹎 Red-whiskered Bulbul *Pycnonotus jocosus*

【识别特征】体型中等的鹎（20 cm）。头顶黑色，具耸立的羽冠，眼下后方具红色的羽簇，耳羽与颊下方同为纯白色，外围以黑色，上体褐色，尾羽暗褐色，外侧尾羽上有白色的端斑，下体为白色，胸侧有近黑色的横带，尾下覆羽为猩红色。【生态习性】喜群栖，常站在小树的最高点鸣唱，喜开阔的林区、林缘、次生植被及村庄。主要以植物性食物为主。【分布】国外分布于印度到中南半岛，引种至澳大利亚及其他地区。国内分布于西南、华南地区。

黄臀鹎 Brown-breasted Bulbul *Pycnonotus xanthorrhous*

【识别特征】体型中等的灰褐色鹎（20 cm）。顶冠及颈背黑色，耳羽褐色，喉白色，胸带灰褐，尾下覆羽黄色较重。【生态习性】典型的群栖型鹎鸟，喜林缘及次生林枝叶稠密的高树木。偶尔追捕空中昆虫，但通常觅食果实。兴奋时羽冠耸起。【分布】国外分布于中南半岛北部。国内分布于西南及河南以南地区。

白头鹎 *Light-vented Bulbul Pycnonotus sinensis*

【识别特征】体型中等 (18 cm)。额至头顶黑色，两眼上方至后枕白色，形成一白色枕环，耳羽后部有一白斑，此白环与白斑在黑色的头部均极为醒目，上体灰褐或橄榄灰色具黄绿色羽缘。【生态习性】性活泼，结群于果树上活动。飞行捕食。善鸣叫，鸣声婉转多变。【分布】国外分布于越南北部、东亚、琉球群岛。国内除新疆、西藏、东北北部外，分布于各省。

白头鹎 | 谭文奇　摄

黑喉红臀鹎 Red-vented Bulbul *Pycnonotus cafer*

【识别特征】体型中等的偏褐色鹎（20 cm）。头黑，具羽冠，耳羽褐色，喉黑，胸色暗，尾下覆羽绯红，尾上覆羽近白，尾羽端白。【生态习性】典型的群栖性吵嚷鹎类，栖息于开阔山坡、平坝的次生阔叶林、灌木丛、草丛等地。【分布】国外分布于南亚、缅甸，引种至斐济。国内分布于陕西、西藏、云南、广西和澳门。

黑喉红臀鹎｜彭建生 摄

黑喉红臀鹎｜朱英 摄

白喉红臀鹎 | 朱英 摄

白喉红臀鹎 Sooty-headed Bulbul *Pycnonotus aurigaster*

【识别特征】体型中等的鹎（20 cm）。额至头顶黑色而富有光泽，耳羽白色或灰白色，颏黑色，下喉白色，上体灰褐色或褐色，尾下覆羽血红色。【生态习性】留鸟，栖息地较固定，一般不做长距离飞行，多在相邻树木或树头间来回飞翔。晚上常成群栖息在一起，觅食时才开始分散，但彼此仍通过叫声保持松散的群。杂食性，以植物性食物为主。【分布】国外分布于中南半岛及爪哇，引种至苏门答腊及苏拉威西岛。国内分布于四川、云南、江西、福建、广东、广西、海南和香港。

黄绿鹎 Flavescent Bulbul *Pycnonotus flavescens*

【识别特征】体型中等的偏绿色鹎（19 cm）。额至头顶暗褐且具灰色羽缘，眼先黑色，其上面有一粗的白纹从鼻后至眼，在黑色的头部极为醒目，尾下覆羽黄色。【生态习性】典型的群栖型，喜开阔林、林缘及次生植被。主要以植物果实和种子为食。【分布】国外分布于印度东北部、东南亚。国内分布于云南。

黄绿鹎 | 宋晔 摄

黄腹冠鹎 | 朱英 摄

栗耳短脚鹎 | 孙驰 摄　　白喉冠鹎 | 朱英 摄

黄腹冠鹎 White-throated Bulbul *Alophoixus flaveolus*

【识别特征】体型略大而具羽冠的褐色鹎（22 cm）。冠羽橄榄褐色，白色的喉膨起，下体黄色，上体褐色较重，腹部为鲜亮的柠檬黄色。【生态习性】停栖时尾全展开，叫声响亮沙哑而带鼻音。【分布】国外分布于喜马拉雅山脉至缅甸东北部。国内分布于云南、西藏。

白喉冠鹎 Puff-throated Bulbul *Alophoixus pallidus*

【识别特征】体大的喧闹鹎（23 cm）。红褐色冠羽长而尖且显散乱，上体橄榄色，头侧灰色，下体黄，白色的喉膨出而带髭须。【生态习性】结小群生活，性活跃，常加入混合鸟群，一般多活跃于较低的林层。主要以植物果实和种子等植物性食物为食。【分布】国外分布于中南半岛。国内分布于云南、贵州、广西、海南。

栗耳短脚鹎 Brown-eared Bulbul *Microscelis amaurotis*

【识别特征】体型较大的鹎（27 cm）。灰色，冠羽略尖，耳覆羽及颈侧栗色，顶冠及颈背灰色，两翅和尾褐灰色，喉及胸部灰色带浅色纵纹，腹部偏白，两胁有灰色点斑，尾下覆羽具黑白色横斑。【生态习性】栖息于森林、落叶林地、农耕地及林园。【分布】国外分布于东亚、菲律宾。国内分布于东北、北京、河北、上海、江苏、浙江、台湾。

灰短脚鹎 Ashy Bulbul *Hemixos flavala*

【识别特征】体型中等的鹎（20 cm）。略具羽冠，头顶深褐或黑色（bourdellei），耳羽粉褐，上体近灰，喉白，翅深褐，大覆羽的浅色边缘形成近黄色斑，腹部中央白色。【生态习性】典型林栖型鹎，结小群生活，栖息于山麓开阔林及灌丛的中低层。【分布】国外分布于喜马拉雅山脉、东南亚。国内分布于西藏、云南。

灰短脚鹎｜彭建生 摄

栗背短脚鹎 肖克坚 摄

栗背短脚鹎 Chestnut Bulbul *Hemixos castanonotus*

【识别特征】体型略大而外观漂亮的鹎（21 cm）。头顶黑色而略具羽冠，脸栗褐色，喉白色，上体栗褐色，腹部偏白色，胸及两胁浅灰色，两翅及尾灰褐色，覆羽及尾羽边缘绿黄色。【生态习性】成活跃小群，藏身于甚茂密的植丛。【分布】国外分布于越南西北部。国内分布于河南、安徽、江西、华南地区、海南。

绿翅短脚鹎 Mountain Bulbul *Hypsipetes mcclellandii*

【识别特征】体大而喜喧闹的橄榄色鹎（24 cm）。羽冠短而尖，颈背及上胸棕色，喉偏白而具纵纹，头顶深褐且具偏白色细纹，背、两翅及尾偏绿色，腹部及臀偏白。【生态习性】以小型果实及昆虫为食，有时结成大群，大胆围攻猛禽及杜鹃类。【分布】国外分布于喜马拉雅山脉、中南半岛、马来半岛。国内分布于西藏、云南、河南以南地区。

绿翅短脚鹎 黄耀华 摄

黑短脚鹎 Black Bulbul *Hypsipetes leucocephalus*

【识别特征】体型中等的黑色鹎（22 cm）。头颈黑色或白色（因亚种而异），其余体羽黑色，尾略分叉，喙、脚及眼亮红色。【生态习性】随着季节的变化而有垂直迁移现象。繁殖期成对活动于常绿阔叶林或针阔混交林中，冬季于中国南方可见到数百只的大群。食果实及昆虫。【分布】国外分布于喜马拉雅山脉、中南半岛。国内分布于西藏、云南、四川、陕西、重庆、湖北、河南以南地区。

黑短脚鹎（黑头型）| 董磊 摄

黑短脚鹎 | 朱英 摄

黑翅雀鹎 | 朱英 摄

雀鹎科 Aegithinidae (Ioras)

黑翅雀鹎 Common Iora *Aegithina tiphia*

【识别特征】体小的绿色雀鹎（14 cm）。颏、喉、头侧黄色，翅上有2道明显近白色横纹，橄榄绿色上体，翅黑色，眼圈和下体黄色。【生态习性】单独或成对活动于公园、红树林、开阔林地及次生林，在小树的枝间跳动。【分布】国外分布于南亚、中南半岛。国内分布于云南西部。

蓝翅叶鹎（雄）| 冯利民 摄

叶鹎科 Chloropseidae (Leafbirds)

蓝翅叶鹎 Blue-winged Leafbird *Chloropsis cochinchinensis*

【识别特征】体型略小的绿色叶鹎（17 cm）。雄鸟喉黑色，两翅及尾侧蓝色。雌鸟无黄色眼圈，但喉蓝色。雄鸟喉斑外有1个黄色圈。【生态习性】栖息于原始林及高大次生林，常留于较大树木的顶层。单独、成对或有时结小群活动，常与其他种类混群。主要以昆虫为食。【分布】国外分布于印度至东南亚。国内分布于云南南部。

金额叶鹎（雄） 朱英 摄

金额叶鹎 Golden-fronted Leafbird *Chloropsis aurifrons*

【识别特征】体型中等的艳绿色叶鹎（19 cm）。额橘黄（雄鸟），翅具亮蓝色肩斑。雄雌两性的颏及喉均蓝色，外围黑色。雌鸟略暗。【生态习性】在森林上、中层沿枝条有条不紊地积极找寻昆虫。常加入混合鸟群。【分布】国外分布于南亚南部、尼泊尔、中南半岛。国内分布于云南。

金额叶鹎（雄） 宋晔 摄

橙腹叶鹎（雌）｜朱英 摄

橙腹叶鹎（雄）｜朱英 摄

橙腹叶鹎 Orange-bellied Leafbird *Chloropsis hardwickii*

【识别特征】体型略大而色彩鲜艳的叶鹎（20 cm）。雄鸟上体绿色，下体浓橘黄色，两翅及尾黑色，脸罩及胸兜黑色，髭纹蓝色。雌鸟体多绿色，髭纹蓝色，腹、翅与尾羽绿色。【生态习性】清亮的鸣声及哨声，常模仿其他鸟的叫声。性活跃，以昆虫为食。栖息于森林各层。【分布】国外分布于喜马拉雅山脉、东南亚。国内分布于西藏、云南、海南及湖北以南的华南地区。

和平鸟(雄) | 王宁 摄

和平鸟科 Irenidae（Fairy Bluebirds）

和平鸟 Asian Fairy Bluebird *Irena puella*

【识别特征】体型中等（25 cm）。雄鸟头顶、颈后、背、翅上、腰、尾上覆羽及尾下覆羽多为蓝色，余下部分为黑色。雌鸟为暗蓝绿色。【生态习性】单独或结成小群活动于高树顶端。【分布】国外分布于印度、东南亚等地。国内分布于西藏东南及云南南部地区。

太平鸟科 Bombycillidae（Waxwings）

太平鸟 Bohemian Waxwing *Bombycilla garrulus*

【识别特征】体型略大的粉褐色鸟（18 cm）。与小太平鸟的不同在于尾尖端为黄色而不是绯红色。初级飞羽羽端外侧黄色而成翅上的黄色带，三级飞羽羽端及外侧覆羽羽端白色而成白色横纹，尾下覆羽为栗色。成鸟次级飞羽羽端具蜡样红色点斑。【生态习性】集群性。多以浆果及昆虫为食。【分布】国外分布于欧亚大陆北部及北美洲。国内除西南、广东、广西、海南外，见于各省。

太平鸟 | 王春芳 摄

小太平鸟 | 朱英 摄

小太平鸟 Japanese Waxwing *Bombycilla japonica*

【识别特征】体型略小的太平鸟 (16 cm)。尾端绯红色明显，黑色的过眼纹绕过冠羽延伸至头后部，尾下覆羽绯红色，次级飞羽羽尖绯红，缺少黄色翅带。【生态习性】结群在果树及灌丛间活动。【分布】国外分布于西伯利亚东部、朝鲜半岛、日本及琉球群岛。国内除西南地区以外，见于各省。

伯劳科 Laniidae（Shrikes）

虎纹伯劳 Tiger Shrike *Lanius tigrinus*

【识别特征】体型中等的棕色伯劳（19 cm）。区别于红尾伯劳在于明显喙厚、尾短眼大。雄鸟顶冠和颈背为灰色，背、两翅及尾浓栗色而多黑色横斑，过眼线宽且黑，下体为白色。雌鸟似雄鸟而眼先眉纹色浅，两胁具褐色横斑。【生态习性】在多林地带，通常在林缘突出树枝上捕食昆虫。【分布】国外分布于东亚，冬季南迁至中南半岛、马来半岛及印度尼西亚。国内除青海、新疆、海南外，见于各省。

虎纹伯劳（雄）　宋晔　摄

虎纹伯劳（雌）　谭文奇　摄

牛头伯劳 Bull-headed Shrike *Lanius bucephalus*

【识别特征】体型中等的褐色伯劳 (19 cm)。头顶栗色,尾末白色,飞行中初级飞羽有明显的白色块斑。雄鸟有黑色过眼纹,白眉纹,背呈灰褐色。雌鸟过眼纹栗色。【生态习性】多活动于次生植被及耕地。【分布】国外分布于东北亚。国内见于东北到东南部地区,偶见于台湾。

牛头伯劳(雌) | 朱英 摄

牛头伯劳(雄) | 朱英 摄

荒漠伯劳（雄） 王宁 摄

红背伯劳（雄） 朱英 摄

荒漠伯劳（雌） 巫嘉伟 摄

红背伯劳 Red-backed Shrike *Lanius collurio*

【识别特征】体型较小的褐色伯劳（19 cm）。整个上体红褐色，额、过眼纹及头侧黑色，眉纹白，翅上有1个白斑，下体近白，尾上覆羽及尾羽棕色。雄鸟两胁粉色。雌鸟具黑色小鳞状纹。【生态习性】多在平原及荒漠原野的灌丛、开阔林地及树篱活动。【分布】国外分布于欧洲、俄罗斯及非洲。国内见于新疆。

荒漠伯劳 Rufous-tailed Shrike *Lanius isabellinus*

【识别特征】体型较小的灰沙褐色伯劳（19 cm）。头顶及喙基淡沙褐色，过眼纹黑色，眉纹白色，下背至尾上覆羽染为锈色。雌鸟似雄鸟，但眼先斑为褐色杂有淡黄色羽，过眼纹及耳羽均为褐色，初级飞羽基部有白色翅斑，胸、胁部染有黄色，在颈侧及胸部可见细微的褐色鳞斑。【生态习性】常见于荒漠地区疏林地带及绿洲、村落附近，以及多栖息在枝头或电线上。【分布】国外分布于中亚、西亚、非洲。国内见于黑龙江、内蒙古、甘肃、宁夏、青海、新疆等地。

红尾伯劳（雌） 王晓刚 摄

红尾伯劳 Brown Shrike *Lanius cristatus*

【识别特征】体型中等的淡褐色白喉伯劳（20 cm）。前额灰，眉纹白，宽宽的眼罩黑色，头顶及上体褐色，下体皮黄。【生态习性】喜单独栖息于开阔耕地、次生林及人工林。【分布】国外分布于南亚及东南亚、西伯利亚、东北亚。国内见于中部、东部地区。

红尾伯劳（雄） 朱英 摄

栗背伯劳(雄) 朱英 摄

棕背伯劳 黎宏 摄

棕背伯劳 肖克坚 摄

栗背伯劳 Burmese Shrike *Lanius collurioides*

【识别特征】体型中等细长的伯劳（20 cm）。上体为栗色，头顶、颈后及背上为灰色，黑色过眼纹且无眉纹。雄鸟黑额，雌鸟额纹白色。黑色的两翅及尾，飞行中初级飞羽露出明显白色块斑，尾较短，尾羽边缘及尾尖为白色。【生态习性】性不怯生。【分布】国外分布于印度东北部、中南半岛。国内偶见于西藏南部、云南西部及南部、贵州南部、广西、广东。

棕背伯劳 Long-tailed Shrike *Lanius schach*

【识别特征】体型略大长尾，棕、黑及白色的伯劳（25 cm）。额、眼纹、两翅及尾多黑色，翅上有1个白斑，头顶及颈背多灰黑色，背、腰及体侧红褐色，颏、喉、胸及腹中心部位白色。【生态习性】多在灌丛中活动。【分布】国外分布于哈萨克斯坦到喜马拉雅山脉及东南亚。国内分布于除东北以外的地区。

灰背伯劳 Grey-backed Shrike *Lanius tephronotus*

【识别特征】体型略大长尾的伯劳（25 cm）。上体深灰色，仅腰及尾上覆羽具狭窄的棕色带，初级飞羽的白色斑块小或无。【生态习性】多活动于灌丛。甚不惧人。【分布】国外分布于喜马拉雅山脉、中南半岛地区。国内分布于内蒙古、湖南及西部地区。

灰伯劳 Great Gray Shrike *Lanius excubitor*

【识别特征】体型大的伯劳（24 cm）。体羽灰色，眉纹细白，过眼纹黑色，翅黑色，有白斑，下体硫黄色，尾羽黑且外侧尾羽白色。【生态习性】栖息于平原到山地的疏林或林间空地。【分布】国外分布于欧亚大陆、北美。国内见于北部地区。

灰背伯劳 ｜ 彭建生 摄

灰背伯劳（幼）｜ 戴波 摄

灰伯劳 ｜ 邢睿 摄

黑额伯劳 | 王春芳 摄

楔尾伯劳 | 宋晔 摄

黑额伯劳 Lesser Grey Shrike *Lanius minor*

【识别特征】体型中等的灰色伯劳（20 cm）。雄鸟头顶至背灰色，翅及尾黑色，额、过眼纹黑色，下体白，胁浅棕色。雌鸟额、过眼纹棕色。【生态习性】立势甚直，尾直朝下。【分布】国外广泛分布于欧洲南部及东部、亚洲中部及非洲。国内见于新疆。

楔尾伯劳 Chinese Grey Shrike *Lanius sphenocercus*

【识别特征】体型甚大的灰色伯劳（31 cm）。过眼纹为黑色，眉纹白色，两翅黑色且具白色横纹，3枚中央尾羽为黑色，羽端具狭窄白色，外侧尾羽白。【生态习性】常空中振翅，捕食猎物后在开阔原野的突出树干、灌丛及电线上进食。常栖息于农场及村庄附近。【分布】国外分布于西伯利亚东南部、东北亚。国内分布于除新疆以外的地区。

盔鵙科 Prionopidae（Helmetshrikes and Allies）

钩嘴林鵙 Large Woodshrike *Tephrodornis gularis*

【识别特征】体型中等的灰褐色鸟（20 cm）。雄鸟上体多呈灰褐色，头顶及颈背为灰色。雌鸟上体褐色，腰及下体为白色，胸沾灰，眼纹深色，喙尖端带钩。【生态习性】成对或结小群。性喧闹，飞于树顶。在水面捕食昆虫。【分布】国外分布于印度、东南亚。国内分布于云南、贵州、两广、福建、海南。

黄鹂科 Oriolidae（Old World Orioles, Forest Orioles）

金黄鹂 Eurasian Golden-Oriole *Oriolus oriolus*

【识别特征】体型中等黄色及黑色鸟（24 cm）。头全为黄色。雄鸟两翅、尾、眼先为黑色，外侧尾羽具黄色端斑，两翅亦有黄色翅斑。雌鸟上体为黄绿色，下体黄白色且具窄褐色纵纹。【生态习性】性隐蔽，栖息于树林。【分布】国外分布于南欧、蒙古北部及西伯利亚、非洲。国内见于新疆和西藏。

| 钩嘴林鵙 | 冯利民 摄 | 金黄鹂（雄） | 王春芳 摄 |

黑枕黄鹂 Black-naped Oriole *Oriolus chinensis*

【识别特征】体型中等的黄色及黑色鸟（26 cm）。两翅和尾黑色。头枕部有1个宽阔黑色带斑，并向两侧延伸至和黑色贯眼纹相连，形成一条围绕头顶的黑带，雌鸟色较暗淡，背橄榄黄色。【生态习性】栖息于开阔树林，成对或以家族为群活动。【分布】国外分布于印度、中南半岛、巽他群岛、菲律宾及苏拉威西岛。国内除新疆、西藏、青海外，分布于各省。

细嘴黄鹂 Slender-billed Oriole *Oriolus tenuirostris*

【识别特征】体型中等的黄色鸟（25 cm）。黑色过眼纹延至颈背，甚似黑枕黄鹂但喙较细，黑色过眼线较细，在颈背部更细，背部橄榄色。【生态习性】活动于林地及开阔原野。【分布】国外分布于印度、中南半岛。国内分布于云南山地森林。

黑枕黄鹂（雄）｜朱英 摄

细嘴黄鹂｜董磊 摄

朱鹂（雌） 董磊 摄

朱鹂（雄） 林宏儒 摄

朱鹂 Maroon Oriole *Oriolus traillii*

【识别特征】体型中等的黑色及绛紫红色鸟（26 cm）。整个头、颈和前胸为灰黑色，两翅蓝黑色，其余体羽为栗红色或玫瑰红色。雌鸟下体白色且具黑色纵纹。【生态习性】活动于较低海拔的落叶林处，通常单独或成对活动。【分布】国外分布于喜马拉雅山脉、中南半岛。国内分布于西南部、台湾、海南岛。

卷尾科 Dicruridae（Drongos）

黑卷尾 Black Drongo *Dicrurus macrocercus*

　　【识别特征】体型中等的黑卷尾（30 cm）。蓝黑色而具金属光泽，喙小，尾长而叉深，最外侧一对尾羽向外卷曲。雌雄相似，但雌鸟金属光泽稍差。亚成鸟下体具近白色横纹。【生态习性】栖息于开阔原野。繁殖期有非常强的领域行为，性凶猛。擅空中捕食飞虫。【分布】国外分布于阿富汗、巴基斯坦、印度到中南半岛。国内除新疆、青海外，分布于各省。

黑卷尾｜夏乡　摄

灰卷尾 彭建生 摄　　　　　　灰卷尾 英长斌 摄

灰卷尾 黎宏 摄

灰卷尾 Ashy Drongo *Dicrurus leucophaeus*

【识别特征】体型中等的灰色卷尾（28 cm）。体羽有亚种不同。脸偏白，通体浅灰色，尾长而深开叉。【生态习性】见于山区丘陵，成对活动，常立于林间空地的裸露树枝，攀高或俯冲捕捉飞行中的猎物。常模仿其他鸟类的鸣声。【分布】国外分布于喜马拉雅山脉、中南半岛、马来西亚。国内分布于东北及西北以外的地区。

古铜色卷尾 Bronzed Drongo *Dicrurus aeneus*

【识别特征】体小的卷尾（23 cm）。通体黑色而具绿色辉光，尾开叉较小。雌鸟似雄鸟，但颜色略暗淡。【生态习性】喜林间空地，常立于突出树枝上，在森林的上中层捕捉昆虫。常围攻猛禽及杜鹃等。常多只鸟相互追逐，甚吵嚷。【分布】国外分布于喜马拉雅山脉、东南亚。国内分布于西藏东南部、云南南部、广西和海南。

发冠卷尾 Hair-crested Drongo *Dicrurus hottentottus*

【识别特征】体型较大的卷尾（32 cm）。通体黑而具蓝绿色金属光泽，前额具细长丝状羽冠，尾长而分叉，外侧羽端钝而上翘。【生态习性】多见于山区、森林开阔处，常多只聚在一起鸣叫。繁殖季有急速飞向高空并翻筋斗的动作。主要捕食空中昆虫。【分布】国外分布于喜马拉雅山脉、东南亚。国内主要见于华北和南方大部分地区。

古铜色卷尾 | 彭建生 摄

发冠卷尾 | 朱英 摄

大盘尾 | 彭建生 摄

小盘尾 | 王宁 摄

大盘尾 Greater Racket-tailed Drongo *Dicrurus paradiseus*

【识别特征】体大的卷尾（35 cm）。通体黑色具光泽，额部具簇状羽冠，外侧尾羽羽轴延长，终端呈匙状羽片。与小盘尾的区别在于尾呈叉形。【生态习性】多见于森林，也见于竹林、农田和村落附近的小块丛林和疏林草坡等开阔地带。捕食空中的昆虫。【分布】国外分布于喜马拉雅山脉、中南半岛、马来半岛、印度尼西亚。国内分布于云南和海南岛。

小盘尾 Lesser Racket-tailed Drongo *Dicrurus remifer*

【识别特征】体型中等的卷尾（26 cm）。通体黑色具光泽，喙基上方具小簇羽，外侧尾羽羽轴延长，终端呈网球拍状。较大盘尾体小，无羽冠，以尾为方形而最易区分。【生态习性】在林间空旷草地、山间开阔河流旁或潮湿的沼泽地带活动。常停留在孤立的乔木顶端，或飞行穿插于密林中，捕食飞虫。鸣声悦耳且变化多，常模仿其他鸟类。【分布】国外分布于喜马拉雅山脉、中南半岛、马来半岛。国内分布于云南、广西。

椋鸟科 Sturnidae（Starlings）

亚洲辉椋鸟 Asian Glossy Starling *Aplonis panayensis*

【识别特征】体长（20 cm）。雌雄同色，成鸟全身墨绿色，鲜红色的双眼，尾方形。【生态习性】栖息于都市内，大量群集吵闹。【分布】国外分布于印度、马来半岛、菲律宾。国内分布于台湾。

林八哥 White-vented Myna *Acridotheres grandis*

【识别特征】体型中等的黑色八哥（26 cm）。深灰体羽，只有初级飞羽具白色斑块，尾尖均白色且较宽，冠羽不明显，喙全黄色，尾下覆羽白色。【生态习性】集群活动，多在地面取食。【分布】国外分布于印度阿萨姆、中南半岛。国内分布于云南西部及南部、广西西南部。

八哥 Crested Myna *Acridotheres cristatellus*

【识别特征】体大的冠羽突出黑色八哥（26 cm）。冠羽较长，喙基部红色，尾端有狭窄白色，尾下覆羽具黑色及白色横纹。【生态习性】结小群生活，一般见于旷野地面或城镇花园。【分布】国外分布于老挝、越南。国内分布于四川东部及陕西南部、甘肃至南方各省。

亚洲辉椋鸟｜孙驰 摄　　　　　　林八哥｜朱英 摄

八哥｜董磊 摄

爪哇八哥 Javan Myna *Acridotheres javanicus*

【识别特征】体型较大的八哥（22 cm）。通体黑灰色，喙橘黄色，额冠羽短，翅有白斑，主要特点为尾末端白色，故又名白尾八哥。【生态习性】常集群活动，取食于地面。【分布】国外分布于菲律宾、马来西亚、新加坡、印度尼西亚、爪哇岛及巴布亚新几内亚。国内分布于台湾。

白领八哥 Collared Myna *Acridotheres albocinctus*

【识别特征】体型中等的黑色八哥（26 cm）。略具羽冠，颈圈皮黄，尾下覆羽具宽的白边，尾端白色。【生态习性】活动于沼泽地带及牧场。【分布】国外分布于印度阿萨姆、缅甸。国内分布于云南西北部。

爪哇八哥 ┃ 潘思佳 摄

白领八哥 ┃ 朱英 摄

家八哥 | 朱英 摄

红嘴椋鸟 | 朱英 摄

家八哥 Common Myna *Acridotheres tristis*

【识别特征】体型中等的偏褐色八哥（24 cm）。头深色，无冠羽，眼周裸露皮肤黄色，尾下覆羽白色，飞行时白色翅闪明显。【生态习性】常结群在地面取食，喜城镇、田野及花园。【分布】国外分布于阿富汗、喜马拉雅山脉及东南亚。国内分布于四川西南部、云南西部及南部、西藏东南部、海南岛。

红嘴椋鸟 Vinous-breasted Starling *Acridotheres burmannicus*

【识别特征】体型略大类似灰色的椋鸟（25 cm）。头近似白色，喙红，黑色过眼纹，酒红色胸部和腹部，两翅为深灰，飞行时初级飞羽基部有突出的白斑，尾羽端白色。【生态习性】常结群活动，取食于开阔而干燥郊野、耕地及花园。【分布】国外分布于中南半岛。国内分布于云南。

黑领椋鸟 Black-collared Starling *Gracupica nigricollis*

【识别特征】体型略大的黑白色椋鸟（28 cm）。眼周裸露皮肤及腿为黄色，头白，颈环及上胸黑色，背及两翅黑色，翅缘白色，尾黑而末端白。雌鸟似雄鸟但多褐色。【生态习性】常小群活动。【分布】国外分布于中南半岛和马来半岛。国内常分布于云南、四川、广西及华南地区。

黑领椋鸟｜英长斌　摄

斑椋鸟 肖克坚 摄

北椋鸟（雄） 朱英 摄

斑椋鸟 Asian Pied Starling *Gracupica contra*

【识别特征】体型中等的黑白色椋鸟（24 cm）。喙黄色，基部红色，眼周裸皮橘黄色，头顶、头侧、翅斑、腰及腹部白色，喉、胸及上体其余部分为黑色（亚成鸟褐色）。【生态习性】结小群活动，栖息于开阔地，夜群栖。【分布】国外分布于印度、缅甸、苏门答腊、爪哇及巴厘岛。国内常分布于西藏东南部及云南。

北椋鸟 Daurian Starling *Sturnia sturnina*

【识别特征】体型略小的背部深色椋鸟（18 cm）。雄鸟背部具紫色闪辉，两翅绿黑色闪辉夹杂白色翅斑，头和胸为灰色，颈后有紫黑色斑块，腹部为白色。雌鸟上体为烟灰色，颈后为褐色点斑，两翅和尾均黑色。【生态习性】常活动、取食于沿海开阔地面。【分布】国外分布于西伯利亚、蒙古、朝鲜，越冬于亚洲东南部。国内见于东北、东南、华南、西南地区及海南岛。

紫背椋鸟 Chestnut-cheeked Starling *Sturnia philippensis*

　　【识别特征】体型略小的背部深色椋鸟（17 cm）。雄鸟头浅灰，耳羽栗色，下体偏为白色，深紫色的背闪辉，两翅和尾均黑色，肩纹白色。雌鸟灰褐的上体，其他类似雄鸟。【生态习性】结小群生活，栖息于开阔原野。【分布】国外分布于日本、菲律宾及婆罗洲。国内见于东部沿海各省。

灰背椋鸟 White-shouldered Starling *Sturnia sinensis*

　　【识别特征】体型略小的灰色椋鸟（19 cm）。雄鸟翅上覆羽和肩部白色，飞羽黑色，全身灰色，头顶和腹部近白色，外侧尾羽尖部白色。雌鸟头、背灰色。【生态习性】成群吵嚷。【分布】国外分布于中南半岛、马来半岛。国内分布于云南、四川、贵州、华南、东南地区及台湾。

紫背椋鸟（雄）｜萧世辉　摄

灰背椋鸟（雌）｜朱英　摄

灰头椋鸟 | 朱英 摄

灰头椋鸟 Chestnut-tailed Starling *Sturnia malabarica*

【识别特征】体型中等的浅灰椋鸟（20 cm）。头和枕后羽丝状、珍珠色，外侧尾羽栗色，腰色深，两胁微棕色。【生态习性】成群活动。【分布】国外分布于印度、中南半岛。国内分布于四川南部、西藏东南部、贵州西南部、云南、广西西南部。

粉红椋鸟 Rosy Starling *Pastor roseus*

【识别特征】体型中等的粉色及黑色椋鸟（22 cm）。雄鸟繁殖期头、翅、尾亮黑，背、胸和两胁均粉红。雌鸟较暗淡。【生态习性】结大群活动于干旱的开阔地。【分布】国外分布于欧洲东部、中亚、印度，偶见于泰国。国内见于新疆、甘肃及西藏西部。

粉红椋鸟 | 董江天 摄

丝光椋鸟（雄）｜朱英　摄

灰椋鸟｜郭冬生　摄

灰椋鸟｜朱英　摄

丝光椋鸟 Silky Starling *Sturnus sericeus*

【识别特征】体型略大的灰色及黑白色椋鸟（24 cm）。头具近白色丝状羽，上体余部灰色，喙红色，端黑，两翅及尾辉黑，飞行时初级飞羽的白斑明显。【生态习性】迁徙时成大群。【分布】国外分布于中南半岛、菲律宾。国内分布于华南及东南的大部分地区，包括台湾及海南。

灰椋鸟 White-cheeked Starling *Sturnus cineraceus*

【识别特征】体型中等的棕灰色椋鸟（24 cm）。喙黄红色端黑，头黑，侧具白色纵纹，尾下覆羽、外侧尾羽羽端及次级飞羽具狭窄白色横纹。雌鸟色浅而暗。【生态习性】群栖性，常取食于农田。【分布】国外分布于西伯利亚、日本、越南北部、缅甸北部及菲律宾。国内除西藏外，分布于各省。

紫翅椋鸟 *Common Starling Sturnus vulgaris*

【识别特征】体型中等的黑、紫、绿色椋鸟（21 cm）。具白色点斑，新体羽为矛状，羽缘锈色斑纹，旧羽斑纹多消失。【生态习性】结群于开阔地取食。【分布】国外分布于欧亚大陆西部、北非。国内除西南地区外，见于各省，常见于中国西北部的农耕区、城镇周围及荒漠边缘。

紫翅椋鸟 ｜ 王春芳　摄

灰燕鸠 | 朱英 摄

北噪鸦 | 董江天 摄

燕鸠科 Artamidae（Wood Swallows）

灰燕鸠 Ashy Wood Swallow *Artamus fuscus*

【识别特征】体型中等的灰色鸟（18 cm）。喙厚，蓝灰色，头、颏、喉及背均为灰色，翅灰黑色，腰白色，下体多皮黄色，飞行中两翅宽呈三角形，尾较平、黑且端白色。【生态习性】活动于裸露树枝，飞行中燕式冲滑捕捉昆虫。可围攻猛禽及乌鸦。【分布】国外分布于印度至中南半岛地区。国内分布于云南、广西南部、广东南部及海南岛。

鸦科 Corvidae（Crows, Jays）

北噪鸦 Siberian Jay *Perisoreus infaustus*

【识别特征】体型略小的灰色和棕色噪鸦（28 cm）。尾短，枕后有冠羽，头深褐色，两翅、腰及尾缘均棕色。【生态习性】活动于森林。【分布】国外分布于欧亚大陆北部。国内分布于新疆、内蒙古、黑龙江。

黑头噪鸦 | 冯利民 摄

黑头噪鸦 Sichuan Jay *Perisoreus internigrans*

　　【识别特征】体型略大的灰色噪鸦（30 cm）。体羽全灰，喙黄色、钝而短，两翅、腰及尾少棕色。【生态习性】常栖息于亚高山针叶林。【分布】我国特有种，分布于青海东南部、甘肃南部、四川北部及西藏东部。

松鸦 Eurasian Jay *Garrulus glandarius*

【识别特征】体小的偏粉色鸦（35 cm）。髭纹为黑色，两翅黑色，翅上具黑色及蓝色镶嵌图案，飞行时两翅宽圆，腰白。【生态习性】性喧闹，活动于落叶林地。【分布】国外分布于欧亚大陆、北非、喜马拉雅山脉、中东、日本、东南亚。国内分布于各地。

松鸦｜谭文奇 摄

松鸦｜郭冬生 摄

灰喜鹊 | 王晓刚 摄

台湾蓝鹊 | 萧世辉 摄

灰喜鹊 Azure-winged Magpie *Cyanopica cyanus*

【识别特征】体小而细长的灰色喜鹊 (35 cm)。顶冠、耳羽及后枕黑色，两翅天蓝色，尾长、蓝色且端白色。【生态习性】性吵嚷，结群栖息于开阔松林及阔叶林、公园甚至城镇。飞行时振翅快，作长距离的无声滑翔。【分布】国外分布于蒙古、东北亚、日本及俄罗斯。国内广泛分布于东北、华北、华东及华南地区。

台湾蓝鹊 Taiwan Blue Magpie *Urocissa caerulea*

【识别特征】体型修长的湛蓝色鹊 (69 cm)。喙红色，头和上胸均黑色，尾羽羽尖黑白相间，中央尾羽长。【生态习性】常结小群活动。【分布】我国特有种，分布于台湾地区。

黄嘴蓝鹊 Yellow-billed Blue Magpie *Urocissa flavirostris*

【识别特征】体型偏长而色彩艳丽的蓝鹊（69 cm）。具长楔形尾，头黑喙黄。其区别于红喙蓝鹊的特征是喙和脚为黄色及顶冠黑色。颈背黑色具白色斑。【生态习性】喜结小群活动于开阔森林及果园。【分布】国外分布于巴基斯坦、尼泊尔、印度东北部、缅甸及越南北部。国内分布于西南部。

黄嘴蓝鹊 | 彭建生 摄

黄嘴蓝鹊 | 宋晔 摄

红嘴蓝鹊 Red-billed Blue Magpie *Urocissa erythrorhyncha*

【识别特征】体长具长尾亮丽的蓝鹊（68 cm）。头黑顶冠白。与黄喙蓝鹊的区别在于喙红，脚红色。腹部及尾下覆羽为白色，楔形尾，尾羽黑色次端斑而端白。【生态习性】性喧闹，结小群活动。常在地面取食。【分布】国外分布于印度东北部、中南半岛。国内除新疆、西藏、黑龙江、吉林、台湾外，大部分地区均有分布。

红嘴蓝鹊 | *彭建生 摄*

黄胸绿鹊 Yellow-breasted Magpie *Cissa hypoleuca*

【识别特征】体型较大的鹊（34～35 cm）。上体蓝绿色，具羽冠，尾羽长，眼先至后枕有1道宽阔黑带，枕后汇合。飞羽多棕褐色，胸深色。雌鸟淡蓝色。【生态习性】结小群活动于山地林中。杂食性。【分布】国外分布于越南、泰国、老挝、印度尼西亚。国内分布于四川、广西、海南等地。

蓝绿鹊 Green Magpie *Cissa chinensis*

【识别特征】体型略小的鲜艳绿鹊（38 cm）。尾长，头顶多黄色，喙红色，翅栗色，眼纹黑色，三级飞羽羽端白色，次端斑黑色，绿色的楔形尾尾端黑白相间。【生态习性】性隐蔽，活动于密林，常闻声但不见其身。【分布】国外分布于喜马拉雅山脉、缅甸、越南、苏门答腊及婆罗洲。国内分布于西藏东南部、云南南部及广西。

黄胸绿鹊 董江天 摄

蓝绿鹊 董磊 摄

棕腹树鹊 | 薄顺奇 摄

棕腹树鹊 Rufous Treepie *Dendrocitta vagabunda*

【识别特征】体型略长的褐色树鹊（44 cm）。喙灰白色，黑色脸，顶冠、颈背及胸部为灰色，背及腰为棕褐色，下体黄褐色，除翅飞羽黑色外，其余为白色，中央尾羽次端白色。【生态习性】活动于小树顶层。【分布】国外分布于巴基斯坦、印度及中南半岛。国内常分布于云南及西藏东南部近边境地区。

灰树鹊 Gray Treepie *Dendrocitta formosae*

【识别特征】体型略大的褐灰色树鹊（38 cm）。颈后灰色，下体为灰色，两翅黑色，尾下覆羽棕色，上背为褐色，腰和下背均为浅灰白色，初级飞羽基部斑块白色，长黑色楔形尾。【生态习性】吵嚷性怯，于地面猎物或树叶间捕食。【分布】国外分布于巴基斯坦、印度东部及东北部、缅甸、泰国北部。国内分布于云南、四川、华中、华南地区。

灰树鹊 | 朱英 摄

黑额树鹊 Collared Treepie *Dendrocitta frontalis*

【识别特征】体型小的树雀（38 cm）。头部脸、喉和前颈为黑色，胸灰色，尾长黑色，背、下腹及尾覆羽多为棕色。翅黑色具灰翅斑。【生态习性】活动于小树顶层。【分布】国外分布于缅甸北部及印度东北部低山。国内分布于西藏、云南。

塔尾树鹊 Ratchet-tailed Treepie *Temnurus temnurus*

【识别特征】中型树鹊（30 cm）。全身黑色，头粗大呈黑色，喙厚重而下弯，鼻须深灰色，尾长且楔状，侧缘棘状。【生态习性】成对或结小群活动，在树冠间来回往返。以昆虫及某些果实为食。飞行扑翅显笨拙。【分布】国外分布于泰国西南部、老挝中部、越南。国内分布于云南、海南。

黑额树鹊 | 朱英 摄

塔尾树鹊 | 张明 摄

喜鹊 郭冬生 摄

黑尾地鸦 肖克坚 摄

白尾地鸦 董文晓 摄

喜鹊 Common Magpie *Pica pica*

【识别特征】体型中等的黑白鹊（45 cm）。头、颈黑色，具光泽，翅具白斑，腹白色，黑色的长尾，两翅及尾黑色且具蓝色辉光。【生态习性】适应性强，结小群活动。多从地面取食，食谱广。【分布】国外分布于欧亚大陆。国内分布广泛而常见。

黑尾地鸦 Mongolian Ground Jay *Podoces hendersoni*

【识别特征】体型小的浅褐色地鸦（30 cm）。喙黑色下弯，上体沙褐色，背及腰略酒红色，头顶黑色且具蓝色光泽，两翅闪辉黑色，初级飞羽具白色大块斑，尾蓝黑色。【生态习性】常活动于开阔多岩石的地面及灌丛，巢营于地面，停栖在树上。以种子及无脊椎动物为食。【分布】国外分布于俄罗斯、蒙古。国内分布于内蒙古及西北地区。

白尾地鸦 Xinjiang Ground Jay *Podoces biddulphi*

【识别特征】体型小的白尾地鸦（29 cm）。体羽褐色，喙粗壮结实且向下弯，坚硬的鼻须掩盖住鼻孔，冠羽紫黑色，颊黑色，翅覆羽黑色，飞羽和尾白色。【生态习性】喜欢荒漠灌丛及多灌木的荒野，地面行走速度快。【分布】我国特有种，分布于新疆的塔克拉玛干和甘肃西部。

星鸦 郭冬生 摄　　　　　　　　星鸦 彭建生 摄

星鸦 Spotted Nutcracker *Nucifraga caryocatactes*

【识别特征】体型小的深褐色鸦（33 cm）。头颈具白色点斑，翅、尾黑色，尾下覆羽白色。【生态习性】单独或偶成小群活动于松林。以松子为食，也埋藏坚果以备冬季食用。【分布】国外分布于欧亚大陆、日本。国内分布于东北、西部、西南、华北各地区。

红嘴山鸦 Red-billed Chough *Pyrrhocorax pyrrhocorax*

【识别特征】体型略小的黑色鸦（38～41 cm）。鲜红的喙短而下弯，脚为红色。【生态习性】结小群至大群活动。【分布】国外分布于中东、俾路之斯坦、喜马拉雅山脉、中亚。国内分布于西南、西北、华北地区及辽宁、河南。

红嘴山鸦 朱英 摄

黄嘴山鸦 董磊 摄

黄嘴山鸦 王宁 摄

寒鸦 朱英 摄

黄嘴山鸦 Yellow-billed Chough *Pyrrhocorax graculus*

　　【识别特征】体型略小的闪光黑色山鸦（38 cm）。黄色较短的喙细且下弯，腿红色。飞行时尾端圆，停歇时尾较长，远伸出翅后。【生态习性】一般群栖于较高海拔。结群翱翔。【分布】国外分布于西班牙、北非、地中海、中东至中亚。国内分布于内蒙古、西北和西南地区。

寒鸦 Eurasian Jackdaw *Corvus monedula*

　　【识别特征】体型略小的黑色或灰色鸦（37 cm）。喙短小，枕部和后颈灰色成半圈，虹膜蓝色。【生态习性】常结群活动。【分布】国外分布于欧洲、北非及中东。国内见于新疆、西藏。

达乌里寒鸦 | 彭建生 摄

家鸦 | 肖克坚 摄

达乌里寒鸦 Daurian Jackdaw *Corvus dauuricus*

【识别特征】体型小（32 cm）。喙细，颈部白色斑纹延至胸腹下。其余体羽黑色。【生态习性】活动及营巢场所广泛。常在家养动物间取食。集群.。【分布】国外分布于俄罗斯东部及东北亚。国内除海南外，分布于各省。

家鸦 House Crow *Corvus splendens*

【识别特征】体型中等的黑色鸦（43 cm）。颈环及胸腹部粉褐色，其余体羽黑色且具紫色光泽。【生态习性】结群在郊野及村落活动，在垃圾堆或农耕地上取食。【分布】国外分布于巴基斯坦、印度、缅甸西部及南部。国内分布于西藏、云南、澳门、台湾。

秃鼻乌鸦 Rook *Corvus frugilegus*

【识别特征】体型略大的黑色鸦（47 cm）。头顶拱圆形，喙圆锥形且尖，喙基部裸露皮肤为浅灰白色，腿部垂羽松散。飞行时尾端楔形，两翅长窄，头突出。【生态习性】结群活动，常跟随家养动物。【分布】国外分布于欧亚大陆。国内除西南地区外，广泛分布于大部分地区。

小嘴乌鸦 Carrion Crow *Corvus corone*

【识别特征】体型略大的黑色鸦（50 cm）。与秃鼻乌鸦的明显差异在于喙基部被黑色羽，与大嘴乌鸦的主要差异在于额弓较低，喙虽强劲但细小。【生态习性】结群活动及取食于矮草地及农耕地，喜吃尸体。【分布】国外分布于欧洲大陆东部和西南部、非洲东北部及日本。国内除西南外，分布于大部分地区。

秃鼻乌鸦 ｜ 张正学 摄

小嘴乌鸦 ｜ 彭建生 摄

冠小嘴乌鸦 邢睿 摄

大嘴乌鸦 彭建生 摄

白颈鸦 彭建生 摄

冠小嘴乌鸦 Hooded Crow *Corvus cornix*

【识别特征】体型中等（48～52 cm）。体羽灰白色，黑头、黑尾、黑胸、黑翅膀，其余为灰色。【生态习性】栖息于荒漠、水域林地等一些开阔地上。食腐。【分布】国外分布于欧亚大陆西部。国内分布于新疆。

大嘴乌鸦 Large-billed Crow *Corvus macrorhynchos*

【识别特征】体型略大的闪光黑色鸦（50 cm）。喙粗厚。与小嘴乌鸦的区别在于喙粗厚而尾圆，头顶更显拱圆形。比渡鸦体小而尾较平。【生态习性】成对生活，活动于村庄周围。【分布】国外见于东北亚、伊朗至东南亚、苏拉威西岛、马来半岛、菲律宾及巽他群岛。国内除西北部外，分布于大部分地区。

白颈鸦 Collared Crow *Corvus pectoralis*

【识别特征】体型略大的亮黑或白色鸦（54 cm）。喙粗厚，颈背胸带白色更为突出。【生态习性】活动于平原、耕地、河滩、城镇及村庄。【分布】国外主要分布于越南北部。国内分布于东部地区。

渡鸦 Common Raven *Corvus corax*

　　【识别特征】体型甚大的全黑色的鸦（66 cm）。喙粗厚，喉部羽粗长，头顶非上拱，展开翅时显长的"翅指"，尾楔形，叫声为深沉的嘎嘎声。【生态习性】结小群或偶成大群活动。【分布】国外分布于全北界。国内分布于华北及西部高原开阔山区。

渡鸦　彭建生　摄

河乌科 Cinclidae (Dippers)

河乌 White-throated Dipper *Cinclus cinclus*

【识别特征】体型略小，深褐色（20 cm）。喉、胸白色，下背和腰灰色。【生态习性】常见于海拔2 000 m以上的山区溪流。喜沿河飞行并潜入水中觅食。【分布】国外分布于欧洲、北非、西亚、中亚、喜马拉雅山脉周边。国内分布于新疆、甘肃、西藏、青海、四川和云南。

河乌 | 彭建生 摄

褐河乌 | 郭冬生 摄

褐河乌 Brown Dipper *Cinclus pallasii*

【识别特征】体型略大（21 cm）。全身深褐色，较河乌大，下体无白斑，与河乌区别明显。【生态习性】通常活动在海拔更低的溪流，亦喜沿河飞行并潜入水中觅食。有季节性垂直迁移。【分布】国外分布于东北亚、东南亚、喜马拉雅山脉周边地区。国内除海南外，分布于各省。

褐河乌 | 黎宏 摄

鹪鹩 | 周华明 摄

鹪鹩科 Troglodytidae（Wrens）

鹪鹩 Eurasian Wren *Troglodytes troglodytes*

【识别特征】体型小巧的鹪鹩（10 cm）。眉纹淡灰色，全身为褐色，上体、下体和尾均具黑色横斑。翅、尾红褐色。【生态习性】栖息于针叶林、竹林、灌丛、村庄等各种生境。喜单独活动，尾常上翘，鸣声多变。【分布】国外分布于全北界南部、喜马拉雅山脉周边。国内*tianshanicus*分布于新疆；*nipalensis*分布于西藏东南、云南西北；*szetschuanus*分布于西藏东部、四川、青海西部、甘肃南部、陕西南部和湖北；*talifuensis*分布于云南、贵州；idius分布于华北和沿海地区；*dauricus*分布于东北地区；*taivanus*分布于台湾。

领岩鹨 | 董磊 摄

岩鹨科 Prunellidae（Accentors）

领岩鹨 Alpine Accentor *Prunella collaris*

【识别特征】体型中等（17 cm）。喉白而具黑色横斑，头及下体中央褐色，背部具黑色纵纹，两胁具栗色纵纹，翅上具2道白色点状翅斑。亚成鸟下体褐灰具黑色纵纹。【生态习性】多见于高海拔裸岩，喜单独活动。【分布】国外分布于欧洲南部、中亚、东北亚、喜马拉雅山脉周边。国内分布于北部、西部地区。

高原岩鹨 Altai Accentor *Prunella himalayana*

【识别特征】体型中等的褐色有纵纹岩鹨（16 cm）。头灰色，棕色和白色的下体具纵纹，白喉边缘黑，体侧具褐色点斑，腹部中心乳白色。【生态习性】集群活动。【分布】国外分布于中亚、蒙古西北部及俄罗斯。国内分布于西北部新疆、西藏。

鸲岩鹨 Robin Accentor *Prunella rubeculoides*

【识别特征】体型中等（16 cm）。头、喉灰色、胸棕色，腹部白色，背具黑色纵纹，翅具白色翅带。【生态习性】栖息于高海拔草甸和灌丛，喜站立枝头。【分布】国外分布于喜马拉雅山脉区域。国内分布于甘肃、西藏、青海、云南、四川。

高原岩鹨｜董江天　摄

鸲岩鹨｜朱英　摄

棕胸岩鹨 | 董磊 摄

棕眉山岩鹨 | 郭冬生 摄

棕胸岩鹨 Rufous-breasted Accentor *Prunella strophiata*

【识别特征】体型中等（16 cm）。喉白色，胸部棕色，腹部白色，头和脸黑色，眉纹棕色。【生态习性】栖息于山地灌丛草坡，常见，喜集群。【分布】国外分布于喜马拉雅山脉及周边地区。国内分布于青藏高原及甘肃、云南、四川、贵州和湖北。

棕眉山岩鹨 Siberian Accentor *Prunella montanella*

【识别特征】体型略小（15 cm）。棕黄色眉纹较其他岩鹨明显更为粗大，背具栗色纵纹，喉部淡黄色，下体色浅，头和过眼纹黑色。【生态习性】栖息于森林、灌丛和山地农田。【分布】国外繁殖于俄罗斯、朝鲜和日本，越冬于中国北方，南可至四川、安徽、上海。

褐岩鹨 Brown Accentor *Prunella fulvescens*

【识别特征】体型略小（15 cm）。颏、喉白色，眉纹白色，下体棕白或近白。不同亚种整体色调深浅不同。【生态习性】栖息于高海拔灌丛和碎石带。【分布】国外分布于喜马拉雅、中亚和俄罗斯。国内亚种*fulvescens*分布于新疆及西藏西部；*dresseri*分布于新疆东部、青海、藏北；*dahurica*见于北京、甘肃和内蒙古；*nanschanica*见于宁夏、青海、甘肃南部、四川及西藏。

黑喉岩鹨 Black-throated Accentor *Prunella atrogularis*

【识别特征】体型小（15 cm）。体羽褐色，喉黑色，头顶褐或灰色，眉纹粗白色，背有黑褐色纵纹，下体胸及两胁偏粉色，第一冬羽喉污白色。【生态习性】栖息于高海拔灌丛。【分布】国外分布于东欧、印度西北地区。国内见于新疆、西藏。

褐岩鹨 ｜ 董江天　摄

黑喉岩鹨 ｜ 邢睿　摄

贺兰山岩鹨 | 董江天　摄

栗背岩鹨 | 周华明　摄

贺兰山岩鹨 Mongolian Accentor *Prunella koslowi*

　　【识别特征】体型中等的褐色岩鹨（15 cm）。上体黄褐色，有深色纵纹，喉灰，下体皮黄色，尾和两翅褐色，但边缘皮黄色，覆羽具点状翅斑，羽端白色。【生态习性】主要活动于干旱山区及半荒漠的开阔灌丛。【分布】国外分布于乌里雅苏台到蒙古。国内主要见于内蒙古、宁夏、甘肃和四川。

栗背岩鹨 Maroon-backed Accentor *Prunella immaculata*

　　【识别特征】体小（14 cm）。头、脸、喉和胸均为灰色，背和腰深栗色，无纵纹，翅具灰色羽缘，尾下覆羽棕色。【生态习性】栖息于高山灌丛、草甸和针叶林。喜集群并于地面觅食。【分布】国外分布于喜马拉雅山脉东部。国内分布于陕西、甘肃、西藏、云南、青海、四川。

鸫科 Turdidae (Thrushes, Chats)

栗背短翅鸫 Gould's Shortwing *Brachypteryx stellata*

【识别特征】体型中等 (13 cm)。上体栗褐色，下体深灰色，腹部有白色星状斑点。【生态习性】栖息于林下灌丛、竹林，通常近溪流。【分布】国外分布于喜马拉雅山脉和越南。国内分布于藏东南、滇西和四川。

欧亚鸲 European Robin *Erithacus rubecula*

【识别特征】体型中等的歌鸲 (14 cm)。成鸟额、脸和胸红色，脸侧及胸侧均灰色，下体灰白色，上体褐色。幼鸟褐色，上体点斑皮黄色，下体具杂斑和扇贝形斑，胸棕褐色。【生态习性】不惧生。活动于花园及林地、洞穴营巢，在地面双脚齐跳。【分布】国外分布于欧洲、北非及中东地区。国内见于新疆北部、北京、内蒙古及青海。

栗背短翅鸫｜彭建生 摄

欧亚鸲｜萧世辉 摄

日本歌鸲 Japanese Robin *Erithacus akahige*

【识别特征】体型小巧（15 cm）。上体褐色，脸及胸橘色，胸具黑色横带，两胁灰色，腹白色，尾红色。雌鸟似雄鸟但下体更褐，无胸带。亚成鸟褐色。【生态习性】喜常绿阔叶林，近地面活动。【分布】国外分布于俄罗斯、朝鲜半岛、日本。国内见于北京、新疆、江苏、浙江、福建、广东、广西、台湾、河北。

红尾歌鸲 Rufous-tailed Robin *Luscinia sibilans*

【识别特征】体小（13 cm）。上体褐色，胸皮黄色且具鳞状斑纹，尾棕褐色，眉纹短浅，两胁灰色。【生态习性】栖息于茂密多阴的生境，地面活动。【分布】国外分布于西伯利亚、东北亚地区。国内除西北外，见于各省。

日本歌鸲（雄） 朱英 摄

红尾歌鸲 朱英 摄

新疆歌鸲 | 朱英 摄

红喉歌鸲(雌) | 朱英 摄

红喉歌鸲(雄) | 朱英 摄

新疆歌鸲 Common Nightingale *Luscinia megarhynchos*

【识别特征】体型略大的褐色歌鸲 (16.5 cm)。体圆喙细，眼圈及短眉纹偏灰色，下体白色，颈侧和两胁均灰皮黄色，尾下覆羽棕黄色，尾棕色。【生态习性】性隐蔽，活动于茂密的低矮灌丛。【分布】国外分布于南欧、北非、中东、土耳其、印度西北部。国内见于新疆。

红喉歌鸲 Siberian Rubythroat *Luscinia calliope*

【识别特征】体型中等 (14～16 cm)。雄鸟喉赤红色，眉纹和下颊白色，胸灰褐色，上体褐色，两胁棕褐色，腹白色。【生态习性】喜高大茂密的灌丛，性隐蔽。【分布】国外分布于东北亚和东南亚。国内除西藏外，见于各省。

黑胸歌鸲 White-tailed Rubythroat *Luscinia pectoralis*

【识别特征】体型略小 (15 cm)。眉纹白色，喉红，胸具黑色带，腹部白色，脸黑色，背褐色。【生态习性】栖息于高海拔低矮灌丛，喜站枝头。【分布】国外分布于喜马拉雅山脉、孟加拉国。国内亚种*tschebaiewi*甚常见于青藏高原东南部，冬季南迁；亚种*confusa*分布于西藏南部；亚种*ballioni*分布于新疆西北。

蓝喉歌鸲 Bluethroat *Luscinia svecica*

【识别特征】体型中等 (14 cm)。眉纹白色，上体土褐，蓝色喉部中央具栗色斑块，胸部具黑色和栗色宽带，两胁和腹部白色。【生态习性】喜茂密植被，靠近溪流，近地面活动。【分布】国外分布于古北界、阿拉斯加、非洲、印度和东南亚。国内亚种*saturatior*见于新疆；*kobdensis*见于新疆西部；指名亚种除新疆海南外，见于各省；*przevalksii*见于陕西、宁夏、甘肃、青海东北、云南西南；*abbotti*繁殖于西藏西部。

黑胸歌鸲 (雄) | 唐军 摄   蓝喉歌鸲 (雌) | 朱英 摄

蓝喉歌鸲 (雄) | 朱英 摄

黑喉歌鸲(雄)　唐军　摄　　　　黑喉歌鸲(雄)　向定乾　摄

金胸歌鸲(雄)　戴波　摄

黑喉歌鸲 Blackthroat *Luscinia obscura*

　　【识别特征】体小 (14 cm)。喉、胸和脸黑色,头顶和背部辉蓝,腹部和尾下覆羽白色,中央尾羽黑色,外侧尾羽基白色。雌鸟褐色,下体浅黄。【生态习性】喜竹林,地面活动。【分布】繁殖于秦岭,冬季曾见于泰国。国内见于甘肃、陕西、四川。

金胸歌鸲 Firethroat *Luscinia pectardens*

　　【识别特征】体小 (13 cm)。喉和胸为醒目的橙红色,脸到胸侧黑色,腹部白色,上体深灰蓝色,颈侧具白色月牙斑。雌鸟腹皮黄色。【生态习性】喜高海拔茂密灌丛,性隐蔽。【分布】国外分布于印度和缅甸。国内见于藏东南、滇北、陕西南部、重庆和四川。

蓝歌鸲(雌) 朱英 摄

蓝歌鸲(雄) 朱英 摄

蓝歌鸲 Siberian Blue Robin *Luscinia cyane*

【识别特征】体型中等（14 cm）。雄鸟上体辉蓝色，明显的黑色过眼纹一直往后延伸至颈侧和胸侧，下体白色。雌鸟上体褐色，喉及胸褐色并具鳞状纹，腰和尾上覆羽蓝色。【生态习性】栖息于森林，近地面活动。【分布】国外繁殖于东北亚，冬季南迁于东南亚。国内除新疆、青海外，见于各省。

红胁蓝尾鸲 Red-flanked Bush Robin *Tarsiger cyanurus*

【识别特征】体型略小（15 cm）。上体蓝色，眉纹黄白色，两胁橘红色。雌鸟喉褐色而具白线，尾蓝色。【生态习性】栖息于山地森林和次生林林下灌丛。【分布】国外分布于欧亚大陆中部、东亚和喜马拉雅山脉。国内指名亚种除青海、新疆和西藏外，见于各省；亚种 *rufilatus* 见于青藏高原东南部、宁夏、四川和贵州。

红胁蓝尾鸲（雄） 冯利民 摄

红胁蓝尾鸲（雌） 郭冬生 摄

金色林鸲 Golden Bush Robin *Tarsiger chrysaeus*

【识别特征】体小 (14 cm)。特征明显的鸲,渐宽的黑色过眼纹,上体暗绿色,下体橙黄色,眉纹黄色。雌鸟无黑色过眼纹,黄色不明显。【生态习性】夏季栖息于高海拔地区针叶林和灌丛,冬季往低海拔迁移。【分布】国外分布于喜马拉雅山脉和东南亚。国内分布于陕西、甘肃、青海、西藏南部、云南、四川、湖北西部和重庆。

金色林鸲(雄) 黄徐 摄

金色林鸲(雌) 董磊 摄

白眉林鸲 White-browed Bush Robin *Tarsiger indicus*

【识别特征】体小 (14 cm)。与栗腹歌鸲的区别是眉纹更细长,下体棕色浅,脸部黑色不明显。雌鸟上体橄榄色,下体淡。【生态习性】喜活动于森林中近地面林下植被茂密处。【分布】国外分布于喜马拉雅山脉和越南西北部。国内亚种*indicus*分布于西藏东南部;亚种*yunnanensis*分布于甘肃南部、四川西部和云南西北部;*formosanus*分布于台湾。

白眉林鸲(雌) 黄徐 摄

白眉林鸲(雄) 黄徐 摄

台湾林鸲（雌）｜孙驰 摄

台湾林鸲（雄）｜孙驰 摄

台湾林鸲 Collared Bush Robin *Tarsiger johnstoniae*

【识别特征】体型略小的林鸲（12 cm）。雄鸟头部烟黑色，白色眉纹长，橙红色项纹分开形成领环及肩纹，背、两翅和尾均烟黑色，腹部浅灰色，尾下覆羽白色。雌鸟暗色，颏灰色，眉纹浅，上体橄榄灰色，下体皮黄色。
【生态习性】活动于林下层及林缘。【分布】我国特有种，分布于台湾。

鹊鸲 Oriental Magpie Robin Copsychus saularis

【识别特征】体型中等（20 cm）。整个头部、喉、胸和背部黑色（阳光下为深辉蓝黑色），腹部白色，翅黑且具白色长条斑。雌鸟似雄鸟，灰色替代黑色。【生态习性】适应各种生境，喜站高处鸣唱。【分布】国外分布于南亚南部、东南亚、喜马拉雅山脉。国内亚种*prosthopellus*分布于北纬33°以南；亚种*erimelas*分布于西藏东南部、云南西部和江西。

白腰鹊鸲 White-rumped Shama Copsychus malabaricus

【识别特征】体型大（27 cm）。特征明显，上体及喉胸黑色，腰白色，腹部和肛周棕色。雌鸟似雄鸟，但黑色为灰色所代。【生态习性】热带次生林杂灌。性隐蔽。【分布】国外分布于南亚南部、东南亚。国内亚种*indicus*分布于西藏东南部；亚种*interpositus*分布于云南西南部及南部；亚种*minor*分布于海南。

鹊鸲（雌）　肖克坚　摄　　　　　鹊鸲（雄）　朱英　摄

白腰鹊鸲　肖克坚　摄

棕薮鸲 Rufous Scrub Robin *Cercotrichas galactotes*

【识别特征】体型中等（18 cm）。体羽褐色，雌雄相似，细眉纹白色，下体浅白色，尾羽棕红色，中央尾羽黑端斑，两则尾羽端白色，次端斑黑色。【生态习性】栖息于荒漠、荒滩灌丛环境。【分布】国外分布于南欧、西亚、北非。国内见于新疆。

棕薮鸲 | 邢睿 摄

贺兰山红尾鸲(雌) | 董江天 摄　　　　贺兰山红尾鸲(雄) | 董江天 摄

红背红尾鸲(雄) | 董江天 摄

贺兰山红尾鸲 Alashan Redstart *Phoenicurus alaschanicus*

【识别特征】体型中等 (16 cm)。特征明显的鸲,头顶、脸和颈背蓝灰色,喉、胸、背和尾羽深棕色,中央尾羽褐色,翅上具白色长条斑。雌鸟上体褐色,腰、尾下覆羽棕色。【生态习性】喜较干旱的稀疏针叶林。【分布】我国特有种,分布于青海、甘肃、宁夏、内蒙古、陕西南部、山西、北京和河北北部。

红背红尾鸲 Eversmann's Redstart *Phoenicurus erythronotus*

【识别特征】体型中等色彩鲜艳的红尾鸲 (15 cm)。雄鸟喉、胸、背和尾上覆羽多棕色,头顶和颈后灰色,两翅近黑,条纹白色,尾棕色,两枚褐色中央尾羽,腹部及尾下覆羽白色。雌鸟浓褐,眼圈、喉、翅上条纹和三级飞羽边缘皮黄,尾下白。【生态习性】喧闹。尾上下轻弹。【分布】国外分布于中亚及印度。国内见于新疆西部。

蓝头红尾鸲(雌) 邢睿 摄

蓝头红尾鸲(雄) 邢睿 摄

蓝头红尾鸲 Blue-capped Redstart *Phoenicurus caeruleocephala*

【识别特征】体型小(14 cm)。体羽蓝黑色,雌雄异色,雄冠羽蓝色后延,头、颈、背黑色,翅具白斑,下腹白色。【生态习性】栖息于高海拔山地的林地附近。【分布】国外分布于中亚从阿富汗至阿尔泰山及喜马拉雅山脉。国内分布于新疆、西藏。

赭红尾鸲 Black Redstart *Phoenicurus ochruros*

【识别特征】体型中等（15 cm）。头顶、背暗灰色，喉、胸黑色，腹部、肛周、腰和外侧尾羽浅棕色。雌鸟褐色，尾棕红色。【生态习性】通常活动于较高海拔开阔地带的各种生境，部分冬季南迁。【分布】国外分布于古北界南部，越冬至非洲东北部、印度。国内亚种*phoenicuroides*见于新疆及西藏西部；亚种*rufiventris*见于西藏、青海、甘肃、陕西、宁夏、内蒙古、湖北、贵州、山西、四川、云南西北部、河北、山东、香港、台湾及海南岛；亚种*xerophilus*为青海、新疆南部的留鸟。

赭红尾鸲（雌） 董磊 摄

赭红尾鸲（雄） 朱英 摄

欧亚红尾鸲(雄) 王春芳 摄　　黑喉红尾鸲(雌) 董磊 摄

黑喉红尾鸲(雄) 彭建生 摄

欧亚红尾鸲 Common Redstart *Phoenicurus phoenicurus*

【识别特征】体型中等 (15 cm)。头顶、颈和背灰色,额、脸、颈侧、喉、上胸黑色,胸腹部和尾下棕色,翅褐色。
【生态习性】喜开阔地带单一树种林带。【分布】国外分布于欧洲、西亚、中亚、西伯利亚、北非。国内见于新疆。

黑喉红尾鸲 Hodgson's Redstart *Phoenicurus hodgsoni*

【识别特征】体型中等 (15 cm)。前额白色,喉黑色,与北红尾鸲的区别是头顶的灰白色一直延伸到背部,翅
膀上的白斑明显更小,脸和翅膀的黑色更浅。雌鸟眼圈白色,体褐色。【生态习性】喜高海拔开阔地带灌丛,通
常近溪流。【分布】国外分布于喜马拉雅山脉、缅甸。国内分布于青海东部、甘肃、宁夏、陕西南部、藏南、滇西
北、四川、重庆、湖北、湖南。

白喉红尾鸲 White-throated Redstart *Phoenicurus schisticeps*

　　【识别特征】体型中等（15 cm）。整体色彩艳丽，特征为黑色喉部中央具白色斑块，头顶、颈和背部辉蓝，黑色翅具白色长条斑，下体深棕色，下腹白色。雌鸟褐色，喉白色。【生态习性】通常活动于高海拔灌丛，喜站枝头，捕食行为似鹟类。【分布】国外分布于喜马拉雅山脉。国内分布于青海东部、甘肃、宁夏、陕西南部、藏南、滇西北、四川、湖北。

白喉红尾鸲（雄）　冯利民　摄

白喉红尾鸲（雌）　彭建生　摄

北红尾鸲 Daurian Redstart *Phoenicurus auroreus*

【识别特征】体型中等（15 cm）。特征为较大的白色翅斑，头顶和颈灰白色，脸、喉、上胸和翅黑色，其余下体棕色。具折翅斑。雌鸟褐色，外侧尾羽棕色。【生态习性】通常活动于森林和灌丛，冬季向低地迁移。【分布】国外分布于西伯利亚、蒙古、东亚和喜马拉雅山脉。国内指名亚种除青海、新疆、西藏外，分布于各省；亚种*leucopterus*分布于青海东部、甘肃、宁夏、陕西南部、四川北部及西部、云南北部、西藏东南部。

北红尾鸲（雌） 黄耀华 摄

北红尾鸲（雄） 郭冬生 摄

北红尾鸲（雄） 王晓刚 摄

红腹红尾鸲(雄) | 彭建生 摄

红腹红尾鸲 White-winged Redstart *Phoenicurus erythrogastrus*

【识别特征】体大（18 cm）。黑白对比强烈的头部和背部与北红尾鸲区别明显，整体色彩似白顶溪鸲但翅上有大块的白斑，且尾羽全棕。【生态习性】通常活动于3 000 m以上的高海拔开阔地带。【分布】国外分布于阿尔泰到蒙古、喜马拉雅山脉。国内分布于东北、青海、甘肃、宁夏、陕西南部、藏南、滇西北、四川、河北、山西、山东、新疆。

红腹红尾鸲(雌) | 彭建生 摄

蓝额红尾鸲（雌） 戴波 摄

蓝额红尾鸲（雄） 宋晔 摄

蓝额红尾鸲 Blue-fronted Redstart *Phoenicurus frontalis*

　　【识别特征】体型中等（16 cm）。头、背、喉和胸部的蓝色具金属光泽，尾部具特殊的T形黑色纹，腹部、尾下和腰棕色，翅黑色。【生态习性】甚常见于高海拔山区，常单独活动，尾巴喜上下抖动。雌鸟有白眼圈，褐色。【分布】国外分布于喜马拉雅山脉、缅甸北部。国内分布于青海东南部、内蒙古、甘肃、宁夏、陕西南部、西藏、云南、四川、重庆、贵州、湖北。

红尾水鸲(雄)｜郭冬生 摄

红尾水鸲(雌)｜谭文奇 摄

红尾水鸲 Plumbeous Water Redstart *Rhyacornis fuliginosa*

【识别特征】体小（14 cm）。雄鸟上体和下体均为蓝色，腰、尾下和尾棕红色。雌鸟白色下体布满灰色鳞状斑纹，头和背深灰色，腰和外侧尾羽白。【生态习性】通常活动于溪流，喜站溪中石上。【分布】国外分布于喜马拉雅山脉及周边国家。国内亚种*fuliginosus*除东北、新疆和台湾外，分布于各省；亚种*affinis*分布于台湾。

白顶溪鸲 White-capped Water Redstart *Chaimarrornis leucocephalus*

【识别特征】体大（19 cm）。整体色块简单，头顶白，脸、喉、上胸、背和翅黑色，腹部、尾下和尾棕，尾端黑色。雌雄同色。【生态习性】常见于山间溪流和河流，停于水中石上，尾巴上下抖动。【分布】国外分布于中亚和喜马拉雅山脉周边国家。国内除东北、山东、江苏外，分布于各省。

白腹短翅鸲 White-bellied Redstart *Hodgsonius phaenicuroides*

【识别特征】体大（18 cm）。上体、喉、胸蓝色，翅上具两个小却明显的白斑，腹部白色，外侧尾羽基部棕色，尾长。雌鸟体褐色。【生态习性】甚常见，性隐蔽，活动于浓密灌丛，喜叫。【分布】国外分布于喜马拉雅山脉周边国家、泰国。国内分布于北京、青海、西藏、甘肃、宁夏、陕西、湖北、河北、山西和西南各省。

白顶溪鸲（雄）　英长斌　摄　　　　白腹短翅鸲（雌）　戴波　摄

白腹短翅鸲（雄）　唐军　摄

白尾地鸲（雄）｜董磊 摄　　　　白尾地鸲（雌）｜董磊 摄

白尾地鸲 White-tailed Robin *Cinclidium leucurum*

【识别特征】体大（18 cm）。整体色深，近蓝黑色。头顶和背为辉蓝色似仙鹟，脸和下体全黑色，外侧尾羽有白边，有时不明显。雌鸟黄褐色，尾具白斑。【生态习性】性隐蔽，活动于浓密灌丛。【分布】国外分布于喜马拉雅山脉、东南亚。国内指名亚种分布于陕西、宁夏、甘肃的南部、青海、西藏、云南、贵州、四川、重庆、湖北、浙江、两广、河北和山西；亚种*montium*分布于台湾。

蓝大翅鸲 Grandala *Grandala coelicolor*

【识别特征】体大（21 cm）。整体色彩艳丽发光，非常漂亮的鸲，特征为除翅膀和尾部黑色外全身亮蓝色。雌鸟上体褐，下体具纵纹。【生态习性】通常活动于4 000 m以上的高山草甸及裸岩山顶地带，喜结群。冬季向低海拔迁移。【分布】国外分布于喜马拉雅东段、缅甸。国内分布于甘肃、青海、重庆、西藏、云南和四川。

蓝大翅鸲｜彭建生 摄

小燕尾 | 周华明　摄

小燕尾 Little Forktail *Enicurus scouleri*

　　【识别特征】体型较小的燕尾（13 cm）。额白色，胸、上体黑色，腹部白色，尾短，具白色翅斑，与黑背燕尾相似但尾短。幼鸟似成鸟但额和头顶前部黑褐色，颏、喉和前胸近白，羽端黑褐色。【生态习性】主要栖息于山涧溪流与河谷沿岸，栖息地海拔高度一般为1 000～3 500 m，季节性垂直迁徙较明显。尾有节律地上下摇摆或扇开似红尾水鸲。【分布】国外分布于喜马拉雅山脉、缅甸、泰国、越南等。国内分布于西南、华南、华中及台湾地区。

黑背燕尾 Black-backed Forktail *Enicurus immaculatus*

【识别特征】体型中等的燕尾（22 cm）。背、喉部黑色，额、胸白色，尾长，与灰背燕尾的区别在背色较深，与斑背燕尾的区别在体型较小。【生态习性】单独或成对活动，栖息于溪流旁，尾部常不停摆动。【分布】国外分布于喜马拉雅山脉至缅甸北部和泰国北部。国内分布于西藏和云南。

灰背燕尾 Slaty-backed Forktail *Enicurus schistaceus*

【识别特征】体型中等的燕尾（23 cm）。通体灰黑及白色，雌雄同色，与其他燕尾的区别在头顶及背灰色。【生态习性】单独或成对活动于山间溪流旁，常停息在水边乱石或激流中的石头上。以水生昆虫等为食。【分布】国外分布于喜马拉雅山脉、中南半岛。国内分布于云南、四川及华南地区。

黑背燕尾 | 董江天 摄   灰背燕尾 | 董磊 摄

灰背燕尾 | 朱英 摄

白额燕尾 White-crowned Forktail *Enicurus leschenaulti*

【识别特征】体型中等的燕尾（25～28 cm）。通体黑白色，前额白色具冠，头余部、颈背、喉部及胸黑色，腹部、下背及腰白色，尾叉甚长而醒目。幼鸟以褐色区别于成鸟的黑色。【生态习性】栖息于山涧溪流与河谷沿岸，常单独或成对活动。性胆怯，平时多停息在水边或水中石头上，或在浅水中觅食，主要以水生昆虫为食。【分布】国外分布于喜马拉雅山脉、东南亚国家。国内分布于华中、华南和西南地区。

斑背燕尾 Spotted Forktail *Enicurus maculates*

【识别特征】体型较大的燕尾（27 cm）。额部白色，头、喉及胸颈部黑色，下体白色，背部黑色具白色斑点而区别于其他燕尾。【生态习性】较其他燕尾更喜山区，一般成对活动，常见于多岩石的小溪流。主要以水生昆虫为食。【分布】国外分布于阿富汗、喜马拉雅山脉、缅甸到越南等地。国内分布于西藏、云南、四川、湖南、江西、福建、广东。

白额燕尾 | 黄徐 摄

斑背燕尾 | 朱英 摄

黑喉石䳭（雌） 彭建生 摄　　黑喉石䳭（雄） 彭建生 摄

白斑黑石䳭（雄） 韩奔 摄　　白斑黑石䳭（雌） 高云飞 摄

黑喉石䳭 Common Stonechat *Saxicola torquata*

【识别特征】体型较小的石䳭（14 cm）。雄鸟头部及飞羽黑色，背深褐，颈及翅上具粗大的白斑，腰白色，胸棕色。雌鸟色较暗而无黑色，下体皮黄，仅翅上具白斑。【生态习性】栖息于开阔生境，成对或单独活动，常立于灌丛或农作物顶部、电线等处。跃下地面捕食猎物。主要以昆虫为食，是一种分布广、适应性强的灌丛草地鸟类。【分布】国外广泛分布于欧洲、亚洲、非洲。国内分布于各省。

白斑黑石䳭 Pied Bushchat *Saxicola caprata*

【识别特征】体型较小的石䳭（13.5 cm）。雄鸟通体烟黑色，仅醒目的翅上条纹及腰部为白色。雌鸟褐色具纵纹，腰浅褐色。亚成鸟褐色而多点斑。【生态习性】多见于干燥开阔的多草原野，栖息于突出的矮树丛顶、岩石、柱子或电线等处。以昆虫为食。雄鸟鸣唱或兴奋时尾上翘。【分布】国外分布于伊朗、喜马拉雅山脉至东南亚。国内分布于西藏、云南、四川。

灰林䳭（雌） 朱英 摄

灰林䳭（雄） 冯利民 摄

灰林䳭 Grey Bushchat *Saxicola ferreus*

【识别特征】体型中等的䳭（15 cm）。雄鸟灰色，具白色眉纹和黑色脸罩，喉部白色，胸部及两胁烟灰色，翅和尾黑色。雌鸟和幼鸟褐色，但雌鸟下体具鳞状斑纹。【生态习性】喜开阔灌丛及耕地，常在同一地点长时间停栖，尾摆动。于地面或飞行中捕捉昆虫。【分布】国外分布于喜马拉雅山脉、缅甸、泰国、越南。国内分布于北京、内蒙古、甘肃、四川、西藏、云南和华南地区。

穗䳭(雄) | 董江天　摄

穗䳭(雌) | 朱英　摄

穗䳭 Northern Wheatear *Oenanthe oenanthe*

　　【识别特征】体型略小的沙褐色䳭（15 cm）。两翅深色，腰白色。夏季雄鸟额和眉纹白色，眼先和过眼纹黑色。冬季雄鸟头顶及背皮黄褐色，翅、中央尾羽及尾羽尖部多黑色，胸棕色，腰及尾侧缘白色。雌鸟色暗。【生态习性】活动于开阔原野。领域性强，常点头。【分布】国外分布于全北界、非洲。国内见于新疆、宁夏、内蒙古、陕西、山西、河北、台湾。

白顶鹏 Pied Wheatear *Oenanthe pleschanka*

【识别特征】体型中等的鹏（14.5 cm）。雄鸟上体全黑色，仅头顶、颈背和腰白色，外侧尾羽基部灰白色，下体全白仅颏及喉黑色。雌鸟上体偏褐，眉纹皮黄色，颏及喉色深，胸偏红，胁皮黄色，臀白色，外侧尾羽基部白色。【生态习性】栖息于多石块而有矮树的荒地、农庄城镇，停栖时尾常上下摇动，从栖息处捕食昆虫。【分布】国外分布于罗马尼亚至俄罗斯南部及外贝加尔地区、伊朗、阿富汗、喜马拉雅山脉及东非。国内见于北京、内蒙古、河北、天津、河南、西北地区。

白顶鹏（雄） 宋晔 摄

白顶鹏（雌） 宋晔 摄

漠䳭（雄）｜王春芳 摄　　　漠䳭（雌）｜朱英 摄

沙䳭｜朱英 摄

漠䳭 Desert Wheatear *Oenanthe deserti*

【识别特征】体型中等的䳭鸟（15 cm）。通体沙黄色，尾和翅黑色。雄鸟面部和喉部黑色，雌鸟头侧近黑，但额及喉白色，飞行时尾几乎全黑而有别于所有其他种类的䳭鸟。【生态习性】喜多石的荒漠及荒地，常栖息于低矮植被。雄鸟会在近巢处作简短的振翅炫耀飞行。惧生，常藏身岩石后。【分布】国外分布于亚洲西南、中东至蒙古、喜马拉雅山脉西部、非洲。国内一般分布于西部地区。

沙䳭 Isabelline Wheatear *Oenanthe isabellina*

【识别特征】体型略小喙偏长的沙褐色䳭（16 cm）。偏粉无黑色脸罩，翅色较浅，尾较黑，基部白色。雄雌同色，但雄鸟眼先较黑，眉纹及眼圈苍白色。【生态习性】活动于有矮树丛的荒漠。常点头。【分布】国外分布于欧洲、俄罗斯东南部、蒙古、印度西北部及至非洲中部。国内分布于西部、山西、上海、台湾。

白背矶鸫（雌） 朱英 摄

白背矶鸫（雄） 朱英 摄

白喉矶鸫（雌） 朱英 摄

白背矶鸫 Common Rock Thrush *Monticola saxatilis*

【识别特征】体型略小的矶鸫（19 cm）。两种色型。夏季雄鸟背白色，翅褐色，尾栗色，中央尾羽蓝色。冬季雄鸟体羽黑色，羽缘扇贝形白色斑纹。雌鸟色浅，上体点斑浅色，尾赤褐色。【生态习性】于突出岩石或裸露树顶单独或成对活动。【分布】国外分布于欧洲、北非至土耳其及俄罗斯的外贝加尔地区。国内见于新疆西北部、青海、甘肃、宁夏、内蒙古、陕西、山西及河北。

白喉矶鸫 White-throated Rock Thrush *Monticola gularis*

【识别特征】体型较小的矶鸫（19 cm）。雄鸟头顶、后颈及肩羽蓝色，头侧黑色，下体多成橙栗色，与其他矶鸫的区别在于喉斑白色。雌鸟褐色具斑纹，与其他雌性矶鸫的区别在上体具黑色粗鳞状斑纹。【生态习性】栖息于混合林、针叶林或多草的多岩地区。较安静，常长时间静立不动。雄鸟善鸣唱。【分布】国外分布于俄罗斯、东北亚。国内除西北外，繁殖于华北和华中地区，越冬于南部。

栗腹矶鸫 Chestnut-bellied Rock Thrush *Monticola rufiventris*

【识别特征】体大的矶鸫（24 cm）。雄鸟头部、喉部和颈背蓝色，胸和下体鲜艳栗色。与蓝矶鸫红腹亚种的区别在于具黑色脸罩及额部为亮丽蓝色而带光泽。雌鸟褐色具斑纹，以耳后皮黄色月牙形斑区别于其他雌性矶鸫。【生态习性】繁殖于海拔1 000～3 000 m的森林，越冬于低海拔开阔而多岩的山坡林地。直立而栖，尾缓慢地上下弹动。【分布】国外分布于喜马拉雅山脉、缅甸等。国内分布于华南和西南地区。

栗腹矶鸫（雌） 董江天 摄

栗腹矶鸫（雄） 肖克坚 摄

蓝矶鸫 Blue Rock Thrush *Monticola solitarius*

【识别特征】体型中等的矶鸫（23 cm）。雄鸟暗蓝灰色，腹部及尾下深栗色（亚种*pandoo*为蓝色）。与雄性栗腹矶鸫的区别在于无黑色脸罩，上体蓝色较暗。雌鸟上体灰色沾蓝，下体皮黄而密布黑色鳞状斑纹。【生态习性】常立于岩石、建筑物、枯树等的突出位置，于地面捕捉昆虫。【分布】国外分布于欧亚大陆南部、东南亚和非洲北部。亚种*pandoo*分布于我国西北、西南和长江以南地区；*philippensis*于东北和华北地区繁殖，于我国南方地区越冬；*longirostris*分布于西藏。

蓝矶鸫（雌） 朱英 摄 　　蓝矶鸫（雌） 彭建生 摄

蓝矶鸫（雄） 朱英 摄

台湾紫啸鸫 潘思佳 摄

台湾紫啸鸫 Taiwan Whistling Thrush *Myophonus insularis*

【识别特征】体型略小的鸫（28 cm）。全身黑蓝色，上体无闪辉，胸蓝色闪辉。【生态习性】单独或成对活动，常活动于突出岩石或裸露树顶。【分布】我国特有种，分布于台湾。

紫啸鸫 彭建生 摄

橙头地鸫（雄） 朱英 摄

紫啸鸫 Blue Whistling Thrush *Myophonus caeruleus*

【识别特征】体型较大（32 cm）。远观呈黑色，近看全身羽毛呈黑暗的蓝紫色，羽端具滴状斑。指名亚种喙黑色，亚种*temminckii*及*eugenei*喙黄色。【生态习性】栖息于多石的山间溪流的岩石上，常成对活动。受惊时慌忙逃至隐蔽物下，并发出尖厉的似燕尾的警叫声。【分布】国外分布于哈萨克斯坦、喜马拉雅山脉、东南亚。指名亚种为我国北方东部、华中、华东、华南及东南地区的留鸟；*temminckii*见于西藏南部及东南部；*eugenei*为中国西南部留鸟。

橙头地鸫 Orange-headed Thrush *Zoothera citrina*

【识别特征】体型中等的地鸫（22 cm）。雄鸟头、颈和胸腹橙褐色，背蓝灰，翅具白色横纹（亚种*innotata*除外）。亚种*courtoisi*, *melli*及*aurimacula*的颊上具两道深色的垂直斑纹。雌鸟上体橄榄灰色。【生态习性】性羞怯，喜多荫森林，常躲藏在浓密覆盖下的地面。雄鸟从树上栖处鸣叫，鸣声婉转响亮。【分布】国外分布于喜马拉雅山脉、东南亚。国内分布于河南、安徽、浙江、贵州、云南、华南地区。

白眉地鸫 Siberian Thrush *Zoothera sibirica*

【识别特征】体型中等的黑（雄鸟）或褐色（雌鸟）地鸫（23 cm）。眉纹明显。雄鸟灰黑色，眉纹、尾羽羽尖、臀白色。雌鸟为橄榄褐，下体皮黄白及赤褐色，眉纹皮黄白色。【生态习性】性活泼，有时结群栖息于森林地面及树间。【分布】国外分布于西伯利亚、蒙古、俄罗斯远东、日本、中南半岛至大巽他群岛。国内除新疆、宁夏、西藏、青海外，见于各省。

光背地鸫 Plain-backed Thrush *Zoothera mollissima*

【识别特征】体型略大的地鸫（26 cm）。上体全红褐色，外侧尾羽端白，浅色眼圈明显，翅上白色斑块在飞行时明显，但停歇时不显露。与长尾地鸫的区别在于尾较短，胸具鳞状斑纹而非黑色横纹。【生态习性】繁殖于近林缘的有稀疏矮灌丛的多岩地区。【分布】国外分布于巴基斯坦、喜马拉雅山脉、越南、缅甸等。国内分布于西藏、云南、四川。

白眉地鸫（雌）｜朱英 摄　　　　白眉地鸫（雄）｜朱英 摄

光背地鸫｜戴波 摄

长尾地鸫 Long-tailed Thrush *Zoothera dixoni*

【识别特征】体型略大的地鸫（26 cm）。上体单一橄榄褐色，下体偏白并具黑色鳞状粗纹，翅具两道皮黄色横纹。与虎斑地鸫的区别在于背部无鳞状斑纹。与光背地鸫的区别为翅上横纹较显著，多橄榄色，尾长，翅斑皮黄而非白色。【生态习性】常与各种鸫混群，在地面取食。【分布】国外分布于喜马拉雅山脉到中南半岛。国内分布于西南部。

虎斑地鸫 Golden Mountain Thrush *Zoothera dauma*

【识别特征】体型较大的地鸫（28 cm）。上体金橄榄褐色满布黑色鳞片状斑，下体浅棕白色，除颏、喉和腹中部外，亦具黑色鳞状斑。【生态习性】栖息于森林中，以溪谷、河流两岸和地势低洼的密林中较常见，迁徙季节也见于疏林、农田、灌丛等，在地面取食。【分布】国外分布于欧亚大陆、东北亚、喜马拉雅山脉、东南亚。国内分布于各省。

长尾地鸫 | 冯利民 摄

虎斑地鸫 | 周华明 摄

长嘴地鸫　张明　摄　　　　　　　　灰背鸫(雄)　朱英　摄

灰背鸫(雌)　朱英　摄

长嘴地鸫 Dark-sided Thrush *Zoothera marginata*

【识别特征】体型中等鸫 (25 cm)。体羽深褐色，尾甚短，长喙下弯，上体栗色，初级飞羽外翈红色形成较明显斑块，深色月牙形耳羽不甚明显。【生态习性】栖息于常绿林。甚羞怯，于地面挖掘近溪流的松软泥土取食昆虫、蚯蚓等土壤动物。【分布】国外分布于喜马拉雅山脉中东部及东南亚。种群数量稀少。国内仅在云南西双版纳的南部有记录。

灰背鸫 Grey-backed Thrush *Turdus hortulorum*

【识别特征】体型略小的灰色鸫 (24 cm)。两胁为棕色。雄鸟上体全灰色，喉灰白色，胸灰色，腹中心和尾下覆羽白色，两胁和翅下橘黄色。雌鸟上体褐色，喉和胸白色，胸侧及两胁点斑黑色。【生态习性】在林地及公园的腐叶间跳动。甚惧生。【分布】国外分布于西伯利亚东部。国内除宁夏、西藏、青海外，见于各省，偶见于海南岛及台湾。

蒂氏鸫 | 李东 摄

蒂氏鸫 Tickell's Thrush *Turdus unicolor*

【识别特征】体型略小的灰色鸫（21 cm）。雌雄相似。喉白色，两侧具纵条纹，雄鸟上体和胸灰色，腹和尾下覆羽白色。雌鸟上体灰褐色，胸具黑色纵纹。【生态习性】林下活动。【分布】国外分布于喜马拉雅山脉。国内见于藏南。

黑胸鸫 Black-breasted Thrush *Turdus dissimilis*

【识别特征】体型较小的鸫（23 cm）。雄鸟头颈、上背及胸黑色，后背深灰色，翅及尾黑色，下胸及两胁为栗色，腹中央及臀白色。雌鸟上体深橄榄色，颏白色，喉具黑色细纹，胸橄榄灰并具黑色点斑。【生态习性】常单独或成对活动，偶成小群。地栖性，多在林下地上和灌丛间活动和觅食。性胆怯，善于隐蔽，常常仅闻其声而难见其影。【分布】国外分布于印度、中南半岛等地。国内分布于云南、贵州、广西。

黑胸鸫(雄) | 冯利民 摄

黑胸鸫(雌) | 董磊 摄

乌灰鸫(雌) | 朱英 摄

乌灰鸫(雄) | 朱英 摄

乌灰鸫 Grey Thrush *Turdus cardis*

【识别特征】体型较小的鸫（21 cm）。雄鸟上体纯黑灰色，头及上胸黑色，下体余部白色，腹部及两胁具黑色点斑。雌鸟上体灰褐色，下体白色，上胸具偏灰色的横斑，胸侧及两胁沾赤褐色。雌鸟与黑胸鸫的区别在于腰灰色，黑色点斑延至腹部。【生态习性】栖息于落叶林。甚羞怯，一般独处，但迁徙时结小群。【分布】国外分布于日本、中南半岛。国内见于华中、华南地区及香港和台湾。

白颈鸫(雄) | 彭建生 摄

灰翅鸫(雌) | 高云飞 摄

白颈鸫 White-collared Blackbird *Turdus albocinctus*

【识别特征】体型中等的鸫（27 cm）。喙黄色，雄鸟全身黑色，但具白色颈环、上胸全白。雌鸟似雄鸟但色较暗淡，褐色较浓。【生态习性】常见于高山针叶林和杜鹃林中，通常单独或成对活动，具有季节性垂直迁徙。鸣声圆润但不如乌鸫多变。【分布】国外分布于喜马拉雅山脉。国内分布于西南地区和甘肃。

灰翅鸫 Grey-winged Blackbird *Turdus boulboul*

【识别特征】体型较大的鸫（28 cm）。雄鸟通体乌黑色，腹部具鳞状纹，翅膀具宽阔的灰色翅斑，喙橘黄色，眼圈黄色。雌鸟全橄榄褐色，翅上具浅红褐色斑。【生态习性】栖息于中高海拔的干燥灌丛或常绿山地森林，具季节性垂直迁徙。【分布】国外分布于喜马拉雅山脉、老挝、缅甸、越南等地。国内分布于陕西、甘肃、四川、贵州、广西、云南。

乌鸫 Common Blackbird *Turdus merula*

【识别特征】体型较大的鸫（29 cm）。雄鸟乌黑色，喙橘黄色，眼圈浅黄色。雌鸟上体黑褐，下体深褐色，喙暗绿黄色至黑色。【生态习性】栖息于林地、草坪，在城市和村镇都可见。在地面取食，杂食性。【分布】国外分布于欧亚大陆和北非。国内分布于华东、华中、华南、西南等地，近年我国北方出现源于逃逸或自然扩散个体建立的野生种群。

灰头鸫 Chestnut Thrush *Turdus rubrocanus*

【识别特征】体型略小的鸫（25 cm）。雄鸟头颈、上背和胸部石板灰色，翅膀和尾为黑色，其余为栗色。雌鸟较之雄鸟相应部位色浅，喉部具点状细纹。【生态习性】栖息于亚高山森林中。常单独或成对活动，迁徙或冬季集群。繁殖期极善鸣叫，鸣声清脆响亮，以清晨和傍晚鸣叫最为频繁。【分布】国外分布于阿富汗、喜马拉雅山脉、老挝、泰国等地。国内见于华中和西南部地区。

乌鸫(雄)　王春芳　摄　　　　　灰头鸫(雄)　郭冬生　摄

灰头鸫(雄)　朱英　摄

棕背黑头鸫 Kessler's Thrush *Turdus kessleri*

【识别特征】体型较大的鸫（28 cm）。雄鸟头颈、喉、胸、翅及尾黑色，体羽其余部位栗色，上背皮黄白色延伸至胸带。雌鸟比雄鸟色浅，喉近白色而具细纹。似灰头鸫，区别在于头、颈及喉黑色而非灰色。【生态习性】繁殖在海拔3 600～4 500 m多岩地区的灌丛，冬季下至低海拔处。冬季成群，在田野取食。在地面上低飞，短暂的振翅后滑翔。【分布】国外分布于喜马拉雅山脉。国内分布于西藏、甘肃、青海、四川、云南。

褐头鸫 Grey-sided Thrush *Turdus feae*

【识别特征】体型中等的鸫（23 cm）。腹部及臀白色。雄雌两性各似白眉鸫的雄雌鸟，但胸及两胁灰色而非黄褐色。似白腹鸫但白色的眉纹短，外侧尾羽羽端无白色。【生态习性】多生活于海拔1 000 m以上的山地森林，特别喜在小山溪的空地上活动，以及常隐匿在溪流或树丛间。【分布】国外分布于印度及东亚。国内见于北京、河北、山西、内蒙古和山东等。

棕背黑头鸫(雌)　彭建生 摄

棕背黑头鸫(雄)　彭建生 摄

褐头鸫　宋晔 摄

白眉鸫 冯利民 摄

白眉鸫(雌) 朱英 摄

白眉鸫 White-browed Thrush *Turdus obscurus*

【识别特征】体型中等的鸫（23 cm）。雄鸟头、颈灰褐色，具长而显著的白色眉纹，眼下有一白斑，上体橄榄褐色，胸和两胁橙黄色，腹和尾下覆羽白色。雌鸟头和上体橄榄褐色，喉白色而具褐色条纹，其余和雄鸟相似，但羽色稍暗。【生态习性】在海拔2 000 m的开阔林地及次生林，于低矮树丛及林间活动。性活泼喧闹，甚温驯而好奇。【分布】国外分布于西伯利亚、蒙古、日本、菲律宾、印度尼西亚。国内除新疆、西藏外，见于各省。

白腹鸫(雌) 朱英 摄　　白腹鸫(雄) 朱英 摄

赤胸鸫(雄) 朱英 摄　　赤颈鸫(雌) 王晓刚 摄

白腹鸫 Pale Thrush *Turdus pallidus*

【识别特征】体型中等褐色的鸫（24 cm）。腹及尾下覆羽白色。雄鸟头及喉灰褐色。雌鸟头褐色，喉白具细纹。翅衬灰白色。【生态习性】活动于低地森林、次生植被、公园及花园。性羞怯，藏匿于林下。【分布】国外分布于东北亚。国内见于各地。

赤胸鸫 Bronw-headed Thrush *Turdus chrysolaus*

【识别特征】体型中等褐色的鸫（24 cm）。腹部和尾下覆羽白色，上体、翅和尾全褐色。雄鸟头及喉灰色。雌鸟头褐色，喉白色。两性胸及两胁均黄褐色。【生态习性】喜活动于灌丛、林地及林木稀疏开阔地。【分布】国外分布于萨哈林岛、日本南部及菲律宾。国内见于河北、山东、东部沿海省份、香港、海南岛及台湾。

赤颈鸫 Red-throated Thrush *Turdus ruficollis*

【识别特征】体型中等的鸫（25 cm）。头顶及背部灰褐，腹部及尾下覆羽纯白，脸、喉及上胸棕色，冬季多白斑，尾羽色浅，羽缘棕色。【生态习性】栖息于山坡草地或丘陵疏林、平原灌丛中。成松散地群体活动，主要取食昆虫、草籽和浆果，有时与其他鸫类混合。5—7月繁殖，营巢于林下小树的枝杈上。【分布】国外分布于蒙古、俄罗斯以及东南亚。国内见于东北、华北、华中、西北和西南地区。

黑喉鸫 Black-throated Thrush *Turdus atrogularis*

【识别特征】体型中等的鸫（25 cm）。似赤颈鸫，但脸、喉和胸为黑色，尾羽无棕色羽缘。【生态习性】似赤颈鸫。【分布】国外分布于乌拉尔山东、西伯利亚中北部、蒙古，越冬于亚洲西南和南部。国内见于华北、西部地区。

黑喉鸫（雄） 朱英 摄

黑喉鸫（雌） 王勇 摄

红尾鸫 | 王晓刚 摄

斑鸫 | 冯利民 摄

红尾鸫 Naumann's Thrush *Turdus naumanni*

【识别特征】体型中等的鸫（25 cm）。上体灰褐色，眉纹淡棕红色，腰和尾上覆羽有时具栗斑或为棕红色，尾基部和外侧尾棕红色，颏、喉、胸和两胁栗色，具白色羽缘，喉侧具黑色斑点。【生态习性】迁徙和越冬时集大群或松散的小群，较喜欢开阔林地。冬季在地面或树上取食，杂食性。【分布】国外分布于西伯利亚、东北亚。迁徙或越冬时见于我国除新疆、西藏、海南以外各省。

斑鸫 Dusky Thrush *Turdus eunomus*

【识别特征】体型中等的鸫（25 cm）。体色较红尾鸫暗，上体从头至尾暗橄榄褐色杂有黑色，下体白色，喉、颈侧、两胁和胸具黑色斑点，眉纹白色，翅和尾黑褐色，翅上覆羽和内侧飞羽具宽的棕色羽缘。【生态习性】习性似红尾鸫，繁殖于东北亚，越冬于我国。冬季一般集群，杂食性。【分布】国外分布于西伯利亚、东北亚。迁徙或越冬时见于我国除西藏以外的各省。

田鸫 Fieldfare *Turdus pilaris*

【识别特征】体型较大的鸫（26 cm）。头、上背和腰灰色，中背和翅栗褐色，胸和两胁具黑色纵纹并沾不同程度的赤褐色，下体白色，尾深色。【生态习性】喧闹，常成群活动，栖息于林地及旷野，喜亚高山白桦林。飞行强劲有力。【分布】国外分布于欧亚大陆，国内见于甘肃、内蒙古、青海和新疆。

欧歌鸫 Song Thrush *Turdus philomelos*

【识别特征】体型中等（20～23 cm）。体羽褐色，雌雄相似，下身呈奶白色或浅黄色，具两白色翅斑，下体具纵纹。【生态习性】栖息于各种林地环境。【分布】国外分布于欧亚大陆及北非。国内见于新疆。

田鸫 | 王春芳 摄

欧歌鸫 | 邢睿 摄

宝兴歌鸫 Chinese Thrush *Turdus mupinensis*

【识别特征】体型中等的鸫 (23 cm)。上体褐色，下体皮黄而具明显的黑点，与欧歌鸫的区别在于耳羽后侧具黑色斑块，白色的翅斑醒目。【生态习性】一般单独或成对活动。于林下灌丛或地面取食，主要以昆虫为食。【分布】我国特有种，分布于河北、北京、山西、陕西、甘肃、青海、内蒙古东部、云南、贵州、四川、重庆、湖南、湖北、广西、浙江等省。

槲鸫 Mistle Thrush *Turdus viscivorus*

【识别特征】体型较大的鸫 (28 cm)。头背褐色，胸和下体皮黄并密布黑色醒目的斑点。雌雄相似。【生态习性】性惧生而谨慎。觅食于农耕地、开阔地、森林地面及林间，杂食性。雄鸟鸣声响亮，常于恶劣天气或夜间鸣唱。【分布】国外分布于欧亚大陆、北非。国内分布于新疆。

宝兴歌鸫｜冯利民 摄

槲鸫｜王春芳 摄

白喉林鹟 | 朱英 摄

斑鹟 | 朱英 摄

鹟科 Muscicapidae (Old World Flycatchers)

白喉林鹟 Brown-chested Jungle Flycatcher *Rhinomyias brunneatus*

【识别特征】体型中等褐色的鹟 (15 cm)。胸带浅褐色，颏、喉白色略具深色斑纹，下喙浅色。【生态习性】活动于高海拔林缘下层、茂密竹丛、次生林及人工林。【分布】国外分布于马来半岛及尼科巴群岛。国内见于河南以南的华东、华南地区。

斑鹟 Spotted Flycatcher *Muscicapa striata*

【识别特征】体型中等 (15 cm)。与同类型鹟的区别是头顶具纵纹，白色下体的纵纹通常不明显，上体褐色。【生态习性】典型鹟类习性，通常活动于开阔林地及周边。【分布】国外分布于欧亚大陆和非洲。国内见于新疆。

灰纹鹟｜朱英 摄

乌鹟｜王晓刚 摄

灰纹鹟 Grey-streaked Flycatcher *Muscicapa griseisticta*

【识别特征】体型略小（14 cm）。与其他鹟的主要区别是白色下体的纵纹更粗大明显，上体褐色，眼圈白色，白色翅带通常不明显，翅长几乎达尾尖，尾下覆羽白色。【生态习性】通常活动于森林及边缘地带。【分布】国外分布于东北亚，迁徙至婆罗洲和印尼一带。国内见于东北、华南、华东、沿海及台湾。

乌鹟 Dark-sided Flycatcher *Muscicapa sibirica*

【识别特征】体型略小（13 cm）。与其他鹟的区别是白色下体的胸部和两胁为密集连成片的褐色纵纹带，上体褐色，白色眼圈，喉白并具白色半颈环，翅长至尾的2/3。【生态习性】通常活动于山区森林林间，典型鹟类习性，立于枝头等待食物。【分布】国外分布于西伯利亚、东北亚、喜马拉雅山脉到东南亚。国内指名亚种繁殖于我国东北和华北，越冬于四川、云南、沿海和海南岛及台湾；*rothschildi*见于秦岭、甘肃东南部、云南、贵州、青海东南部、西藏东部及四川；*cacabata*繁殖于西藏南部。

北灰鹟 Asian Brown Flycatcher *Muscicapa dauurica*

【识别特征】体型略小（13 cm）。与乌鹟的区别是整体色更浅，翅尖至尾中部，无颈环。上体褐色，下体白色，胸和两胁浅灰色。【生态习性】见于各种海拔林地，典型鹟类习性。【分布】国外分布于西伯利亚、东北亚、喜马拉雅山脉到东南亚和菲律宾一带。国内指名亚种见于大部分地区；亚种*simamensis*见于云南。

褐胸鹟 Brown-breasted Flycatcher *Muscicapa muttui*

【识别特征】体型略小（14 cm）。与其他鹟的区别是翅膀偏红色，部分具褐色胸带，眼先白色，上体褐，尾羽棕红色。【生态习性】性隐蔽，藏于茂密树林或竹林中。【分布】国外分布于印度、斯里兰卡、缅甸和泰国。国内分布于甘肃、四川、贵州、湖北、云南和广西。

棕尾褐鹟 Ferruginous Flycatcher *Muscicapa ferruginea*

【识别特征】体型略小特征明显的鹟（13 cm）。与其他鹟的区别是胸和两胁棕褐，头灰色，背褐色，腰棕色，下体白色，眼先的棕色有时不明显。【生态习性】性活跃，喜较稀疏的林间空地。【分布】国外分布于喜马拉雅山脉和东南亚至印度尼西亚。国内分布于陕西、宁夏、甘肃、四川、贵州、云南、福建、广东、香港、海南和台湾。

北灰鹟 | 朱英 摄　　　　褐胸鹟 | 董磊 摄

棕尾褐鹟 | 朱英 摄

白眉姬鹟 Yellow-rumped Flycatcher *Ficedula zanthopygia*

【识别特征】体型略小（13 cm）。与黄眉姬鹟区别明显，白色眉纹短粗，白色翅斑更为粗大，整个下体为均匀的鲜黄色，头和背黑。雌鸟背暗绿色。【生态习性】喜灌丛及近水林地。【分布】国外分布于东北亚、东南亚至印尼。国内见于除宁夏、西藏和新疆外的各省。

白眉姬鹟（雌）　冯利民　摄

白眉姬鹟（雄）　黎宏　摄

黄眉姬鹟（雌） 朱英 摄

黄眉姬鹟（雄） 朱英 摄

黄眉姬鹟 Narcissus Flycatcher *Ficedula narcissina*

【识别特征】体型略小（13 cm）。眉纹黄，喉橙黄，胸浅黄，背黑，具长条白色翅斑。【生态习性】典型鹟类习性。【分布】国外分布于东北亚、东南亚至菲律宾。国内见于华东和华南沿海。

绿背姬鹟 | 冯利民 摄

绿背姬鹟 | 郭冬生 摄

绿背姬鹟 Green-backed Flycatcher *Ficedula elisae*

【识别特征】体型略小 (13 cm)。上体暗绿，黄色眉纹不明显，下体黄色，具长条白色翅带。雌鸟较雄鸟颜色更暗，翅斑细长不明显，且尾羽为暗棕色。【生态习性】典型鹟类习性。【分布】国外分布于泰国、马来半岛。国内见于华北。

鸲姬鹟 Mugimaki Flycatcher *Ficedula mugimaki*

【识别特征】体型略小（13 cm）。上体黑色，白色眉纹细短，翅膀具白色大块三角形翅斑，喉、胸和腹侧橘黄色，尾下白色。雌鸟似绿背姬鹟雌鸟，但尾羽不为棕色，翅斑明显，下体为浅棕色。【生态习性】喜森林边缘和林间空地，尾巴常抽动并张开。【分布】国外分布于西伯利亚、蒙古、东北亚，东南亚。国内见于东北、华北、沿海、台湾、四川、云南、湖北和湖南。

鸲姬鹟（雌）｜朱英　摄

鸲姬鹟（雄）｜宋晔　摄

锈胸蓝姬鹟（雌） | 彭建生 摄

锈胸蓝姬鹟 Slaty-backed Flycatcher
Ficedula hodgsonii

【识别特征】体型略小（13 cm）。上体暗灰蓝，翅膀下半部棕褐色，喉胸棕红色，腹部白色。与蓝喉仙鹟和山蓝仙鹟的区别是身体的蓝色暗淡无辉光。雌鸟整体褐色。【生态习性】喜较高海拔针叶林，站立于树枝间鸣叫。【分布】国外分布于老挝、缅甸、尼泊尔和印度北方。国内分布于北京、甘肃南部、青海南部、西藏南部、云南、四川、湖北西部和山西。

锈胸蓝姬鹟（雄） | 彭建生 摄

橙胸姬鹟 | 彭建生 摄

橙胸姬鹟 Rufous-gorgeted Flycatcher *Ficedula strophiata*

　　【识别特征】体型略小（14 cm）。前额两眼之间有一条白色环带，喉脸蓝黑，胸部具橘色带，上体灰褐，翅略红棕，下体灰，尾羽基部白。雌鸟整体褐，下体杂黄。【生态习性】喜林间灌丛。【分布】国外分布于喜马拉雅山脉、缅甸到越南。国内见于甘肃南部、陕西南部、西藏南部、云南、四川、贵州、湖北西部、广东、海南、香港和广西。

红喉姬鹟（雄）| 冯利民　摄

红喉姬鹟（雌）| 冯利民　摄

红喉姬鹟 Taiga Flycatcher *Ficedula albicilla*

【识别特征】体型略小（13 cm）。上体褐色，繁殖期喉部红色，但冬季不见，尾羽基部白色明显。【生态习性】喜森林边缘近河溪处。【分布】国外分布于欧亚大陆、印度到东南亚。国内见于除西藏以外的各省。

红胸姬鹟 Red-breasted Flycatcher *Ficedula parva*

【识别特征】体型略小（11 cm）。与红喉姬鹟相比体型更小，喉部红色延伸到上胸。【生态习性】似红喉姬鹟。【分布】国外分布于欧洲大陆，东至乌拉尔山、高加索山、伊朗北部及喜马拉雅山西部、印度北部到中南半岛。国内见于北京、河北、香港、台湾。

棕胸蓝姬鹟 Snowy-browed Flycatcher *Ficedula hyperythra*

【识别特征】体型略小（12 cm）。白色眉纹短粗向前延伸至额，上体蓝色，翅中至翅尖棕褐色，喉、胸和两胁黄色。雌鸟整体褐色。【生态习性】喜山区森林，近地面活动。【分布】国外分布于东南亚和印度北部。国内见于青海、重庆、云南西南、贵州、四川、广西和海南；*innexa* 为台湾特有亚种。

红胸姬鹟（雄）｜朱英 摄　　　　红胸姬鹟（雌）｜朱英 摄

棕胸蓝姬鹟（雄）｜董磊 摄

小斑姬鹟 Little Pied Flycatcher *Ficedula westermanni*

【识别特征】体型略小（12 cm）。上体黑色，白色眉纹宽长，白色翅斑也较宽，下体、尾羽基部白色。雌鸟体褐无斑纹。【生态习性】活动于山区森林，性活跃。【分布】国外分布于印度、东南亚至印尼一带。国内分布于云南西南、西藏东南部、贵州南部和广西北部。

白眉蓝姬鹟 Ultramarine Flycatcher *Ficedula superciliaris*

【识别特征】体型略小（12 cm）。上体蓝色，喉中央有一特征性狭窄白线延伸至胸，白线两边为蓝黑色，其余下体白色。【生态习性】栖息于森林中高层。【分布】国外分布于阿富汗、喜马拉雅山脉和泰国。国内见于西藏东南、云南西部和四川。

小斑姬鹟（雄） 高云飞 摄

小斑姬鹟（雌） 朱英 摄　　　　白眉蓝姬鹟（雄） 肖克坚 摄

灰蓝姬鹟（雌）｜董磊　摄

灰蓝姬鹟（雄）｜肖克坚　摄

灰蓝姬鹟 Slaty-blue Flycatcher *Ficedula tricolor*

　　【识别特征】体型略小（13 cm）。上体蓝色，喉白色，脸部黑色有时不明显，外侧尾羽基部白，下体脏白。雌鸟体褐色，尾棕红色。【生态习性】活动于山区常绿林，性活跃，两翅下悬。【分布】国外分布于巴基斯坦、印度，于喜马拉雅山脉到中南半岛。国内，亚种*leucomelanura*为西藏西南部的留鸟；*minuta*分布于西藏东南部；*diversa*分布于宁夏、甘肃、陕西、云南、四川、重庆、贵州。

白腹蓝姬鹟（雄） 冯利民 摄

白腹蓝姬鹟（雌） 朱英 摄

白腹蓝姬鹟（雄） 朱英 摄

白腹蓝姬鹟 Blue-and-white Flycatcher *Cyanoptila cyanomelana*

【识别特征】体型大（17 cm）。上体辉蓝色，脸、喉和上胸黑色，腹部和尾下白色。亚种*cumatilis*以浅蓝黑取代黑色部分。雌鸟上体褐色，下体白色，胸部略褐色。亚成体头和背部以褐色取代蓝色。【生态习性】活动于阔叶林林缘地带，高层取食。【分布】国外分布于东北亚、东南亚。国内，指名亚种于东北繁殖，迁徙经华东至华南沿海一带（包括海南和台湾），贵州和湖北亦见；亚种*cumatilis*于东北繁殖，迁徙经华中、华东、华北至西南和沿海一带（不包括海南和台湾）。

铜蓝鹟 Verditer Flycatcher *Eumyias thalassinus*

【识别特征】体型大 (17 cm)。全身浅蓝略带绿松石色，雄鸟眼先黑色，雌鸟似雄鸟但颜色更暗淡。【生态习性】甚常见于山区森林。性活跃，喜站高处。【分布】国外分布于巴基斯坦、印度、东南亚至印尼一带。国内见于西藏南部、华中、华南及西南地区。

铜蓝鹟（雄） 肖克坚 摄

铜蓝鹟（雌） 戴波 摄

大仙鹟 | 彭建生 摄

大仙鹟 Large Niltava *Niltava grandis*

【识别特征】体型大（21 cm）。上体蓝色，头顶、颈侧条纹、肩和腰辉蓝色，喉和脸黑色，其余下体蓝黑色。雌鸟体褐色，颈侧条纹辉蓝，喉中央浅黄色。【生态习性】喜常绿阔叶林，单独活动于森林中层，冬季垂直迁移。【分布】国外分布于尼泊尔、东南亚至印尼一带。国内，指名亚种分布于甘肃、西藏南部和云南西部；*griseiventris*繁殖于云南南部。

小仙鹟 Small Niltava *Niltava macgrigoriae*

【识别特征】体型小（14 cm）。体色似大仙鹟但尾下白色，体型明显比大仙鹟小。雌鸟褐色，尾和翅膀棕色，较大仙鹟雌鸟亦明显更小。【生态习性】喜常绿阔叶林林下灌丛。【分布】国外分布于喜马拉雅山脉、东南亚至印尼一带。国内分布于西藏南部、云南、贵州南部、江西、福建、浙江、广东和广西南部。

小仙鹟 | 韦铭 摄

棕腹大仙鹟 *Fujian Niltava Niltava davidi*

【识别特征】体型中等（18cm）。上体蓝色，下体棕色。与棕腹仙鹟的区别是只有额和头顶两侧辉蓝色，腹部和尾下的棕色较胸部暗淡。雌鸟灰褐色，颈侧有蓝色条纹，具白色颈环，胸和两胁褐色，其余下体白色。【生态习性】喜常绿阔叶林，单独活动。【分布】国外分布于中南半岛。国内分布于云南、贵州北部、重庆、四川、陕西、江西、广东、广西、香港、海南和福建。

棕腹大仙鹟（雄）　董磊　摄

棕腹仙鹟(雄) 董磊 摄

棕腹仙鹟(雌) 韦铭 摄

棕腹蓝仙鹟(雄) 朱英 摄

棕腹仙鹟 Rufous-bellied Niltava *Niltava sundara*

【识别特征】体型中等(18 cm)。上体蓝色,下体棕色,脸和喉黑色。与棕腹大仙鹟的区别是整个头顶辉蓝色,下体整体棕且颜色更深。雌鸟较棕腹大仙鹟翅膀和尾羽棕色更多,且下体色更浅,颈下具白条斑。【生态习性】喜常绿阔叶林,单独活动于森林中层。【分布】国外分布于喜马拉雅一带到中南半岛。国内,指名亚种分布于西藏南部和云南;亚种*denotata*分布于云南、贵州、四川、重庆、湖北、陕西南部和甘肃南部。

棕腹蓝仙鹟 Vivid Niltava *Niltava vivida*

【识别特征】体型中等蓝色和棕色的鹟(18 cm)。亮丽蓝色部位较暗淡,胸部棕色向喉部凹成一三角形。雌鸟无白色项纹及蓝色颈块,头顶及颈后灰色,喉块皮黄色。【生态习性】栖息于森林中层。【分布】国外分布于印度东北部、缅甸、泰国。国内分布于西藏南部及东南部、云南和四川南部、台湾。

海南蓝仙鹟 Hainan Blue Flycatcher *Cyornis hainanus*

【识别特征】体型小（15 cm）。上体深蓝色，喉、胸的蓝色渐变为腹部的白色。雌鸟上体褐色，喉胸浅棕色，与蓝喉仙鹟雌鸟的区别是上体颜色更深，喉胸的棕色更暗淡。【生态习性】喜常绿阔叶林，单独活动于森林中层。【分布】国外分布于缅甸、泰国到越南。国内分布于广东、香港、广西、海南和云南南部。

纯蓝仙鹟 Pale Blue Flycatcher *Cyornis unicolor*

【识别特征】体型略大浅蓝色（雄鸟）或褐色（雌鸟）的鹟（17 cm）。雄鸟上体钻蓝色，眼先黑色，喉和胸均蓝色，腹部灰白色，尾下覆羽白色。【生态习性】性羞怯，藏于林中。尾抽动。【分布】国外分布于喜马拉雅山脉、缅甸到越南、马来西亚。国内分布于西藏东南部、云南、广西及海南岛。

海南蓝仙鹟（雌）　冯利民　摄

纯蓝仙鹟（雄）　朱英　摄

蓝喉仙鹟 Blue-throated Flycatcher *Cyornis rubeculoides*

【识别特征】体型中等（18 cm）。上体深蓝色，前额和腰辉蓝色，脸和颊蓝黑色，喉部中央呈三角形橙红并延伸至胸，渐变至腹部白色。与山蓝仙鹟的区别是山蓝的上喉为橙红色。雌鸟似其他仙鹟但眼先皮黄色。【生态习性】活动于山区森林和次生林，单独活动于森林中层。【分布】国外分布于巴基斯坦、喜马拉雅山脉、从印度到马来西亚。国内，指名亚种见于西藏东南；亚种*glaucicomans*见于华中和西南地区。

蓝喉仙鹟（雌） 戴波 摄

蓝喉仙鹟（雄） 戴波 摄

山蓝仙鹟（雄）｜朱英 摄

山蓝仙鹟 Hill Blue Flycatcher *Cyornis banyumas*

【识别特征】体型中等的蓝、橘黄及白色（雄鸟）和近褐色（雌鸟）的鹟（15 cm）。雄鸟上体深蓝色，额及短眉纹钻蓝，脸部近黑，颏及整个喉橘黄，喉部、胸部及两胁橙黄色，腹白色，腰无闪光。雌鸟上体褐色，眼圈皮黄，下体较淡。【生态习性】常静立不动。从低处捕食。【分布】国外分布于喜马拉雅山脉、缅甸、泰国、巴拉望岛、大巽他群岛。国内分布于四川南部、云南及贵州、湖南、广西。

方尾鹟 Grey-headed Canary Flycatcher *Culicicapa ceylonensis*

【识别特征】体型小（13 cm）。整个头部灰色，具冠羽，背和尾橄榄绿色，胸部灰色，其余下体橙黄色。【生态习性】活跃于山区森林，鸣声独特易识别，喜混群。【分布】国外分布于印度至马来西亚。国内，亚种 *calochrysea* 分布于中南、西南一带和西藏东南部。

方尾鹟｜肖克坚 摄

黄腹扇尾鹟 | 冯利民　摄

白喉扇尾鹟 | 冯利民　摄

扇尾鹟科 Rhipiduridae（Fantails）

黄腹扇尾鹟 Yellow-bellied Fantail *Rhipidura hypoxantha*

【识别特征】体型小（12 cm）。额、眉纹和下体黄色，过眼纹黑色，头和背橄榄绿色，尾褐色，除中央尾羽外端白色。【生态习性】甚常见于山区森林。性活泼。【分布】国外分布于喜马拉雅山脉一带、缅甸到越南。国内分布于西藏南部、四川西部和南部、云南。

白喉扇尾鹟 White-throated Fantail *Rhipidura albicollis*

【识别特征】体型中等（19 cm）。全身深灰色，眉纹、喉白色，尾长除中央1对尾羽外端白。【生态习性】活跃于山区森林，喜扇尾。【分布】国外分布于喜马拉雅山脉、东南亚。国内分布于西南、广东、广西、海南和西藏南部。

王鹟科 Monarchinae（Monarch Flycatchers）

黑枕王鹟 Black-naped Monarch *Hypothymis azurea*

【识别特征】体型中等灰蓝色的鹟（16 cm）。雄鸟整体蓝色，枕后具黑色羽簇，翅上灰色，腹部白，喙上小块斑及喉带黑色。雌鸟头蓝灰色，胸浓灰色，背、翅及尾褐灰。【生态习性】性活泼好奇，活动于低地林及次生林。【分布】国外分布于喜马拉雅山脉、东南亚。国内分布于西南、西藏东南部、广东北部、福建、香港及海南岛。

黑枕王鹟（雌）｜萧世辉 摄

紫寿带 Japanese Paradise-Flycatcher *Terpsiphone atrocaudata*

【识别特征】体型大（20 cm）。整个头部和胸黑色，具冠羽，尾特长。雄鸟与寿带的区别是尾全黑，背紫。雌鸟与寿带非常相像，区别是头和胸的颜色过渡自然，对比不强烈。【生态习性】繁殖于低地林，冬季南迁。【分布】国外分布于东北亚、菲律宾、马来西亚。国内，指名亚种见于辽宁，迁徙时经华东至华南、云南、贵州一带；亚种*periophthalmica*见于台湾。

紫寿带（雌）｜黄秦 摄

紫寿带（雄）｜ 孙华金 摄

寿带 Asian Paradise Flycatcher *Terpsiphone paradisi*

【识别特征】体型中等（22 cm）。整个头部黑色，具冠羽，白色型背部、翅、尾羽和下体白色棕色型背部、尾羽和翅棕色。【生态习性】同紫寿带。【分布】国外分布于喜马拉雅山脉、印度至东南亚、朝鲜半岛。国内，亚种 *incei* 除内蒙古、西藏、新疆、青海和台湾外，见于各省；*saturatior* 见于云南西部；*indochinensis* 见于云南西部和南部、贵州西南部。

寿带　孙华金　摄

寿带　英长斌　摄

寿带 黎宏 摄

画眉科 Timaliidae（Babblers）

黑脸噪鹛 Masked Laughingthrush *Garrulax perspicillatus*

【识别特征】体型略大灰褐色的噪鹛（30 cm）。额及眼罩黑色，上体暗褐色，外侧尾羽尖端较宽，深褐色，下体灰色，渐变至腹部近白色，尾下覆羽黄褐色。【生态习性】结小群活动，性喧闹。【分布】国外分布于越南北部。国内分布于华东、华中及华南。

白喉噪鹛 White-throated Laughingthrush *Garrulax albogularis*

【识别特征】体型略大棕褐色的噪鹛（28 cm）。眼先黑色，额、喉、上胸白色，尾楔型，外侧尾羽端白。【生态习性】结小群活动，性喧闹。【分布】国外分布于巴基斯坦、尼泊尔、不丹、印度、越南北部。国内分布于陕西、甘肃、青海、云南、四川、重庆、贵州、湖南、湖北和台湾。

黑脸噪鹛｜董江天　摄

黑脸噪鹛｜朱英　摄

白喉噪鹛｜向定乾　摄

白冠噪鹛 ｜ 郭冬生 摄

白冠噪鹛 White-crested Laughingthrush *Garrulax leucolophus*

【识别特征】体型略大而具羽冠的噪鹛（30 cm）。头白色，额、眼先及过眼纹黑色，背栗色，颈背灰色，下体白色，两胁栗色，两翅及下背栗色，尾黑色。【生态习性】主要栖息于海拔1 500 m以下的低山和沟谷常绿阔叶林中，尤以林下灌木和竹丛发达的茂密阔叶林。喜结群，即使繁殖期间，也常见3～5只成群在一起。多在林下地上和灌丛中活动和觅食。性活跃和喜欢鸣叫。【分布】国外分布于喜马拉雅山脉、中南半岛。国内分布于西藏、云南。

小黑领噪鹛 ｜ 肖克坚 摄

小黑领噪鹛

Lesser Necklaced Laughingthrush *Garrulax monileger*

【识别特征】体型中等棕褐色的噪鹛（28 cm）。下体白色，具粗显的黑色项纹，一条细长的白色眉纹在黑色贯眼纹衬托下极为醒目，眼先黑色。【生态习性】主要栖息于海拔1 300 m以下的低山和山脚平原地带的阔叶林、竹林和灌丛中。【分布】国外分布于喜马拉雅山脉、中南半岛至马来半岛。国内分布于云南、广西及华南。

黑领噪鹛 Greater Necklaced Laughingthrush *Garrulax pectoralis*

【识别特征】体型略大棕褐色的噪鹛（30 cm）。头胸部具黑白色复杂的图纹，眼先浅色，眉纹白色，喉白色，初级覆羽色深。【生态习性】吵嚷群栖。取食多在地面。【分布】国外分布于印度东北部、泰国西部、老挝北部及越南北部。国内分布于云南、华中、华南及华东。

条纹噪鹛 Striated Laughingthrush *Garrulax striatus*

【识别特征】体型略大的棕褐色噪鹛（30 cm）。头顶黑褐色，常具冠羽，脸、腹、背具细白纵纹。【生态习性】性喜集群，常成小群活动，有时亦与小黑领噪鹛或其他噪鹛混群活动。多在林下茂密的灌丛或竹丛中活动和觅食。【分布】国外分布于喜马拉雅山脉东段、南至泰国西部、老挝北部及越南北部。国内分布于西藏、云南、贵州。

黑领噪鹛｜朱英 摄

条纹噪鹛｜彭建生 摄

褐胸噪鹛 Grey Laughingthrush *Garrulax maesi*

【识别特征】体型中等深色的噪鹛（28～30 cm）。耳羽浅灰色，其上方及后方均具白边。海南亚种 *castanotis* 的耳羽为亮丽棕色，耳羽后无白色，喉及上胸深褐色。【生态习性】常隐匿于山区常绿林的林下密丛。【分布】国外分布于越南北部及老挝的北部和中部。国内分布于西藏、云南、四川、贵州、广西、广东、海南岛。

栗颈噪鹛 Rufous-necked Laughingthrush *Garrulax ruficollis*

【识别特征】体型略小的噪鹛（23 cm）。眼罩及喉部黑色，颈侧具栗褐色块斑，顶冠蓝灰色，尾偏黑色，下腹部及尾下覆羽棕色，体羽余部橄榄灰色，初级飞羽羽缘浅灰色。【生态习性】吵嚷成群地觅食于灌丛、竹林及混交林的地面杂物中。【分布】国外分布于喜马拉雅山脉、缅甸北部及西部。国内分布于云南西部。

褐胸噪鹛 | 戴波 摄

栗颈噪鹛 | 朱英 摄

黑喉噪鹛　肖克坚　摄

黑喉噪鹛　朱英　摄

黑喉噪鹛 Black-throated Laughingthrush *Garrulax chinensis*

　　【识别特征】体型略小深灰色的噪鹛（23 cm）。头顶至后颈灰蓝色，腹部及尾下覆羽橄榄灰色，额基黑色上面有一白斑。指明亚种和滇西亚种的脸颊白色，但海南亚种颈后及颈侧棕褐色。初级飞羽羽缘色浅。【生态习性】主要栖息于海拔1 500 m以下的低山和丘陵地带的常绿阔叶林、热带季雨林和竹林中。主要以昆虫为食，也吃部分植物果实和种子。活动时频繁地发出叫声，悦耳动听。【分布】国外分布于中南半岛。国内分布于云南西南部（*lochmius*）、云南东南部至广东（*chinensis*）及海南岛（*monachus*）的低地森林。

山噪鹛 雷维蟠 摄

山噪鹛 郭冬生 摄

山噪鹛 Plain Laughingthrush *Garrulax davidi*

【识别特征】体型中等偏灰色的噪鹛（29 cm）。喙稍向下弯曲。指名亚种上体全灰褐色，下体较淡，具明显的浅色眉纹，额近黑色。四川亚种的灰色较重，整体褐色较少。【生态习性】栖息地包括温带森林、温带疏灌丛和河流、溪流，喜棘丛及灌丛。夏季吃昆虫，辅以少量植物种子、果实；冬季则以植物种子为主。【分布】我国特有种，分布于辽宁、华北、西北、四川、河南。

黑额山噪鹛 Snowy-cheeked Laughingthrush *Garrulax sukatschewi*

【识别特征】体型中等灰褐色的噪鹛（28 cm）。脸颊及耳羽明显为白色，初级飞羽和次级飞羽边缘灰色，三级飞羽羽端白，外侧尾羽混灰色而端白，尾上覆羽棕色，臀暖皮黄色。【生态习性】结小群活动，通常在针叶林及灌木丛的地面取食无脊椎动物、种子和浆果等。【分布】我国特有种，分布于甘肃南部、四川北部。

黑额山噪鹛 唐军 摄

灰翅噪鹛 | 朱英 摄

灰翅噪鹛 Ashy Lauthingthrush *Garrulax cineraceus*

【识别特征】体型略小而具醒目图纹的噪鹛（22 cm）。头顶黑色或灰色，眼先、脸白色，颈背、眼后纹、髭纹及颈侧细纹黑色，上体橄榄褐至棕褐色，尾和内侧飞羽具窄的白色端斑和宽阔的黑色次端斑，外侧初级飞羽外翈蓝灰色或灰色，下体多为浅棕色。【生态习性】主要栖息于海拔600～2 600 m的各类森林中。成对或结小群活动于次生灌丛及竹丛，有时于近村庄处。主要以昆虫为食。【分布】国外分布于印度东部阿萨姆、孟加拉和缅甸。国内分布于中部、南部和西南部各省。

眼纹噪鹛 Spotted Langhingthrush *Garrulax ocellatus*

【识别特征】体型大的噪鹛（31 cm）。顶冠、颈背及喉黑色，脸、眉纹和颏茶黄色，上体棕褐色满杂以白色、黑色和皮黄色斑点，胸棕黄色具黑色横斑，飞羽具白色端斑，尾羽端白色。【生态习性】主要栖息于海拔1 400～3 100 m的茂密的山地森林中，也栖息于林缘和耕地旁边的灌丛与竹丛内。主要以昆虫为食，也食植物果实、种子和草子，常成对或成小群活动，多在林下灌木间或地上活动和觅食。【分布】国外分布于喜马拉雅山脉和缅甸。国内分布于湖北的神农架、甘肃南部、四川中部山区、重庆、云南、西藏南部雅鲁藏布江流域。

眼纹噪鹛 | 戴波 摄

斑背噪鹛 | 向定乾 摄

白点噪鹛 | 彭建生 摄

斑背噪鹛 Barred Laughingthrush *Garrulax lunulatus*

【识别特征】体型略小暖褐色的噪鹛（23 cm）。具明显的白色眼斑，额至头顶多为栗褐色，上体（除头顶）及两胁具醒目的黑色及草黄色鳞状斑纹，初级飞羽及外侧尾羽的羽缘灰色，尾端白色，具黑色的次端横斑。【生态习性】栖息于海拔1 400～2 600 m高山针叶林、针阔叶混交林、亚热带常绿阔叶和竹林中，也出入于林缘疏林灌丛、次生林和地边灌丛中。主要以昆虫和植物果实与种子为食。常成对或单独活动，较少成群。【分布】我国特有种，仅分布于甘肃南部、陕西南部、四川、湖北。

白点噪鹛 White-speckled Laughingthrush *Garrulax bieti*

【识别特征】体型中等的噪鹛（25 cm）。似斑背噪鹛但背羽的次端黑而端白，脸白色，喉、上胸及两胁的基色明显较深，颈侧及上背两侧具白色碎点，下体具白色点斑。【生态习性】栖息于海拔3 050～3 650 m的针叶林及次生林中的竹丛中。【分布】我国特有种，分布于四川西南部木里藏族自治县至云南西北部丽江市和德钦县这一三角形区域内。

大噪鹛 Giant Laughingthrush *Garrulax maximus*

【识别特征】体大而具有明显点斑的噪鹛（34 cm）。顶冠、颈背及髭纹深灰褐色，头侧及颊栗色。背栗褐色满杂以白色斑点，斑点前缘或四周还围有黑色，初级覆羽、大覆羽和初级飞羽具白色端斑，尾特长，且均具黑色次端斑和白色端斑。【生态习性】主要栖息于海拔2 700～4 200 m的亚高山和高山森林灌丛及其林缘地带。主要以昆虫为食，也吃蜗牛等其他无脊椎动物、植物果实与种子。常成群活动，也常与其他噪鹛混群，性胆怯而隐匿。【分布】我国特有种，分布于甘肃、青海、云南、四川、重庆、西藏东南部。

棕噪鹛 Rusty Laughingthrush *Garrulax poecilorhynchus*

【识别特征】体型略大棕褐色的噪鹛（28 cm）。眼周蓝色，整体橄榄栗褐色，顶冠具黑色斑纹。腹部及初级飞羽羽缘灰色，臀白色。【生态习性】结小群栖息于丘陵及山区原始阔叶林的林下。惧生。【分布】我国特有种，分布于四川、贵州、湖北、湖南、安徽、江西、江苏、浙江、福建、广东、台湾。

大噪鹛 | 彭建生 摄

棕噪鹛 | 芙长斌 摄

画眉 Hwamei *Garrulax canorus*

【识别特征】体型略小棕褐色的鹛（22 cm）。特征为白色的眼圈在眼后延伸成狭窄的眉纹，上体橄榄褐色，头顶至上背棕褐色具黑色纵纹，下体棕黄色，喉至上胸杂有黑色纵纹，腹中部灰色。【生态习性】主要栖息于海拔1 500 m以下的低山、丘陵和山脚平原地带的矮树丛和灌木丛中。主要以昆虫为食，也吃野生植物果实和种子以及部分谷粒等农作物。常单独或成对活动，偶尔也结成小群。性胆怯而机敏。【分布】国外分布于中南半岛北部。国内分布于河南以南的南部地区、台湾、海南岛。

台湾画眉 Taiwan Hwamei *Garrulax taewanus*

【识别特征】体型略小棕褐色的鹛（22 cm）。似画眉，无白色眉纹，灰色较多，纵纹浓。【生态习性】甚惧生，小群于腐叶间活动或找食。【分布】我国特有种，分布于台湾。

画眉　郭冬生　摄　　　　画眉　朱英　摄

台湾画眉　孙驰　摄

白颊噪鹛 谭文奇 摄　　白颊噪鹛 韦铭 摄

细纹噪鹛 董江天 摄　　纯色噪鹛 董江天 摄

白颊噪鹛 White-browed Laughingthrush *Garrulax sannio*

【识别特征】体型中等暗褐色的噪鹛（28 cm）。眼先、眉纹和颊白色，背棕灰色，腹棕黄色，具灰褐色胸带，尾棕栗色，尾下覆羽红棕色。亚种有细微差异。【生态习性】主要栖息于海拔800～1 500 m的低山、丘陵地带的各种森林和竹林中，也栖息于林缘、疏林草坡、灌丛、农田、地边和村寨附近的灌丛与小林内。主要以昆虫为食。兴奋时发出尖叫声及似笑叫声。【分布】国外分布于巴基斯坦、印度、尼泊尔、不丹和越南北部。国内分布于甘肃东南部、陕西南部、青海西宁、四川、重庆、湖北、湖南、安徽、江西、浙江、福建、广东、广西、海南、云南、贵州、西藏南部和台湾。

细纹噪鹛 Streaked Laughingthrush *Garrulax lineatus*

【识别特征】体型小偏灰色的噪鹛（21 cm）。全身密布褐色及近白色纵纹，上体烟橄榄色，背具白色羽轴纹，两翅及尾棕色，尾端近灰白，胸及两胁近白色的羽轴及棕色羽缘成纵纹。【生态习性】常见于海拔1 700～3 300 m山麓开阔灌丛，冬季下移。成对或结小群活动，极少高过距地面2 m。常藏隐于浓密覆盖下，于地面取食。【分布】国外分布于塔吉克斯坦、阿富汗、喜马拉雅山脉、孟加拉。国内分布于西藏。

纯色噪鹛 Scaly Laughingthrush *Garrulax subunicolor*

【识别特征】体型中等暗褐色的噪鹛（24 cm）。顶冠灰色，体羽羽缘黑色而成鳞状斑纹，内覆羽暗褐色，初级飞羽羽缘、尾橄榄黄色。【生态习性】季候鸟，栖息于海拔1 830～3 400 m；结小群栖息于山区森林及开阔灌丛的近地面处。【分布】国外分布于喜马拉雅山脉东部、缅甸东北部、北部湾西北部。国内分布于云南、西藏南部。

橙翅噪鹛 | 董磊 摄

橙翅噪鹛 Elliot's Laughingthrush
Garrulax elliotii

【识别特征】体型中等的噪鹛（26 cm）。全身大致灰褐色，上背及胸羽深色具偏白色羽缘而成鳞状斑纹，脸色较深，臀及下腹部黄褐，外侧飞羽外翈蓝灰色、基部橙黄色，尾羽灰色而端白，羽外侧偏黄，中央尾羽灰褐色。【生态习性】主要栖息于海拔1 500～3 400 m的山地和高原森林与灌丛中。主要以昆虫和植物果实与种子为食，属杂食性。除繁殖期间成对活动外，其他季节多成群。【分布】我国特有种，分布于陕西、宁夏、甘肃、青海、湖北、湖南和西南部。

杂色噪鹛 Variegated Laughingthrush
Garrulax variegatus

【识别特征】体型中等的噪鹛（26 cm）。脸部黑白色的图纹明显，具黑色喉线，翅上具多彩图纹，体羽大致灰褐，臀栗色，初级覆羽黑色，尾基黑色，尾端灰而具狭窄的白边。【生态习性】成对或结群于沟壑深谷的开阔栎树林及混合林的林下密丛。【分布】国外分布于喜马拉雅山脉、阿富汗东部。国内分布于西藏。

杂色噪鹛 | 董江天 摄

灰腹噪鹛 Brown-cheeked Laughingthrush *Garrulax henrici*

【识别特征】体型中等灰褐色的噪鹛 (26 cm)。头侧褐色而与偏白的下颊纹及细眉纹成对比,两翅及尾基部缘以蓝灰色,初级覆羽成黑色块斑,下体灰,臀暗栗,尾端有狭窄白色。【生态习性】成对或结小群于森林及多灌丛的河谷,深藏而不显,有时与黑顶噪鹛一道活动。【分布】我国特有种,分布于西藏。

灰腹噪鹛 | 彭建生 摄

黑顶噪鹛 周华明 摄

黑顶噪鹛 Black-faced Laughingthrush *Garrulax affinis*

【识别特征】体型中等深色的噪鹛（26 cm）。前额、脸、颊、喉黑色，头顶黑褐沾棕或深棕橄榄褐色，具白色宽髭纹，颈部白色块与偏黑色的头成对比，下体淡棕褐色。诸亚种体羽略有差异，但一般为暗橄榄褐色，翅羽及尾羽羽缘带黄色。【生态习性】主要栖息于海拔900～3 400 m的山地阔叶林、针阔叶混交林、竹林、针叶林和林缘灌丛中。主要以昆虫和植物果实与种子为食。除繁殖期间成对或单独活动外，其他季节多成小群。【分布】国外分布于喜马拉雅山脉东部、缅甸北部及越南北部。国内分布于西藏、云南、四川、甘肃、重庆。

台湾噪鹛 White-whiskered Laughingthrush *Garrulax morrisonianus*

【识别特征】体型中等褐色的噪鹛（26 cm）。白色长眉纹至颈后，顶冠灰具白色斑纹，脸褐色，喉及颈后褐色，腹部灰色，尾下覆羽栗色，两翅及尾蓝灰，初级飞羽羽缘黄褐。【生态习性】喜欢活动于林下。【分布】我国特有种，分布于台湾。

红头噪鹛 Chestnut-crowned Laughingthrush *Garrulax erythrocephalus*

【识别特征】体型略大暗褐色的噪鹛（28 cm）。头顶棕红色，耳羽及颈侧灰色，内覆羽栗色，翅羽及尾羽羽缘橄榄黄色，眼先及颏近黑，喉褐色，鳞胸，下体多为暗橄榄褐色。亚种在耳羽色彩及头部细纹程度上有异。【生态习性】主要栖息于海拔900～3 000 m的常绿阔叶林、竹林、沟谷林、针阔叶混交林和林缘次生林等山地森林中。主要以昆虫为食，也吃植物果实、浆果、种子和草子。【分布】国外分布于喜马拉雅山脉、缅甸北部。国内分布于西藏、云南。

红翅噪鹛 Red-faced Laughingthrush *Garrulax formosus*

【识别特征】体型大的噪鹛（28 cm）。头侧、颏、喉黑色，耳羽灰白色，两翅及尾绯红，背和胸、腹棕褐色。似赤尾噪鹛，区别在头顶灰色而具黑色纵纹，上背、背及胸褐色。【生态习性】主要以昆虫和植物性食物为食。惧生，结群栖息于茂密常绿林、次生林及竹林的地面或近地面处。【分布】国外分布于越南北部。国内分布于云南、四川。

台湾噪鹛 | 孙驰 摄

红头噪鹛 | 董江天 摄

红翅噪鹛 | 董磊 摄

红尾噪鹛 Red-tailed Laughingthrush *Garrulax milnei*

【识别特征】体型中等的噪鹛（25 cm）。头顶至后颈红棕色，两翅和尾鲜红色，眼先、眉纹、颊、额和喉黑色，眼后有一灰色块斑，背及胸具灰色或橄榄色鳞斑。各亚种在背部及耳羽的色彩上略有差异。相似种丽色噪鹛，但头顶不为红棕色。【生态习性】主要栖息于海拔1 500～2 500 m的常绿阔叶林、竹林和林缘灌丛地带，冬季也下到山脚和沟谷等低海拔地区。主要以昆虫和植物果实与种子为食。常成对或成3～5只的小群活动。性胆怯，善鸣叫。【分布】国外分布于中南半岛北部。国内分布于福建、广东、广西、贵州、重庆、云南。

灰胸薮鹛 Emei Shan Liocichla *Liocichla omeiensis*

【识别特征】体长（16～20 cm）。头顶灰色。上体橄榄灰色。脸颊及下体灰色。翅上具红、黄两色块斑。雄鸟翅上的红色块斑较雌鸟显著，雌鸟翅上的黄色块斑较雄鸟显著。雄鸟尾端红色，雌鸟尾端黄色。【生态习性】主要栖息于山区常绿阔叶林的林下或林缘竹林与灌密丛中。雄鸟歌声响亮。性隐蔽。【分布】我国特有种，分布于四川中南部和云南东北部。

红尾噪鹛 肖克坚 摄

灰胸薮鹛（雄） 戴波 摄

灰胸薮鹛 唐军 摄

黄痣薮鹛 潘思佳 摄

黄痣薮鹛 Steere's Liocichla *Liocichla steerii*

【识别特征】体长（17～18 cm）。眼前下方具一显著的黄色块斑。顶冠带白色细纹，上体橄榄绿色，颏、喉及两胁灰色，下体余部橄榄黄色，尾方形，橄榄色且深，次端斑灰色，末端具白色。【生态习性】主要栖息于山地森林林下或林缘灌丛中。冬季结群活动。性大胆，不畏人。【分布】我国特有种，分布于台湾。

红翅薮鹛 Crimson-winged Liocichla *Liocichla phoenicea*

【识别特征】体长（22～23 cm）。头侧和颈侧及初级飞羽赤红色，颏部淡红色，上体橄榄褐色，下体灰褐色。尾端橘黄色。【生态习性】主要栖息于山区常绿阔叶林的林下灌竹丛中。常在地表落叶层中觅食。【分布】国外分布于喜马拉雅山脉、缅甸、泰国、老挝和越南。国内分布于云南。

红翅薮鹛 高云飞 摄

棕头幽鹛 冯利民 摄　斑胸钩嘴鹛 朱英 摄

棕颈钩嘴鹛 冯利民 摄

棕头幽鹛 Puff-throated Babbler *Pellorneum ruficeps*

【识别特征】小型鸟类 (16 cm)。上体褐色，头顶及额部栗棕色，具颜色稍浅的眉纹，喉部白，胸及两胁具黑褐色纵纹。雌雄相似。【生态习性】栖息于常绿阔叶林、次生林和竹林等。繁殖季节常单独或成对活动，在地面或接近地面处觅食。善于鸣叫，叫声为持续的哨声。【分布】国外分布于泰国。国内分布于云南。

斑胸钩嘴鹛 Spot-breasted Scimitar-Babbler *Pomatorhinus erythrocnemis*

【识别特征】体型中等 (24 cm)。喙长而向下弯曲，上体橄榄褐色，耳羽棕色，胸具明显的黑色纵纹。雌雄相似。各亚种之间稍有差别。【生态习性】栖息于森林、竹林和灌草等。常成对或成小群在地面或低矮灌木上觅食。叫声响亮，鸣叫时常与其他个体彼此呼应。【分布】国外分布于巴基斯坦、印度、不丹、缅甸、泰国。国内分布于西藏、云南、四川、重庆、贵州、湖北、河南、山西、陕西、甘肃、海南、广东、广西、安徽、江西、浙江、福建、台湾。

棕颈钩嘴鹛 Rufous-necked Scimitar Babbler *Pomatorhinus ruficollis*

【识别特征】体型稍小的钩喙鹛类 (18 cm)。上体橄榄褐色或栗棕色，具明显的白色眉纹和黑色的贯眼纹，喉、额部白色，胸具栗色或黑色纵纹。雌雄相似。【生态习性】栖息于森林、竹林、灌丛和村庄附近有林的地方。常成对或成小群活动，在地面或低矮灌木处觅食，有时候上到较高的枯树枝上活动。常鸣叫，三声一度，似"tu-tu-tu"。【分布】国外分布于喜马拉雅山脉、缅甸、老挝。国内分布于西南部、华南、华中。

棕头钩嘴鹛 Red-billed Scimitar Babbler *Pomatorhinus ochraceiceps*

【识别特征】体型中等（23 cm）。橙红色的喙细而下弯，上体褐色，具白色的眉纹和黑色的贯眼纹，下体白色。雌雄相似。【生态习性】栖息于海拔1 000～2 000 m的常绿阔叶林或林缘。常成对或结小群在地面或林下灌丛活动，取食昆虫。【分布】国外分布于印度到中南半岛。国内分布于云南。

剑嘴鹛 Slender-billed Scimitar Babbler *Xiphirhynchus superciliaris*

【识别特征】体型中等（22 cm）。黑色的喙特别细长且向下弯曲，上体棕褐色，具白色的眉纹，喉白色，下体余部锈红色。雌雄相似。【生态习性】栖息于多岩地山区的常绿阔叶林、竹林的地面或灌丛。成对或结小群活动，取食昆虫。【分布】国外分布于喜马拉雅山脉、缅甸及越南等地。国内分布于云南。

棕头钩嘴鹛 | 宋晔 摄

剑嘴鹛 | 董江天 摄

短尾鹪鹛 Streaked Wren Babbler *Napothera brevicaudata*

【识别特征】体型极小褐色的鹪鹛（16 cm）。头、上体深褐色，具黑色鳞斑，脸灰色，喉具深色纵纹，尾短。【生态习性】惧生而藏隐。【分布】国外分布于印度、中南半岛、马来半岛。国内分布于云南、广西。

鳞胸鹪鹛 Scaly-breasted Wren Babbler *Pnoepyga albiventer*

【识别特征】体型极小（10 cm）。上体棕褐色，略具黑色横斑，下体具明显的黑色鳞状斑纹，尾极短，雌雄相似。【生态习性】栖息于海拔1 000～3 800 m的常绿阔叶林之中。性羞怯，常单独或成对在地面跳来跳去。一般很少起飞，也很少鸣叫。【分布】国外分布于喜马拉雅山脉、缅甸。国内分布于云南、海南、广西、西藏和台湾。

小鳞胸鹪鹛 Pygmy Wren Babbler *Pnoepyga pusilla*

【识别特征】体型极小（9 cm）。上体暗棕褐色，翅上覆羽具两道棕黄色的点状次端斑，下体白色或棕色，具有明显的鳞状点斑，尾极短，近似于无尾。雌雄相似。【生态习性】栖息于海拔1 000～3 800 m的常绿阔叶林之中，冬季可下到海拔更低的地方活动。常单独或成对在茂密的灌丛地面觅食，并频繁发出清脆的哨声。【分布】国外分布于尼泊尔、印度、泰国、老挝、马来半岛。国内分布于陕西、甘肃、广东、西南、华东。

短尾鹪鹛 | 朱英 摄

鳞胸鹪鹛 | 戴波 摄

小鳞胸鹪鹛 | 朱英 摄

斑翅鹩鹛｜戴波 摄

长尾鹩鹛｜董江天 摄　　黑颏穗鹛｜董江天 摄

斑翅鹩鹛 Bar-winged Wren Babbler *Spelaeornis troglodytoides*

【识别特征】体型较小 (11 cm)。上体棕褐色，具黑白色的点斑，喉白色，下体棕色，颈背红棕色，尾较长，并具黑褐色横斑，雌雄相似。【生态习性】栖息于林下植物发达的常绿阔叶林中。常单独或成对活动，多在林下地面觅食昆虫。【分布】国外分布于不丹、印度、缅甸。国内分布于西藏、甘肃、云南、四川、陕西、贵州、湖南、湖北等地。

长尾鹩鹛 Long-tailed Wren Babbler *Spelaeornis chocolatinus*

【识别特征】体小纤细深褐色的鹩鹛 (11 cm)。尾长，喉白色，头侧灰色，上体褐色具黑色鳞斑。【生态习性】活动于相对高海拔森林。【分布】国外分布于印度东北部、缅甸及越南北部。国内分布于云南西部和四川。

黑颏穗鹛 Black-chinned Babbler *Stachyris pyrrhops*

【识别特征】体型较小的穗鹛 (10 cm)。眼先、额上及上喉部多黑色，头顶及颈后、上胸黄褐色，上体橄榄灰绿黄色，飞羽及尾羽黄褐色，尾长超过翅。【生态习性】活动于林地接近地表。【分布】国外分布于巴基斯坦、印度及尼泊尔。国内分布于西藏。

弄岗穗鹛 | 谢志伟 摄

红头穗鹛 | 戴波 摄

弄岗穗鹛 Nonggang Babbler *Stachyris nonggangensis*

【识别特征】体型中等（16 cm）。上体深褐色，颊部具明显的新月形白斑，喉部羽毛白色，具深褐色斑，下体余部均褐色。雌雄相似。【生态习性】栖息于森林中。性胆大，成对或成小群活动，很少与其他鸟类混群。在落叶层翻拣无脊椎动物为食。极少飞行。【分布】我国特有种，分布于广西西南部的龙州县和靖西县。

红头穗鹛 Rufous-capped Babbler *Stachyris ruficeps*

【识别特征】体型较小（11 cm）。上体橄榄褐色，头顶棕红色，喉和颏部茶黄色，具黑色的细纹，下体余部橄榄褐色。雌雄相似。【生态习性】栖息于森林、林缘、灌丛和草坡等。常单独或成对活动，有时也跟在鸟类混合群内活动，在低矮灌木上取食昆虫。【分布】国外分布于喜马拉雅山脉、中南半岛。国内分布于华南、华中和西南、海南和台湾。

金头穗鹛 Golden Babbler *Stachyris chrysaea*

【识别特征】体小橄榄黄色的穗鹛（11 cm）。眼先黑色，喉黄色，金黄顶冠具黑色细纹，下体浅黄。【生态习性】结小群活动于低矮树丛的叶间。【分布】国外分布于东南亚。国内分布于西藏、云南。

斑颈穗鹛 Spot-necked Babbler *Stachyris striolata*

【识别特征】体型中等（16 cm）。上体橄榄褐色，头顶及颈背栗色，耳羽深灰色，颈侧具明显的黑白斑纹，喉白色，下体余部栗色。雌雄相似。【生态习性】栖息于热带雨林、常绿阔叶林和林缘灌丛。常结小群活动，在林下灌木和地面觅食。性胆怯，不易观察。【分布】国外分布于印度尼西亚、泰国、老挝、缅甸。国内分布于云南、广西、海南。

金头穗鹛 | 董江天 摄

斑颈穗鹛 | 董江天 摄

纹胸鹛 Striped Tit Babbler *Macronous gularis*

【识别特征】体型较小（11～13 cm）。上体橄榄绿色，头顶棕栗色，眉纹黄色，下体黄色，喉及胸具有细的黑纹。雌雄相似。【生态习性】栖息于常绿阔叶林、热带雨林和竹林中。多成小群活动，常与其他鸟类混群，在森林下层活动，有时也到树冠层觅食。【分布】国外分布于尼泊尔、印度、缅甸和东南亚。国内分布于云南、广西。

红顶鹛 Chestnut-capped Babbler *Timalia pileata*

【识别特征】体型中等（17 cm）。上体赤褐色，头顶棕栗色，眼先黑色，并具白色短眉纹，脸颊、喉和胸白色，胸具黑色纵纹，下体余部皮黄色。雌雄相似。【生态习性】栖息于浓密的灌丛和草丛中，尤喜靠近水源的位置。多成小群活动，于靠近地面处觅食。营巢于草丛的基部，巢呈球形。【分布】国外分布于尼泊尔、孟加拉、印度、中南半岛、印度尼西亚。国内分布于云南、贵州、广西、广东。

金眼鹛雀 Yellow-eyed Babbler *Chrysomma sinense*

【识别特征】体型稍大（19 cm）。上体棕褐色，眼圈红色，脸颊、胸、喉等为白色，下体余部茶黄色，尾较长而突起。雌雄相似。【生态习性】栖息于灌丛和高草丛。多成小群活动，在草丛穿梭觅食昆虫。营巢于草上或灌木上，巢呈杯状。【分布】国外分布于巴基斯坦、印度到中南半岛。国内分布于云南、贵州、广东、广西。

纹胸鹛 | 冯利民 摄

红顶鹛 | 朱英 摄

金眼鹛雀 | 王瑞卿 摄

宝兴鹛雀 | 戴波 摄

矛纹草鹛 | 彭建生 摄

宝兴鹛雀 Rufous-tailed Babbler *Moupinia poecilotis*

【识别特征】体型中等 (15 cm)。上体棕褐色，眉纹灰白色，颊和耳羽橄榄褐色，颔、喉白色，两胁黄褐色，尾栗褐色，长而突出。雌雄相似。【生态习性】栖息于海拔1 500～3 800 m的近溪边的灌丛和草丛。成对或结小群活动，在灌草丛中觅食昆虫。巢呈杯状，筑于矮树枝上。【分布】我国特有种，分布于云南和四川。

矛纹草鹛 Chinese Babax *Babax lanceolatus*

【识别特征】体型较大 (26 cm)。上体、胸和两胁密布栗褐色的纵纹，髭纹黑色，下体棕白色，尾较长而具黑色横斑。雌雄相似。【生态习性】栖息于稀树灌丛、草坡和林缘等。性活泼，结小群活动于灌草丛的底部，繁殖期发出响亮的叫声。【分布】国外分布于印度、缅甸。国内分布于西南部、陕西、甘肃、湖北、湖南、福建、广东、广西。

大草鹛 彭建生 摄

棕草鹛 唐军 摄

银耳相思鸟 郭冬生 摄

大草鹛 Giant Babax *Babax waddelli*

【识别特征】体型较大（31 cm）。上体灰色，具显著的棕褐色纵纹，颊和耳羽灰色，并具黑色的髭纹，喙长而向下弯曲。 雌雄相似。【生态习性】栖息于喜马拉雅山脉河谷地带的矮树丛和灌丛。成小群活动，在灌丛或地面觅食昆虫。鸣声为一连串颤抖的哨音。【分布】国外可能分布于尼泊尔、不丹。国内分布于西藏的南部。

棕草鹛 Tibeten Babax *Babax koslowi*

【识别特征】体型较大（28 cm）。上体棕褐色，具浅色纵纹，两翅及尾棕褐色，喉灰色，胸及两胁具棕栗色的纵纹。雌雄相似，但雌鸟上体褐色较多。【生态习性】栖息于青藏高原海拔3 300～4 500 m的灌丛和疏林中。常成小群活动，多在地面和灌丛中觅食。性机警，不喜鸣叫。【分布】我国特有种，分布于青海南部和西藏东部。

银耳相思鸟 Silver-eared Mesia *Leiothrix argentauris*

【识别特征】体型中等（16 cm）。羽色较鲜艳，头顶黑色，耳羽银灰色，喙及前额橘黄色，喉、胸及外侧飞羽橙红色。尾灰褐色，外侧尾羽橘黄，尾上及尾下覆羽朱红色。雌雄相似。【生态习性】栖息于常绿阔叶林、竹林等。成群活动，在林下灌丛中觅食。性活泼，容易观察。【分布】分布于喜马拉雅山脉、中南半岛、马来半岛。国内分布于西藏、云南、贵州、广西。

红嘴相思鸟 Red-billed Leiothrix *Leiothrix lutea*

【识别特征】体型较小（14 cm）。喙赤红色，上体橄榄绿色，眼周具黄色斑块，耳羽灰色，翅具黄色和红色的斑纹，下体橙黄色，尾黑色，略分叉。雌雄相似。【生态习性】栖息于常绿阔叶林、常绿落叶阔叶混交林和疏林灌丛中。成群活动，常与其他鸟类混群，在灌丛和树冠层觅食昆虫。【分布】国外分布于喜马拉雅山脉、缅甸、越南等。国内分布于华中、华东、华南、西南地区。

红嘴相思鸟 ┃ 戴波 摄

斑胁姬鹛 Himalayan Cutia *Cutia nipalensis*

【识别特征】体型中等具特殊图案的鹛（19 cm）。头颈大部分及飞羽羽缘多蓝灰色，背、腰及长尾上覆羽为橙棕色，尾、两翅余部黑色，眼纹宽阔黑色，下体白色，两胁横斑黑色。雌鸟色淡，上背及背橄榄褐色而具粗纵纹黑色，深褐色过眼纹。【生态习性】结小群活动于长满真菌的树枝上移动觅食。【分布】国外分布于尼泊尔、印度、缅甸、泰国、老挝、马来半岛。国内分布于西藏、四川、湖北、云南。

棕腹鵙鹛 Black-headed Shrike-Babbler *Pteruthius rufiventer*

【识别特征】体型中等（20 cm）。上体栗色，头顶、翅和尾黑色，喉及上胸灰色，胸侧具一黄色块斑，下体余部葡萄酒褐色，尾具栗色端斑。雌鸟与雄鸟相似，但背和尾为橄榄绿色。【生态习性】栖息于常绿阔叶林中。成对或成小群活动，常与其他鸟类形成混合群，在树冠层觅食昆虫。【分布】国外分布于尼泊尔、印度、不丹、孟加拉、缅甸、越南。国内分布于云南。

斑胁姬鹛（雌）｜董江天　摄

棕腹鵙鹛（雄）　董江天　摄　　　　　　　棕腹鵙鹛（雌）　董磊　摄

红翅鸡鹛（雌）　朱英　摄

红翅鸡鹛（雄）　冯利民　摄

红翅鸡鹛 White-browed Shrike-Babbler *Pteruthius flaviscapis*

　　【识别特征】体型中等（17 cm）。雄鸟头、两翅及尾黑色，三级飞羽栗色，具白色眉纹，背灰色，下体灰白。雌鸟上体多灰色，尾橄榄绿色，末端黑色或黄色。【生态习性】栖息于落叶阔叶林、常绿阔叶林和针阔混交林中。成对或成小群活动，频繁地穿梭于树冠层觅食昆虫，偶尔也下到灌木层活动。【分布】国外分布于阿富汗到喜马拉雅山脉、中南半岛、马来半岛、印度尼西亚。国内分布于湖北、河南、江西、福建、华南和西南地区。

淡绿鹛鹛 董江天 摄

栗喉鹛鹛(雌) 冯利民 摄

栗额鹛鹛(雄) 高云飞 摄

淡绿鹛鹛 Green Shrike Babbler *Pteruthius xanthochlorus*

【识别特征】体型小橄榄绿色的鹛鹛 (12 cm)。体型粗壮动作不灵活，喙粗厚黑色，眼圈白色，喉及胸灰色，腹部、臀部及翅斑黄色，初级覆羽灰色。【生态习性】常与山雀、鹛及柳莺等混群活动。【分布】国外分布于喜马拉雅山脉、缅甸的西部及北部。国内分布于浙江、江西、福建、西南地区。

栗喉鹛鹛 Black-eared Shrike Babbler *Pteruthius melanotis*

【识别特征】体型较小 (11 cm)。羽色鲜艳，上体橄榄黄色，具两道白色翅斑。前额亮黄色，眉纹灰白色，眼圈白色，耳羽黄色，后有半圆的黑色的斑。额、喉及上胸栗色，下体余部黄色。雌鸟喉部偏黄，翅斑为皮黄色。【生态习性】栖息常绿阔叶林中。单独或成对活动，多在树冠或高灌上觅食昆虫。【分布】国外分布于尼泊尔、中南半岛、马来半岛。国内分布于云南。

栗额鹛鹛 Chestnut-fronted Shrike Babbler *Pteruthius aenobarbus*

【识别特征】体型小色彩亮丽的鹛鹛 (11.5 cm)。雄鸟上体橄榄绿色，额、颏及喉栗色，黑色的翅具两道粗白色翅斑，眉纹灰白色，眼圈白，下体黄色。雌鸟下体近白，额栗色。【生态习性】活动于山区矮树的顶部。【分布】国外分布于印度阿萨姆、东南亚及爪哇。国内见于广西西南部、云南南部和海南。

白头鹛鹛 White-hooded Babbler *Gampsorhynchus rufulus*

【识别特征】体型中等（24 cm）。头全白色，其余上体棕褐色，下体白色，两胁及尾下覆羽皮黄色，尾长而突起，具白色的端斑。雌雄相似。【生态习性】栖息于海拔2 000 m以下的阔叶林、次生林和竹林中，在树冠层觅食，很少下到地面活动。以昆虫为食，偶尔也取食果实。【分布】国外分布于尼泊尔、中南半岛、马来半岛。国内分布于云南。

栗额斑翅鹛 Rusty-fronted Barwing *Actinodura egertoni*

【识别特征】体型中等棕褐色的鹛（22 cm）。头灰色且额、眼先、颏栗色，翅及尾具黑色小横斑，胸偏红，下体无纵纹，尾长，尾羽端白色。【生态习性】结小群吵嚷活动于山区常绿林灌丛。【分布】国外分布于尼泊尔、缅甸西部及北部。国内偶有亚种分布于西藏东南部及云南。

白头鹛鹛 | 朱英 摄

栗额斑翅鹛 | 朱英 摄

白眶斑翅鹛 | 韦铭 摄

纹头斑翅鹛 | 董江天 摄

白眶斑翅鹛 Spectacled Barwing *Actinodura ramsayi*

【识别特征】体型中等（24 cm）。上体橄榄褐色，并具暗淡的横斑，头略具羽冠，眼圈白色，翅具明显的黑色横斑，下体黄褐色，尾长而突起，并具黑色横斑和白色端斑。雌雄相似。【生态习性】栖息于灌丛和稀疏的林缘。常成小群活动，在浓密的灌丛和低矮的乔木上觅食昆虫。【分布】国外分布于缅甸、泰国、越南。国内分布于云南、广西、贵州。

纹头斑翅鹛 Hoary-throated Barwing *Actinodura nipalensis*

【识别特征】体型中等深褐色的鹛（21 cm）。两翅及尾具黑色小横斑，具羽冠的头部多具皮黄色细纵纹，头侧灰色，狭窄眼圈偏白，下体浅褐灰，延伸至腹部成红棕色。【生态习性】结小群活动于树林。【分布】国外分布于尼泊尔至阿萨姆西北部。国内分布于西藏南部。

灰头斑翅鹛 Streaked Barwing *Actinodura souliei*

【识别特征】体型中等（23 cm）。体羽多栗色，具黑色鳞状纵纹，羽冠和耳羽灰色，两翅和尾均具黑色的横斑，尾具白色的端斑，外侧尾羽尤其明显。雌雄相似。【生态习性】栖息于海拔1 500～2 000 m的阔叶林和针阔混交林中。常单独或成对活动，在林下灌丛或低矮乔木上觅食昆虫。【分布】国外分布于越南北部。国内分布于四川、云南。

台湾斑翅鹛 Taiwan Barwing *Actinodura morrisoniana*

【识别特征】体型小（18 cm）。体羽栗灰色，头深栗色，喉偏栗红色，后颈、背、胸为灰带白纵纹，下腹、背、腰和尾棕褐色，翅和尾栗具细黑横纹。【生态习性】栖息于高海拔树林。【分布】我国特有种，分布于台湾。

灰头斑翅鹛 ｜ 周华明　摄

台湾斑翅鹛 ｜ 潘思佳　摄

蓝翅希鹛 Blue-winged Siva *Minla cyanouroptera*

【识别特征】体型较小（15 cm）。上体黄褐色，头顶、翅及尾蓝色，并具白色的眉纹，下体灰白色，尾细长，尖端平。雌雄相似。【生态习性】栖息于常绿阔叶林、混交林和竹林中，冬天可在城市园林中观察到。结小群活动，常与其他鸟类混群，在树冠层觅食昆虫和植物果实。【分布】国外分布于尼泊尔到中南半岛、马来半岛。国内分布于西藏、云南、贵州、四川、重庆、湖南、广西、海南。

斑喉希鹛 Bar-throated Minla *Minla strigula*

【识别特征】体型中等（17 cm）。上体橄榄绿色，具不太明显的棕褐色羽冠，眼具黄色的眼圈，外侧飞羽橘黄色，喉白色，具明显的黑色横斑，下体余部淡黄色，尾棕色而前端黑，但外侧尾羽黄色。【生态习性】栖息于常绿阔叶林、针阔混交林和次生林。多成群活动于乔木的树冠层，以昆虫为食。【分布】国外分布于喜马拉雅山脉、马来半岛。国内分布于西藏、四川、云南。

蓝翅希鹛 | 高云飞　摄

斑喉希鹛 | 高云飞　摄

红尾希鹛 董磊 摄

金胸雀鹛 唐军 摄

红尾希鹛 Red-tailed Minla *Minla ignotincta*

【识别特征】体型较小（14 cm）。头黑色，具明显的白色眉纹，上体橄榄褐色，翅黑色而具白色的端斑，初级飞羽和外侧尾羽均红色，下体黄白色。雌雄相似。【生态习性】栖息于常绿阔叶林、针阔混交林和竹林中。常结小群活动，也与其他鸟类混群在树冠层觅食。【分布】国外分布于尼泊尔、缅甸、越南。国内分布于西藏、云南、贵州、四川、重庆、湖南、广西。

金胸雀鹛 Golden-breasted Fulvetta *Alcippe chrysotis*

【识别特征】体型较小（11 cm）。上体橄榄灰色，头黑色，具白色的顶冠纹，颊部白色，翅黑色，具黄色的外缘和白色的端斑，下体黄色，尾黑色，外侧尾羽基部黄色。雌雄相似。【生态习性】栖息于常绿落叶阔叶混交林、针阔混交林、针叶林和竹林中。常结小群活动，也与其他鸟类混群，主要在林下灌丛觅食昆虫。【分布】国外分布于印度、缅甸、越南。国内分布于云南、陕西、甘肃、贵州、四川、湖南、广东、广西。

黄喉雀鹛 董江天 摄

黄喉雀鹛 Yellow-throated Fulvetta *Alcippe cinerea*

【识别特征】体型略小的雀鹛（10 cm）。头部纹特别，头顶黄色，具黑色鳞状斑，喉和眉纹黄色，宽眼纹黑色，侧顶纹宽阔为黑色，上体橄榄灰色，下体黄色而两胁灰色。【生态习性】活动于树丛及林下植被。【分布】国外分布于缅甸东北部和老挝北部。国内分布于西藏东南部及云南西北部。

栗头雀鹛 Rufous-winged Fulvetta *Alcippe castaneceps*

【识别特征】体型较小（11 cm）。上体橄榄褐色，头顶栗色杂以白色纵纹，具白色的眉纹和黑色的贯眼纹及髭纹，翅具显著的黑色斑块，白色的外缘，下体黄白色，两胁皮黄色。雌雄相似。【生态习性】栖息于常绿阔叶林和混交林中。常成小群活动在树冠层，有时也在林下灌丛觅食。【分布】国外分布于尼泊尔、缅甸、泰国、老挝、越南、马来半岛。国内分布于西藏、甘肃、云南。

栗头雀鹛 董江天 摄

白眉雀鹛 | 宋晔 摄

中华雀鹛 | 冯利民 摄

白眉雀鹛 White-browed Fulvetta *Alcippe vinipectus*

【识别特征】体型较小（12 cm）。上体黄棕色，具明显的白色眉纹，眉纹上有一条黑色的纵纹。翅锈棕色，具白色的外缘。颏、喉和上胸白色，下体余部皮黄色。雌雄相似。【生态习性】栖息于海拔1 400 m以上的常绿阔叶林、混交林及林缘灌丛中。结小群在林下灌丛中觅食。【分布】国外分布于印度、缅甸和越南。国内分布于西藏、云南、四川。

中华雀鹛 Chinese Fulvetta *Alcippe striaticollis*

【识别特征】体型较小（13 cm）。上体褐色，头背具黑褐色的纵纹，颊部浅褐色。翅栗褐色，具白色的外缘，喉、胸白色，具褐色的纵纹，下体余部浅褐色。雌雄相似。【生态习性】栖息于海拔2 800 m以上的冷杉林、林缘灌丛、杜鹃灌丛等生境。多结小群在灌丛觅食。【分布】我国特有种，分布于甘肃、青海、西藏、四川和云南。

棕头雀鹛 戴波 摄

褐头雀鹛 巫嘉伟 摄

棕头雀鹛 Spectacled Fulvetta *Alcippe ruficapilla*

【识别特征】体型较小（12 cm）。上体灰褐色，头顶棕色，具黑色的侧冠纹。翅褐色，具浅色的外缘。颏、喉白色，具黑色的细纵纹，下体余部茶黄色。雌雄相似。【生态习性】栖息于海拔1 800 m以上的常绿阔叶林、针阔混交林中。成小群在灌丛中觅食，偶尔下至地面活动。【分布】国外分布于缅甸。国内分布于陕西、甘肃、四川、重庆、云南、贵州。

褐头雀鹛 Streak-throated Fulvetta *Alcippe cinereiceps*

【识别特征】体型较小（12 cm）。上体褐色，头侧近灰色，翅具灰白色的外缘。喉、胸白色，具明显的褐色的纵纹，下体余部灰白色。有些亚种具有褐色的侧冠纹。雌雄相似。【生态习性】栖息于海拔1 400 m以上的阔叶林、针阔混交林、竹林和林缘灌丛中，多在林下灌丛觅食。【分布】国外分布于不丹、印度、老挝和越南。国内分布于陕西、甘肃、四川、西藏、云南、贵州、湖北、湖南、广东和台湾。

褐胁雀鹛 Rusty-capped Fulvetta *Alcippe dubia*

【识别特征】体型稍小 (14 cm)。上体橄榄褐色，头顶棕褐色，具明显的白色眉纹和黑色的侧冠纹，喉白色，下体黄白色，两胁橄榄褐色。雌雄相似。【生态习性】栖息于阔叶林、针阔混交林、次生林和灌丛中，成小群在林下灌丛觅食昆虫。【分布】国外分布于不丹、印度、缅甸到越南。国内分布于云南、重庆、湖北、湖南、广西、四川。

路氏雀鹛 Ludlow's Fulvetta *Alcippe ludlowi*

【识别特征】体型较小 (12 cm)。上体褐色，头咖啡褐色，头侧和枕部红褐色，喉、胸白色，具明显的深色的纵纹。雌雄相似。【生态习性】栖息于海拔2 100 m以上的竹林和杜鹃林。成小群活动，在林下灌丛和低矮乔木上取食昆虫。【分布】国外分布于喜马拉雅山脉。国内分布于西藏东南部。

灰眶雀鹛 Grey-cheeked Fulvetta *Alcippe morrisonia*

【识别特征】体型稍小 (14 cm)。上体褐色，头灰色，具白色的眼圈。有些亚种具有黑色的侧冠纹。颏胸灰色，下体余部偏白色。雌雄相似。【生态习性】栖息于阔叶林、针阔混交林、竹林、人工林和灌丛中。常结群活动，经常与其他鸟类混群，在受到惊吓时最先发出"唧、唧、唧、唧……"的叫声。【分布】国外分布于缅甸、泰国、老挝、越南。国内分布于长江以南各省。

褐胁雀鹛 | 韩奔 摄

路氏雀鹛 | 彭建生 摄

灰眶雀鹛 | 戴波 摄

栗背奇鹛 Rufous-backed Sibia *Heterophasia annectens*

　　【识别特征】体型略小的奇鹛（19 cm）。头黑，喉胸白，两翅黑色，背及尾上覆羽棕色。尾长黑色端白色。两胁及尾下覆羽皮黄，颈后及上背黑具白色纵纹。【生态习性】性活泼，活动于山地。【分布】国外分布于尼泊尔东部及东南亚。国内分布于云南。

黑顶奇鹛 Rufous Sibia *Heterophasia capistrata*

　　【识别特征】体型中等（22 cm）。体棕色，头黑色，略具羽冠，翅黑褐色，外侧飞羽蓝灰色。尾具灰色的端斑和黑色的次端斑。雌雄相似。【生态习性】栖息于海拔1 500～2 600 m的阔叶林和针阔混交林中，成对或结小群活动，并经常与其他鸟类混群，在多苔藓的树枝上觅食昆虫。【分布】国外分布于喜马拉雅山脉。国内分布于西藏南部。

栗背奇鹛 ｜ 朱英 摄

黑顶奇鹛 ｜ 肖克坚 摄

灰奇鹛 | 朱英 摄

灰奇鹛 Grey Sibia *Heterophasia gracilis*

【识别特征】体型中等（23 cm）。上体灰色，头黑色，耳羽褐灰色。翅黑色，三级飞羽灰色。尾较长，具黑色的次端斑及灰色的端斑。雌雄相似。【生态习性】栖息于海拔900～2 300 m的常绿阔叶林、针阔混交林、次生林和针叶林中。常成对或结小群在树冠层活动。【分布】国外分布于喜马拉雅山脉、缅甸。国内分布于云南。

黑头奇鹛 Black-headed Sibia *Heterophasia melanoleuca*

【识别特征】体型中等（24 cm）。体多灰色，头、翅和尾都为黑色。下体白色，仅胸和两胁沾灰色。尾呈凸状，具灰色的端斑，外侧尾羽端斑为白色。雌雄相似。【生态习性】栖息于海拔1 200 m以上的阔叶林和针阔混交林中，成对或成小群在树枝上悄然移动，形如松鼠一般。【分布】国外分布于缅甸、泰国。国内分布于云南、四川、广西、贵州、湖南。

黑头奇鹛 | 高云飞 摄

白耳奇鹛 White-eared Sibia *Heterophasia auricularis*

【识别特征】体型中等的奇鹛（23 cm）。顶冠黑色，眼先白色具宽阔眼纹，耳部成丝状长羽。喉、胸及上背灰色，下体粉黄褐色，下背至腰棕色。尾黑，中央尾羽尖端白。【生态习性】结小群活动，取食于开花结果的树上。性活泼而不惧生。【分布】我国特有种，分布于台湾。

白耳奇鹛 | 潘思佳 摄

丽色奇鹛 董江天 摄

丽色奇鹛 Beautiful Sibia *Heterophasia pulchella*

【识别特征】体型中等（24 cm）。体多蓝灰色，具黑色的贯眼纹，三级飞羽和尾的褐色与其他部位形成鲜明对比。尾具灰色端斑。雌雄相似。【生态习性】栖息于海拔1 600 m以上的常绿阔叶林、针阔混交林和针叶林中，冬季可到低海拔处活动。成对或结小群在长满苔藓的树枝上觅食。【分布】国外分布于缅甸、印度。国内分布于西藏、云南。

长尾奇鹛 Long-tailed Sibia *Heterophasia picaoides*

【识别特征】体型较大（33 cm）。体灰色，头顶和两翅颜色较深。翅具显著的白斑。尾特长而凸，尾羽具较宽的黑色次端斑和灰色的端斑。雌雄相似。【生态习性】栖息于海拔1 600 m以上的常绿阔叶林、针阔混交林和针叶林中，冬季下到低海拔带活动。结小群在树冠层觅食昆虫。【分布】国外分布于不丹、老挝、越南、印度、泰国、印度尼西亚、缅甸、马来西亚和尼泊尔。国内分布于云南。

长尾奇鹛 高云飞 摄

栗耳凤鹛 | 朱英 摄

栗耳凤鹛 | 郭冬生 摄

栗耳凤鹛 Striated Yuhina *Yuhina castaniceps*

【识别特征】体型稍小（14 cm）。上体橄榄褐色，具白色的羽干纹。头具灰色短羽冠，耳羽、后颈和颈侧栗色。下体灰白色。尾呈凸状，羽缘白色。雌雄相似。【生态习性】栖息于沟谷雨林、常绿阔叶林、针阔混交林和人工林中。成群活动，最大群可达上百只。在不同的树之间飞来飞去，觅食昆虫和植物果实。【分布】国外分布于不丹、印度、缅甸、泰国、老挝。国内分布于陕西、湖北、安徽以南的华南地区。

黄颈凤鹛 Yellow-napped Yuhina *Yuhina flavicollis*

【识别特征】体型稍小（13 cm）。上体褐色，头具褐色的羽冠，羽冠与上背之间夹有灰色和锈红色的环带。眼圈白，并具有黑色的髭纹。喉、胸白色，下体余部淡棕色并具白色的纵纹。雌雄相似。【生态习性】栖息于海拔1 200～2 800 m的沟谷雨林、常绿阔叶林、针阔混交林和次生林中，常结小群在树冠层觅食昆虫。【分布】国外分布于印度、尼泊尔、中南半岛。国内分布于西藏、云南。

纹喉凤鹛 Stripe-throated Yuhina *Yuhina gularis*

【识别特征】体型略小（15 cm）。上体橄榄褐色，头具褐色的羽冠，翅黑而带橙棕色细纹。颏和喉部棕白色，具黑色的纹。下胸、腹部和臀部棕黄色。雌雄相似。【生态习性】栖息于1 100 m以上的常绿阔叶林、针阔混交林和林缘灌丛中。结小群活动，有时也与其他鸟类混群，在小树或灌丛顶部觅食花、果实和昆虫。【分布】国外分布于尼泊尔、印度、缅甸和越南。国内分布于陕西、四川、西藏、云南。

黄颈凤鹛 | 董磊 摄

纹喉凤鹛 | 周华明 摄

白领凤鹛 White-collared Yuhina *Yuhina diademata*

【识别特征】体型略小 (17 cm)。体烟褐色，具明显的羽冠。眼圈、枕部和颈侧白色。翅黑色，外侧初级飞羽边缘白。喙及附近羽毛均黑色。胸褐色，下体余部白色。雌雄相似。【生态习性】栖息于海拔1 100～3 600 m的常绿阔叶林、针阔混交林、针叶林、竹林和林缘灌丛中，结小群活动，在树冠层觅食昆虫和植物果实。【分布】国外分布于缅甸东北部和越南北部。国内分布于甘肃、云南、四川、贵州、重庆、湖北、广西。

白领凤鹛 | 韦铭 摄

棕臀凤鹛 董磊 摄

褐头凤鹛 孙驰 摄

棕臀凤鹛 Rufous-vented Yuhina *Yuhina occipitalis*

　　【识别特征】体型稍小 (13 cm)。体多褐色，羽冠前端灰，后端与枕部棕栗色。具白色的眼圈和黑色的髭纹。下体淡葡萄色，臀部棕栗色。雌雄相似。【生态习性】栖息于海拔1 800～3 800 m的常绿阔叶林、针阔混交林、针叶林和林缘灌丛中。成小群活动，也常加入其他鸟类的混合群中，在树冠层觅食昆虫。【分布】国外分布于尼泊尔、孟加拉、印度和缅甸。国内分布于西藏、云南、四川。

褐头凤鹛 Taiwan Yuhina *Yuhina brunneiceps*

　　【识别特征】体型中等的凤鹛 (13 cm)。冠羽栗色侧缘黑白色。黑色环耳羽伸至眼后。喉白而具黑色细纹。下体白色，胸沾灰色，两胁有栗色斑，背、两翅及尾均橄榄灰色。【生态习性】结群活泼。活动、藏隐于森林较低层，不惧生。【分布】我国特有种，分布于台湾。

黑颏凤鹛 黄耀华 摄　　火尾绿鹛 宋晔 摄

白腹凤鹛 肖克坚 摄

黑颏凤鹛 Black-chinned Yuhina *Yuhina nigrimenta*

【识别特征】体型稍小（12 cm）。上体橄榄灰色，头灰色，具稍短的羽冠，羽冠前缘形成黑色的纵纹。眼先、颏和额部均黑色。下体偏白。雌雄相似。【生态习性】栖息于海拔2 300 m以下的常绿阔叶林、常绿落叶阔叶混交林、针阔混交林和林缘灌丛中。常成群活动，性喧闹，容易发现，在树冠层觅食昆虫。【分布】国外分布于印度、中南半岛。国内分布于西藏、云南、贵州、四川、重庆、湖北、湖南、浙江、福建、广西。

白腹凤鹛 White-bellied Yuhina *Erpornis zantholeuca*

【识别特征】体型稍小（12 cm）。上体橄榄绿色，羽冠短但明显，头顶具暗淡的黑色羽轴纹。下体灰白色，但尾下覆羽黄色。雌雄相似。【生态习性】栖息于海拔2 000 m以下的沟谷雨林、常绿阔叶林、针阔混交林和林缘灌丛中，有时也到村庄附近活动。成小群生活，常与其他鸟类混群，主要在低矮树冠和灌木顶部觅食昆虫。【分布】国外分布于喜马拉雅山脉、中南半岛、马来半岛、印度尼西亚。国内分布于云南、贵州、福建、江西、广东、广西、台湾、海南。

火尾绿鹛 Fire-tailed Mysornis *Myzornis pyrrhoura*

【识别特征】体型稍小（12 cm）。体羽多绿色，头顶至枕形成黑色的斑纹，并有黑色的贯眼纹。两翅黑色，具橙红的翅斑和白色的端斑。喉、胸棕红色，尾端黑，外侧具明显的赤红色斑。雌鸟羽色较暗淡，无胸前红斑。【生态习性】栖息于海拔2 000～4 000 m的森林、竹林和杜鹃灌丛中。成对或结小群活动，频繁在花丛中取食蜜，偶尔也取食昆虫。【分布】国外分布于尼泊尔、印度和缅甸。国内分布于云南、西藏、四川。

鸦雀科 Paradoxornithidae（Parrotbills）

红嘴鸦雀 Great Parrotbill *Conostoma oemodium*

【识别特征】体大的褐色鸦雀（24～29 cm）。具强健的圆锥形黄色喙。前额灰白色，眼先和眼上淡黑色，尾羽棕褐色，脚绿灰色。【生态习性】多栖息于亚高山密林的林下灌丛及竹丛间。常成对或结小群活动，飞行力较弱。【分布】国外分布于印度、尼泊尔、不丹、缅甸。主要分布于横断山区。国内分布于四川、云南、西藏、重庆、甘肃、陕西等地。

褐鸦雀 Brown Parrotbill *Paradoxornis unicolor*

【识别特征】体长（20 cm）。头侧具显著黑色长眉纹，眼圈白色。喙黄色、粗短。上体棕褐色，下体灰色。【生态习性】常结小群栖息于亚高山针阔混交林中的灌竹密丛。喜吵闹，有时与其他鸦雀混群。【分布】国外分布于喜马拉雅山地、缅甸。国内分布于西藏、云南、四川、重庆。

红嘴鸦雀 | 戴波 摄

褐鸦雀 | 肖克坚 摄

灰头鸦雀 Grey-headed Parrotbill *Paradoxornis gularis*

【识别特征】体长（18 cm）。头灰色，头侧具长而宽的黑色眉纹。喙橘黄色。喉中部黑色。上体棕褐色，下体白色。翅、尾褐色。【生态习性】喜吵闹，常结群栖息于低山森林、竹林及灌丛中。【分布】国外分布于喜马拉雅山脉、中南半岛。国内分布于南方大部分地区。

三趾鸦雀 Three-toed Parrotbill *Paradoxornis paradoxus*

【识别特征】体较大橄榄灰色的鸦雀（18～20 cm）。喙蜡黄色。眼先和眉纹棕褐色或黑褐色，向后延伸至后颈。眼周具显著白圈。脚3趾。【生态习性】栖息于海拔1 500～3 600 m的密林、竹林及灌丛间。单只、成对或结小群活动，有时亦与其他鸦雀混群。【分布】我国特有种，分布于四川、重庆、陕西南部和甘肃南部。

灰头鸦雀｜朱英　摄

三趾鸦雀｜唐军　摄

点胸鸦雀 | 朱英 摄

点胸鸦雀 Spot-breasted Parrotbill *Paradoxornis guttaticollis*

【识别特征】体长（18～20 cm）。喙黄色。颊白色，具黑色鳞状斑纹。耳羽后具显著的黑色块斑。上胸具深色的倒"V"字形细纹。头顶至枕部橙棕色，上体余部棕褐色，下体浅皮黄白色。【生态习性】栖息于灌丛、竹丛和高草丛。成对或结小群活动。性活泼。【分布】国外分布于印度、孟加拉国、缅甸、泰国、老挝、越南。国内分布于甘肃、陕西、四川、云南、贵州、广东、福建等地。

白眶鸦雀 Spectacled Parrotbill *Paradoxornis conspicillatus*

【识别特征】体长（12～14 cm）。头顶至后颈栗褐色。具明显白色眼圈。颊、喉及胸部具暗色纵纹。上体橄榄灰褐色，下体粉褐色。【生态习性】主要栖息于山地林缘灌竹丛中。单只、成对或结小群活动。性活泼。【分布】我国特有种，分布于青海、甘肃、陕西、宁夏、四川、重庆和湖北。

白眶鸦雀 | 宋晔 摄

棕头鸦雀｜郭冬生　摄

灰喉鸦雀｜谭文奇　摄

棕头鸦雀 Vinous-throated Parrotbill *Paradoxornis webbianus*

【识别特征】体小粉褐色的鸦雀(11～13 cm)。头顶及两翅红棕色。喙灰褐色，先端沾黄色。颏、喉及胸部微具细纹。上体橄榄褐色，下体粉皮黄褐色。【生态习性】常结群栖息于林缘灌丛、竹丛及高草丛间。性活泼、不畏人。【分布】国外分布于俄罗斯远东地区、朝鲜和越南北部。国内分布于东部、东北、中部、西南及南方各省。

灰喉鸦雀 Ashy-throated Parrotbill *Paradoxornis alphonsianus*

【识别特征】体长(12 cm)。外部形态似棕头鸦雀，与棕头鸦雀的主要区别在于脸颊灰色。【生态习性】同棕头鸦雀。【分布】国外分布于越南和老挝北部。国内分布于四川、云南、贵州。

褐翅鸦雀 Brown-winged Parrotbill
Paradoxornis brunneus

【识别特征】体长褐色的鸦雀（11~13 cm）。头顶至枕部及头两侧栗红色，翅褐色。上体余部橄榄褐色。颏、喉及胸酒红色具栗红色细纵纹。下体余部皮黄色。【生态习性】常结群栖息于竹林、灌丛及高草地。性活泼，叫声嘈杂。【分布】国外分布于缅甸东北部。国内分布于云南、四川。

暗色鸦雀 Grey-hooded Parrotbill
Paradoxornis zappeyi

【识别特征】体长（12~13 cm）。头顶具短的暗灰色羽冠。白色眼圈明显。上体棕褐色。下体浅灰色，腹部及尾下覆羽粉褐色。【生态习性】结小群栖息于山区竹林和灌丛中。【分布】我国特有种，分布于四川和甘肃。

褐翅鸦雀 | 高云飞 摄

暗色鸦雀 | 唐军 摄

灰冠鸦雀 Rusty-throated Parrotbill *Paradoxornis przewalskii*

【识别特征】体长（13～14 cm）。头顶及颈背灰色，前额、眼先及眉纹黑色。上体橄榄灰黄色。喉、胸棕黄褐色，下体余部浅黄褐色。【生态习性】结小群栖息于山区针叶林和针阔混交林、竹林和灌草丛中。性活泼。【分布】我国特有种。分布于甘肃和四川。

黄额鸦雀 Fulvous Parrotbill *Paradoxornis fulvifrons*

【识别特征】体长（11～12 cm）。野外不会误认的红褐色鸦雀。头顶两侧各具一条蓝灰色的侧贯纹。眼区白色。颈侧的白色块斑大小不一。外侧初级飞羽具白色外缘。尾羽端部色深。【生态习性】常结群栖息于山区森林及竹林密丛中。性活泼，不甚畏人。【分布】国外分布于尼泊尔、印度、缅甸、不丹。国内分布于西藏、四川、云南。

灰冠鸦雀 | 唐军 摄

灰冠鸦雀 | 董磊 摄

黄额鸦雀 | 董江天 摄

黑喉鸦雀 | 董江天 摄

金色鸦雀 | 戴波 摄

黑喉鸦雀 Black-throated Parrotbill *Paradoxornis nipalensis*

【识别特征】体小红褐色的鸦雀 (10 cm)。额和头顶橙棕色，有的亚种灰色，具黑色宽眉纹。脸颊灰色。上体余部橙棕色或棕褐色。喉及上胸黑色，下体余部近白。【生态习性】结群栖息于山区森林的林下灌丛和竹林中。性胆怯。【分布】国外分布于喜马拉雅山脉、缅甸、泰国、老挝、越南。国内分布于西藏、云南。

金色鸦雀 Golden Parrotbill *Paradoxornis verreauxi*

【识别特征】体长 (10～11 cm)。额、头顶、翅斑及尾羽羽缘橘黄色。眉纹和下颊白色，喉黑色。【生态习性】常结群栖息于山区常绿林林下的竹林密丛中。【分布】国外分布于中南半岛北部。国内分布于陕西、四川、云南、贵州、重庆、湖南、湖北、江西、广东、广西、福建和台湾。

短尾鸦雀 | 唐军 摄

短尾鸦雀 Short-tailed Parrotbill *Paradoxornis davidianus*

【识别特征】体小褐色的鸦雀（10 cm）。头、颈栗红色。颏、喉黑色。背棕灰色或灰色。尾较其他鸦雀明显偏短。【生态习性】结小群栖息于山区竹林密丛中。性活泼。【分布】国外分布于缅甸、泰国、老挝和越南。国内分布于福建、湖南。

红头鸦雀 Rufous-headed Parrotbill *Paradoxornis ruficeps*

【识别特征】体长（16～18 cm）。头棕色。上体橄榄褐色，下体白色或皮黄色。无黑色眉纹。【生态习性】结小群栖息于竹林、灌丛及高草丛中。【分布】国外分布于尼泊尔、不丹、印度、孟加拉国、缅甸和越南。国内分布于西藏和云南。

震旦鸦雀 Reed Parrotbill *Paradoxornis heudei*

【识别特征】体长（17～18 cm）。额、头顶、颈背及脸颊灰色。具明显的黑色长眉纹。背黄褐色，通常具黑色纵纹。额、喉灰白色，下体余部红褐色。【生态习性】常结群栖息于芦苇地。性活泼。【分布】国外分布于西伯利亚东南部、蒙古。国内分布于河南、湖北、江西、江苏、浙江、上海、河北、天津、山东、黑龙江、辽宁和内蒙古。

红头鸦雀 | 董磊 摄

震旦鸦雀 | 倪一农 摄

震旦鸦雀 | 薄顺奇 摄

文须雀(雄) 徐康平 摄

文须雀 Bearded Reedling *Panurus biarmicus*

【识别特征】体长（15~18 cm）。雄鸟头灰色，眼下具显著黑色髭状斑。雌鸟与雄鸟相似，但头灰棕色，无黑色髭状斑。【生态习性】结群栖息于江河、湖泊沿岸的芦苇沼泽中。性活泼。【分布】国外分布于欧亚大陆及非洲北部。国内分布于北方及上海多芦苇地带。

文须雀(雌) | 宋晔 摄

扇尾莺科 Cisticolidae(Cisticolas)

棕扇尾莺 | 宋晔 摄

棕扇尾莺 Zitting Cisticola *Cisticola juncidis*

【识别特征】体型很小(10 cm)。眉纹白色,成鸟上体栗棕色而具明显的黑褐色纵纹,繁殖期头顶的纵纹不明显。下体黄白色,两胁染棕黄色。尾短,且中央尾羽最长而呈凸尾,具棕色端斑和黑色次端斑;外侧尾羽具白色端斑。【生态习性】主要繁殖于海拔1 000 m以下的山脚、丘陵、平原低地灌丛和湿地苇塘等低矮茂密植被生境中。【分布】国外分布于南欧、非洲、东亚、南亚、东南亚和澳大利亚、巴布亚新几内亚。国内分布于长江以南多为留鸟,长江以北分布可达河北、北京、天津等地,北方的种群南迁越冬。

金头扇尾莺 Golden-headed Cisticola *Cisticola exilis*

【识别特征】体型很小(10 cm)。外形与棕扇尾莺相似,但无明显白色眉纹,背部的纵纹也较细弱。雄鸟繁殖期整个头部为金黄色或黄白色(*volitans*亚种,台湾),非繁殖羽头顶则具有数列黑色纵纹;雌鸟与雄鸟非繁殖羽相似,但尾较短。下体黄白色,胸、胁染黄褐色。【生态习性】主要繁殖于海拔1 000 m以下的山脚、平原及河床的浓密灌草丛中。【分布】国外分布于印度到东南亚、澳大利亚、巴布亚新几内亚。国内分布于湖南、安徽、福建、广东、云南、贵州和台湾等地。

金头扇尾莺 | 薄顺奇 摄

山鹛 宋晔 摄

山鹛 冯利民 摄

山鹛 Chinese Hill Warbler *Rhopophilus pekinensis*

【识别特征】体型较大（17 cm）。特征明显，具长而明显的灰白色眉纹，上体灰褐色而具明显的暗色纵纹。下体白色，颈侧、胸侧、两胁和腹部具栗色纵纹。【生态习性】主要栖息于生长有稀疏树木的山坡和平原疏林灌丛中。【分布】我国特有种，东北、华北和西北等地相应生境中较常见留鸟。

褐山鹪莺　黎宏　摄

褐山鹪莺 Brown Prinia *Prinia polychroa*

　　【识别特征】体型中等 (16 cm)。无明显眉纹，尾很长。成鸟繁殖期上体暗灰褐色，隐约可见浅色纵纹。非繁殖羽似山鹪莺但背部纵纹较不明显。整个下体为均一的灰白色而无黑斑。【生态习性】主要栖息于林缘和山边灌草丛中。【分布】国外分布于缅甸、老挝、越南和爪哇。国内分布于云南东南部。

山鹪莺 Striated Prinia *Prinia crinigera*

【识别特征】体型中等（16 cm）。无明显眉纹，尾很长。成鸟繁殖期背部暗褐色，其上纵纹不甚明显，腹部为均一的淡黄褐色。非繁殖羽背部为黄褐色而具较多的黑色纵斑，下体喉和胸黄褐色，杂有不规则黑斑，腹部中央为白色。【生态习性】主要栖息于低山和山脚地带的灌草丛中，尤其常见于山边的稀树草坡。【分布】国外分布于阿富汗、喜马拉雅山脉。国内广泛分布于甘肃、陕西南部及长江以南各省。

黑喉山鹪莺 Hill Prinia *Prinia atrogularis*

【识别特征】体型中等（17 cm）。眉纹白色，头青灰色，尾很长。成鸟繁殖期颏、喉白色，胸部皮黄色而具黑斑，背部为暗褐色，下体多为棕黄色。非繁殖羽头、背部为灰褐色，胸部黑斑更为明显。【生态习性】主要栖息于山边灌草丛，尤喜河谷和林缘疏林灌丛。【分布】国外分布于喜马拉雅山脉、尼泊尔、中南半岛、马来西亚。国内分布于四川西南部、云南西部和南部、西藏南部、贵州、广东、广西、福建。

山鹪莺｜戴波　摄

黑喉山鹪莺｜宋晔　摄

暗冕山鹪莺 Rufescent Prinia *Prinia rufescens*

【识别特征】体型较小 (11 cm)。具白眉纹,尾较短。成鸟繁殖期头部青灰色,上体棕褐色,下体白色,两胁染淡黄色。非繁殖羽头部为灰褐色。【生态习性】主要栖息于海拔1 500 m以下的低山、丘陵和山脚平原地带的灌草丛及次生林中。【分布】国外分布于印度到中南半岛。国内分布于西藏、云南、贵州、广东、广西等地。

灰胸山鹪莺 Grey-breasted Prinia *Prinia hodgsonii*

【识别特征】体型较小 (11 cm)。无明显白眉纹,尾较短。成鸟繁殖期头部为深灰色,喉部白,具浅灰蓝色的胸带,背部栗色而下体白。尾羽端白色,次端斑黑色。非繁殖羽似暗冕山鹪莺,颈侧和腹部常染灰色。【生态习性】主要栖息于低山丘陵和山脚平原地带的灌草丛和稀树草坡中。【分布】国外分布于喜马拉雅山脉、中南半岛。国内分布于西南地区和广东等地。

暗冕山鹪莺 | 彭建生 摄

灰胸山鹪莺 | 朱英 摄

黄腹山鷦莺 | 冯利民 摄

黄腹山鷦莺 Yellow-bellied Prinia *Prinia flaviventris*

【识别特征】体型较小 (11 cm)。具白眉纹，尾较长。成鸟繁殖期头顶暗灰色，背部橄榄褐色，腹部淡黄褐色（*sonitans*亚种）或头顶青灰色，背部橄榄绿色，腹部嫩黄色（*delacouri*亚种，云南）。非繁殖羽体色较淡，白色眉纹较明显且尾更长。【生态习性】主要栖息于山脚和平原地带的芦苇、湿地、灌丛和草地。【分布】国外分布于印度、缅甸到印度尼西亚。国内见于云南西部、南部及华南各省。

纯色山鹪莺 Plain Prinia *Prinia inornata*

【识别特征】体型较小（12 cm）。具白眉纹，尾较长。成鸟繁殖期背部为灰褐色，头顶颜色较深，额头染棕色，下体白而染淡皮黄色。非繁殖羽上体为红棕褐色，下体则为淡棕色。【生态习性】主要栖息于海拔1 500 m以下的低山丘陵、山脚和平原地带的灌草丛中。【分布】国外分布于阿富汗、印度、中南半岛、印度尼西亚。国内广泛分布于华东、华南地区。

纯色山鹪莺 | 肖克坚 摄

栗头地莺 ｜ 戴波 摄

莺科 Sylviidae（Old World Warblers）

栗头地莺 Chestnut-headed Tesia *Tesia castaneocoronata*

【识别特征】体型非常小（8 cm）。色彩鲜艳而尾短。成鸟头部多为亮栗色，上体橄榄绿色，下体鲜黄色，两肋染橄榄绿色，特征鲜明。亚成鸟上体全为深橄榄褐色，下体则为浅栗色。【生态习性】主要繁殖于海拔 1 800～3 300 m 的山区林下茂密的灌丛中，多在地面活动。【分布】国外分布于喜马拉雅山脉、越南、泰国。国内不常见，分布于西南地区山地森林。

金冠地莺 Slaty-bellied Tesia *Tesia olivea*

【识别特征】体型非常小而尾短（8 cm）。过眼纹黑色，头顶至枕部为金黄橄榄色，上体橄榄绿色，下体深青灰色。【生态习性】主要繁殖于海拔1 400～2 000 m的潮湿温带森林和杜鹃林中。【分布】国外分布于印度到中南半岛北部。国内分布于云南、四川、贵州。

鳞头树莺 Asian Stubtail *Urosphena squameiceps*

【识别特征】体型小而尾极短的树莺（10 cm）。喙尖细，顶冠具斑纹，贯眼纹深色，眉纹浅色，上体褐，下体近白，两胁及臀均皮黄色。【生态习性】单独或成对活动。【分布】国外分布于东北亚，越冬于印度到中南半岛。国内见于东北、华中、华东、东南、华南及台湾。

金冠地莺｜董磊　摄

鳞头树莺｜朱英　摄

远东树莺 Manchurian Bush Warbler *Cettia canturians*

【识别特征】体型略大棕色的树莺（17 cm）。眉纹皮黄色，眼纹深褐，无翅斑及顶纹，上喙褐色，下喙色浅，尾略上翘，脚粉红。【生态习性】活动于次生灌丛。【分布】国外分布于印度东北部、菲律宾及东南亚。国内见于河北以南地区及台湾。

强脚树莺 Brownish-flanked Bush Warbler *Cettia fortipes*

【识别特征】体型中等常见的树莺（11 cm）。上体橄榄褐色，眉纹皮黄色，下体淡棕色，两胁染棕褐色。与黄腹树莺相近，但体色更深，头部的棕色更浓重，眉纹也更为清晰。【生态习性】主要繁殖于海拔2 000 m以下的中低山常绿阔叶林、次生林及林缘灌草丛、竹丛中。【分布】国外分布于喜马拉雅山脉到越南。国内广泛分布于长江流域及西南、华南地区。

远东树莺｜朱英 摄

强脚树莺｜朱英 摄

大树莺 Chestnut-crowned Bush Warbler *Cettia major*

【识别特征】体型中等罕见的树莺（13 cm）。头顶和枕部栗色，其余上体橄榄褐色，皮黄色眉纹明显，上胸灰白色，胸侧和两胁染橄榄褐色或棕色，腹部白色。【生态习性】主要繁殖于海拔2 900 m以上的中高山和高山冷杉林的林下灌丛、竹丛和杜鹃林中，越冬生境不详。【分布】国外分布于喜马拉雅山脉、缅甸。国内分布于四川、云南和西藏等地。

异色树莺 Aberrant Bush Warbler *Cettia flavolivacea*

【识别特征】体型中等常见的树莺（12 cm）。上体橄榄绿色而染褐，眉纹黄色，颏、喉部黄白色，其余下体淡棕色，与深色上体对比明显。【生态习性】主要繁殖于海拔2 000 m以上的中高山常绿阔叶林和针叶林林下灌丛、竹丛和杜鹃林中，冬季下到低山和山脚平原的灌草丛中。【分布】国外分布于喜马拉雅山脉、缅甸。国内分布于山西、陕西、四川、云南和西藏等地。

黄腹树莺 Yellowish-bellied Bush Warbler *Cettia acanthizoides*

【识别特征】体型较小常见的树莺（10 cm）。上体橄榄褐色，眉纹皮黄色，喉、胸部灰棕色，其余下体为嫩黄色。【生态习性】主要繁殖于海拔1 500～3 700 m的中高山森林及林缘灌丛、竹丛中，越冬生境不详。鸣唱为一段极有特点长约50 s尖细拖长的哨音，前半段音调持续升高，至高潮突降而以一串颤音结尾。【分布】国外分布于喜马拉雅山脉。国内分布于甘肃、陕西、四川、西藏、贵州、云南、安徽、福建、台湾等地。

大树莺｜董磊 摄　　　　异色树莺｜戴波 摄

黄腹树莺｜韦铭 摄

棕顶树莺 | 董磊 摄

斑胸短翅莺 | 唐军 摄

棕顶树莺 Grey-sided Bush Warbler *Cettia brunnifrons*

【识别特征】体型较小不常见的树莺（10 cm）。外形与大树莺相近，但体型较小，栗色头部跟白色眉纹的对比鲜明，且眉纹更长而醒目。【生态习性】主要繁殖于海拔2 500～4 000 m的高山森林和林缘灌丛中，冬季下到海拔1 000～2 000 m的茂密灌草丛中越冬。【分布】国外分布于喜马拉雅山脉、缅甸。国内分布于四川、云南和西藏等地。

斑胸短翅莺 Spotted Bush Warbler *Bradypterus thoracicus*

【识别特征】体型中等常见的短翅莺（12 cm）。上体橄榄褐色，皮黄色眉纹较细弱，胸灰色而具明显黑斑，其余下体污白色，两胁和尾下覆羽为暗棕色，尾下覆羽上有明显的浅色横纹。【生态习性】主要繁殖于海拔2 000 m以上的中、高山森林林下灌丛和箭竹丛中，越冬生境不详。鸣唱为特征性带金属质感似蝉鸣而持续不断的重复"嗞"声。【分布】国外分布于喜马拉雅山脉。国内见于东北、内蒙、北京、河北、陕西、宁夏到西南。

台湾短翅莺 Taiwan Bush Warbler *Bradypterus alishanensis*

【识别特征】体型较小的莺（13～14 cm）。喙细略下弯，喉、胸白色，喉具小黑点斑，翅短，尾下覆羽有白色横斑。雌雄同色较为单调。【生态习性】一般单独活动于雨林地及灌丛。【分布】我国特有种，分布于台湾。

棕褐短翅莺 Brown Bush Warbler *Bradypterus luteoventris*

【识别特征】体型中等不常见的短翅莺（13 cm）。上体棕褐色，下体污白，上胸、两胁和尾下覆羽染淡棕褐色。外形与斑胸短翅莺相近，但体色较浅，无明显眉纹，胸部无黑斑，尾下覆羽无明显浅色横纹。【生态习性】主要繁殖于海拔1 900～3 000 m以上的山地森林及林缘灌草丛和竹丛，冬季下到山脚和邻近平原地带。【分布】国外分布于喜马拉雅山脉、印度、缅甸、孟加拉。国内广泛分布于长江流域及以南各省，向北可到河北、北京等地。

矛斑蝗莺 Lanceolated Warbler *Locustella lanceolata*

【识别特征】体型较小而尾短常见的蝗莺（12 cm）。上体橄榄褐色而密布明显的黑色纵纹，皮黄色眉纹细弱，下体乳白色也具很多黑纵纹。【生态习性】主要繁殖于海拔较低开阔生境的茂密植被中，常见于湿地中。【分布】国外分布于俄罗斯、东北亚、喜马拉雅山脉、东南亚。国内繁殖于东北，迁徙经过华北、华中和西南地区。

台湾短翅莺 | 潘思佳 摄

棕褐短翅莺 | 戴波 摄

矛斑蝗莺 | 王晓刚 摄

黑斑蝗莺 | 邢睿 摄

小蝗莺 | 王晓刚 摄

黑斑蝗莺 Grasshopper Warbler *Locustella naevia*

【识别特征】体型中等（13 cm）。体羽橄榄褐色，背黑色纵纹，下体皮黄色，喉淡黄色，上喙色暗，下喙基粉红，眉纹不明显，尾色较深。【生态习性】在灌丛下活动。【分布】国外分布于欧洲和西亚、印度，迁徙、越冬于非洲北部和西部。国内见于新疆。

小蝗莺 Rusty-rumped Warbler *Locustella certhiola*

【识别特征】体型中等常见的蝗莺（13 cm）。上体橄榄棕色，头顶和背部具明显黑纵纹，白色眉纹较矛斑蝗莺醒目，下体白色而无黑纵纹。【生态习性】主要栖息于湖泊与河流岸边及邻近的疏林、林缘灌草丛中。【分布】国外分布于西伯利亚、印度、中南半岛、印度尼西亚。国内繁殖于东北、西部地区北部，迁徙时经过华中、华东和华南地区。

北蝗莺 薄顺奇 摄

东亚蝗莺 薄顺奇 摄

鸲蝗莺 邢睿 摄

北蝗莺 Middendorff's Warbler *Locustella ochotensis*

【识别特征】体型较大不常见的蝗莺（14 cm）。外形与小蝗莺相近，但体型较大，灰白色的眉纹更为醒目，上体铁锈色而不具明显纵纹，下体污白，胸和两胁染浅棕褐色。【生态习性】主要栖息于平原、低山山坡灌丛和高草丛中，偏好生境与小蝗莺相似。【分布】国外分布于东北亚。迁徙时经过我国东北、华北、华中和华南沿海到东南亚。

东亚蝗莺 Pleske's Warbler *Locustella pleskei*

【识别特征】体型较大罕见的蝗莺（15 cm）。外形与北蝗莺相近，但喙和尾更显长，整体羽色偏暗而呈灰褐色，大覆羽和三级飞羽之间没有明显的白色羽缘，眉纹污白色。外侧尾羽端白。【生态习性】主要栖息于海岸、河口、海边水塘、芦苇丛、红树林和沿海岛屿。【分布】国外分布于俄罗斯远东、菲律宾。迁徙时见于我国东部和东南沿海。

鸲蝗莺 Savi's Warbler *Locustella luscinioides*

【识别特征】体型中等（14 cm）。体羽褐色，眉纹皮黄色，下体白色，喙基到眼下也有一端纹，尾羽楔状。【生态习性】栖息于各种林地灌丛环境。【分布】国外分布于欧亚大陆及北非。国内见于新疆。

黑眉苇莺 Black-browed Reed Warbler *Acrocephalus bistrigiceps*

【识别特征】体型较小常见的苇莺（12 cm）。上体橄榄棕色，白色或皮黄色的眉纹粗大而醒目，其上还有一道并行的明显黑纹，下体多为白色，两胁和尾下覆羽染皮黄色。【生态习性】主要栖息于海拔900 m以下低山丘陵和平原的湖泊、河流、水塘等水边湿地灌丛或芦苇丛中。【分布】国外分布于东北亚、印度、中南半岛。国内见于东北、华北和南部地区。

稻田苇莺 Paddyfield Warbler *Acrocephalus agricola*

【识别特征】体型略小棕褐色的苇莺（14 cm）。贯眼纹及耳羽褐色，白色短眉纹，背、腰及尾上覆羽多棕色，下体白色，两胁及尾下覆羽多棕黄褐色。【生态习性】尾不停地抽动和上扬，将顶冠羽耸起。【分布】国外分布于中亚、伊朗、印度及非洲。国内见于新疆。

黑眉苇莺｜王晓刚　摄

稻田苇莺｜朱英　摄

芦莺 | 邢睿 摄

布氏苇莺 | 邢睿 摄

芦莺 Eurasian Reed Warbler *Acrocephalus scirpaceus*

　　【识别特征】体型中等（13 cm）。体羽褐色无纵纹，雌雄相似，淡白色眉纹，眼纹短而色深，耳羽色略暗。【生态习性】栖息于高海拔针叶林及灌丛。【分布】国外分布于中亚、欧洲，在非洲越冬。国内见于新疆、云南。

布氏苇莺 Blyth's Reed Warbler *Acrocephalus dumetorum*

　　【识别特征】体型中等（12～14 cm）。体羽暗灰褐色无纵纹，喙长，眉纹白色短，具细深色的过眼纹，颈侧、上胸及两胁沾皮黄色，下体白色。【生态习性】栖息于沼泽苇丛及草地。【分布】国外分布于从北欧到中亚、印度、缅甸。国内见于新疆西北部。

大苇莺 Great Reed Warbler *Acrocephalus arundinaceus*

【识别特征】体型较大的苇莺（19 cm）。国内可见最大的苇莺，上体橄榄灰色，眉纹淡棕黄色，下体白色，胸中部染灰而腹部染黄色。【生态习性】主要栖息于湖畔、河边、水塘等湿地生境的芦苇丛及草丛中。【分布】国外分布于欧洲、非洲、伊拉克、蒙古。国内仅见于云南南部、甘肃和新疆西北部。

东方大苇莺 Oriental Reed Warbler *Acrocephalus orientalis*

【识别特征】体型较大常见的苇莺（18 cm）。外形与大苇莺相近，但体型稍小，喉部和上胸的纵纹更为醒目，尾端的浅色羽缘更粗而显著。【生态习性】主要栖息于海拔900 m以下低山丘陵和平原的湖泊、河流、水塘等水边湿地灌丛或芦苇丛中。繁殖期常站在巢附近的芦苇顶端高声鸣叫，十分呱噪。【分布】国外分布于俄罗斯东部、印度、中南半岛、东南亚。国内见于除西藏以外的各省。

大苇莺 朱英 摄

东方大苇莺 肖克坚 摄

噪苇莺 Clamorous Reed Warbler *Acrocephalus stentoreus*

【识别特征】体型略大褐色的苇莺（19 cm）。尾长，眉纹白色，上体全褐色，下体白色，两胁及尾下覆羽多黄褐色，腰、尾及尾上覆羽多棕色，喙细尖，喉部无深色纵纹。【生态习性】活动于芦苇地、稻田及红树林。【分布】国外分布于埃及、中东、印度、东南亚、菲律宾北部、马来诸岛、澳大利亚。国内见于西藏、云南、四川、贵州。

厚嘴苇莺 Thick-billed Warbler *Acrocephalus aedon*

【识别特征】大型苇莺（20 cm）。体羽橄榄褐色或深棕色，头及冠羽浅灰，无眉纹，喙粗短，尾长而凸。【生态习性】栖息于林地、林缘、灌丛和深暗荆棘丛，性隐匿。【分布】繁殖于古北界北部、西伯利亚中南部至俄罗斯南部远东和中国东北地区。越冬至中国南方、东南亚及印度。不常见，但分布广泛。国内，指名亚种*aedon*繁殖于内蒙古东北部的博格图及扎兰屯；亚种*stegmanni*广泛繁殖于中国东北及内蒙古中部，越冬偶见于韩国和日本。

靴篱莺 Booted Warbler *Hippolais caligata*

【识别特征】体型小褐色的莺（11 cm）。色彩斑纹似苇莺，喙小，眼圈白色，眉纹长而宽近白，伸于眼后，上体灰褐色，下体近白色，两胁及尾下覆羽近皮黄色，尾平，尾羽外侧白色。【生态习性】活动于干旱灌丛及矮树林。【分布】国外分布于印度、俄罗斯及中亚。国内罕见留鸟见于新疆西部。

噪苇莺　董江天　摄

厚嘴苇莺　张明　摄

靴篱莺　朱英　摄

赛氏篱莺 | 董江天 摄

栗头缝叶莺 | 彭建生 摄

赛氏篱莺 Sykes's Warbler *Hippolais rama*

【识别特征】体型略小褐色的莺（12 cm）。色彩斑纹似苇莺，与靴篱莺相比体略大，上体褐色少，下体白色，喙较大。【生态习性】常藏于干旱灌丛及矮树林。【分布】国外分布于俄罗斯、中亚及印度。国内罕见于新疆西部。

栗头缝叶莺 Mountain Tailorbird *Orthotomus cucullatus*

【识别特征】体型中等的缝叶莺（11 cm）。成鸟头顶为鲜亮的栗色，眉纹黄色但在眼后方转为白色，头侧、后颈和颈侧为暗灰色，背部橄榄绿色，两翅和尾褐色，颏、喉、胸白色，其余下体亮黄色。亚成鸟眉纹为黄色，上体为淡橄榄绿色，颏、喉、胸为污白色，其余下体黄色。【生态习性】主要栖息于海拔1 500 m以下的低山及河谷地带常绿阔叶林和沟谷雨林中，也见于竹林、林缘灌丛和稀树草坡等相对开阔生境。【分布】国外分布于印度、东南亚。国内仅分布于云南、广西、广东、海南、湖南。

长尾缝叶莺 | 谢志伟 摄

花彩雀莺 | 王宁 摄

长尾缝叶莺 Common Tailorbird *Orthotomus sutorius*

【识别特征】体型中等常见的缝叶莺（13 cm）。前额和头顶栗色，到枕部变为浅棕褐色，上体橄榄绿色，下体苍白而染皮黄色。繁殖期雄鸟的一对中央尾羽特别狭长而突出。【生态习性】主要栖息于海拔1 000 m以下的低山、山脚和平原，常见于人居环境周围。【分布】国外分布于巴基斯坦、印度、中南半岛、印度尼西亚。国内分布于西藏东南、贵州、云南、湖南、江西和华南各省。

花彩雀莺 White-browned Tit Warber *Leptopoecile sophiae*

【识别特征】体型较小艳丽的莺类（10 cm）。雄鸟具醒目的灰白色眉纹，头顶栗色或棕红色，背灰色，腰和尾上覆羽为辉蓝紫色，下体皮黄或紫色。雌鸟似雄鸟，但羽色暗淡许多。【生态习性】主要栖息于海拔2 500 m以上的亚高山和高山矮林、杜鹃灌丛和草地。【分布】国外分布于中亚、印度、不丹。国内分布于甘肃、青海、西藏、四川和新疆等地。

凤头雀莺 Crested Tit Warbler *Leptopoecile elegans*

【识别特征】体型较小艳丽的莺类（10 cm）。雄鸟头顶灰色，具一长而尖的白色羽冠，头侧、后颈和颈侧栗色，背部、肩部和两翅为蓝灰色，颏、喉、胸淡栗色，腹部为粉紫色。雌鸟头顶羽色较暗，羽冠较短，上背赭褐色，下背和腰蓝色，下体污白，尾下覆羽粉紫色。【生态习性】主要栖息于海拔3 000～4 000 m的高原山地冷杉林中。【分布】我国特有种，仅分布于宁夏、甘肃、青海东北部、西藏东部及四川。

凤头雀莺（雌）｜董磊 摄

凤头雀莺｜冯利民 摄

黄腹柳莺 Tickell's Leaf Warbler *Phylloscopus affinis*

【识别特征】体型中等无翅斑黄色的柳莺（11 cm）。上体橄榄绿色，眉纹黄色，下体全为整齐的淡黄绿色（指名亚种）或鲜黄色（*perflavus*亚种），无明显胸带，两胁与胸腹同色。【生态习性】主要繁殖于喜马拉雅山脉高海拔灌丛草甸中。【分布】国外分布于巴基斯坦、喜马拉雅山脉、缅甸、泰国。国内见于西部。

棕腹柳莺 Buff-throated Warbler *Phylloscopus subaffinis*

【识别特征】体型中等无翅斑的黄色的柳莺（10.5 cm）。上体橄榄褐色，细长眉纹醒目，喙短且先端色深。下体棕黄色。【生态习性】主要栖息于海拔9 00～2 800 m的山地针叶林和林缘灌丛。【分布】国外分布于越南、缅甸、泰国、老挝。国内繁殖于中部和西部广大山区，越冬于云南、华南等地。

黄腹柳莺 | 董磊 摄

棕腹柳莺 | 戴波 摄

灰柳莺 | 邢睿 摄

灰柳莺 *Sulphur-bellied Warbler Phylloscopus griseolus*

【识别特征】体型中等（11 cm）。体羽褐色，淡眉纹长，过眼纹近黑色，翅黑色，下体白。【生态习性】栖息于高海拔山地的疏林或灌丛附近。【分布】国外分布于中亚、蒙古、印度。国内见于内蒙古、青海、新疆。

棕眉柳莺 *Yellow-streaked Warbler Phylloscopus armandii*

【识别特征】体型较大无翅斑褐色的柳莺（12 cm）。上体橄榄褐色，眉纹长而宽，在眼前方为黄色，眼后则为白色，与褐柳莺正好相反，喙较为强壮。下体近白色而具细的黄色纵纹。【生态习性】主要栖息于海拔3 200 m以下的中低山区和山脚平原的森林、林缘灌丛中。【分布】国外分布于泰国、老挝、缅甸。目前已知仅在我国境内繁殖，见于华北、华中、西南各省及辽宁、青海南部、内蒙古。

棕眉柳莺 | 冯利民 摄

巨嘴柳莺 董江天 摄

橙斑翅柳莺 周华明 摄

巨嘴柳莺 Radde's Warbler *Phylloscopus schwarzi*

【识别特征】体型中等无斑纹橄榄褐色的柳莺（12.5 cm）。尾大略分叉，喙厚，眼纹深褐色，脸侧及耳羽具深色斑点，下体近白，胸及两胁皮黄，尾下覆羽近黄褐。【生态习性】常隐匿、取食于地面，尾及两翅常抽动。【分布】国外分布于西伯利亚、东北亚及中南半岛。国内除宁夏、青海、西藏外，见于各省。

橙斑翅柳莺 Buff-barred Warbler *Phylloscopus pulcher*

【识别特征】体型较小有翅斑腰浅色的柳莺（10 cm）。具醒目的1或2道橙黄色翅斑，喙黑色而纤细，背为较深的橄榄绿色，腰黄色，外侧尾羽白色明显，下体污白而染黄绿色。【生态习性】主要繁殖于海拔1 500～4 300 m的山地森林中，尤其在高山针叶林和杜鹃灌丛中较为常见。【分布】国外分布于喜马拉雅山脉、缅甸、越南。国内主要见于陕西、甘肃及西南地区。

灰喉柳莺 Ashy-throated Warbler *Phylloscopus maculipennis*

【识别特征】体型较小有翅斑腰浅色的柳莺（9 cm）。头顶至后颈暗褐色，眉纹白色，具1或2道黄色翅斑，灰色喉部与淡黄色腹部对比十分明显，腰黄色，外侧尾羽白色明显。【生态习性】主要繁殖于海拔2 000～3 500 m的山地森林和竹林中，冬季下到海拔1 000 m的低山及山脚平原活动。【分布】国外分布于克什米尔、喜马拉雅山脉、缅甸到越南。国内见于西藏南部、云南和四川等地。

淡黄腰柳莺 Lemon-rumped Warbler *Phylloscopus chloronotus*

【识别特征】体型较小有翅斑腰浅色的柳莺（10 cm）。上体橄榄绿色染灰，头顶具明显的顶冠纹，贯眼纹为灰褐色，颊部有明显的杂斑，上喙黑而下喙有浅色部分，具2道白色翅斑，次级飞羽基部有黑斑，下体污白。【生态习性】主要繁殖于喜马拉雅山脉中高山针叶林和针阔混交林中。【分布】国外分布于喜马拉雅山脉、缅甸、泰国、越南。国内仅见于云南、西藏东南和南部。

灰喉柳莺｜周华明　摄

淡黄腰柳莺｜董江天　摄

黄腰柳莺 | 朱英 摄

云南柳莺 | 戴波 摄

黄腰柳莺 Pallas's Leaf Warbler *Phylloscopus proregulus*

【识别特征】体型小背部绿色的柳莺（9 cm）。腰近黄色，具2道浅色翅斑，下体近灰白，尾下覆羽浅黄，粗眉纹黄色，喙黑色，基部橙黄，脚粉红。【生态习性】活动于亚高山林地。【分布】国外分布于亚洲北部的西伯利亚、萨哈林岛、蒙古、泰国、中南半岛。国内除西藏外，见于各省。

云南柳莺 Chinese Leaf Warbler *Phylloscopus yunnanensis*

【识别特征】体型较小有翅斑腰浅色的柳莺（10 cm）。外形与淡黄腰柳莺相近，但上体橄榄绿色较为鲜明，顶冠纹不明显，在接近前额时几乎消失，贯眼纹为黑色，喙较淡黄腰柳莺长，具2道皮黄色翅斑，次级飞羽基部无黑斑。【生态习性】主要繁殖于中高海拔的针叶林或针阔混交林。【分布】国外分布于印度、中南半岛北部。目前已知仅在我国境内繁殖，见于辽宁、河北、北京、河南、山西、四川、陕西、甘肃、青海、云南、重庆、湖北等地。

黄眉柳莺 *Yellow-browed Warbler Phylloscopus inornatus*

【识别特征】体型较小有翅斑无浅色腰的柳莺（10 cm）。上体橄榄绿色较为鲜明，黄白色眉纹长而明显，通常具2道明显的黄白色翅斑。下体污白，胸、两胁和尾下覆羽染黄绿色，脚颜色较浅。【生态习性】主要栖息于山地和平原的森林中，尤以针叶林和针阔混交林中较常见。【分布】国外分布于西伯利亚、中南半岛。国内见于除新疆以外的各省。

黄眉柳莺 | 黄耀华 摄

极北柳莺 | 朱英 摄

极北柳莺 Arctic Warbler *Phylloscopus borealis*

【识别特征】体型较大有翅斑无浅色腰的柳莺（12 cm）。上体橄榄绿染灰，眉纹黄白色长而显著，喙较粗厚，通常仅1道黄白色翅斑。下体污白而微染黄绿色，体型显得较为修长。【生态习性】主要栖息于较为潮湿的针叶林和针阔混交林中。【分布】国外分布于欧亚大陆北部和阿拉斯加、东南亚。国内繁殖于黑龙江和乌苏里江流域，部分种群在华南越冬，迁徙时见于各省。

极北柳莺 | 郭冬生 摄

暗绿柳莺 董江天 摄

双斑绿柳莺 宋晔 摄

暗绿柳莺 Greenish Warbler *Phylloscopus trochiloides*

【识别特征】体型较小有翅斑无浅色腰的柳莺（10 cm）。上体暗橄榄绿色，皮黄色的眉纹常延伸至喙基部，通常仅1道翅斑明显，下体灰白染黄色。【生态习性】主要繁殖于海拔1 500～3 900 m的中高山和高山针叶林及针阔混交林中。【分布】国外分布于亚洲北部、喜马拉雅山脉、中南半岛。国内见于西部各省，越冬于云南。

双斑绿柳莺 Two-barred Warbler *Phylloscopus plumbeitarsus*

【识别特征】体型较小有翅斑无浅色腰的柳莺（10 cm）。外形与暗绿柳莺很相近，但常具2道明显翅斑。眉纹长。【生态习性】主要繁殖于中高纬度针叶林和针阔混交林。【分布】国外分布于远东、中南半岛。繁殖于我国东北和华东地区，迁徙时除新疆、西藏外，几乎见于我国全境。

淡脚柳莺 | 朱英 摄

淡脚柳莺 Pale-legged Leaf Warbler *Phylloscopus tenellipes*

【识别特征】体型中等色暗的柳莺 (11 cm)。上体橄榄褐色，两道翅斑皮黄色，长眉纹白色，橄榄色过眼纹，喙大，腿近粉色，腰及尾上覆羽橄榄褐色，下体白，两胁皮黄灰色。【生态习性】活动于低层，来回跳跃、弹尾。【分布】国外分布于东北亚和中南半岛。国内见于东北部、海南、华东及华南。

乌嘴柳莺 Large-billed Leaf Warbler *Phylloscopus magnirostris*

【识别特征】体型较大有翅斑无浅色腰的柳莺 (12.5 cm)。眉纹长，具1～2翅斑，外形与暗绿柳莺相近，但体型更大，头顶与背部的颜色深浅对比常不如暗绿柳莺明显，下喙基部色浅，其余部分黑（暗绿柳莺则是下喙端较黑，其余部分多为橙黄色）。【生态习性】主要繁殖于海拔1 800～3 700 m的针叶林和针阔混交林，常不远离河谷和溪流等水域。鸣声为特征性5个连续有声调高低变化的"滴"音节。【分布】国外分布于喜马拉雅山脉周边地区。国内见于青海、甘肃、陕西、西藏、云南和四川等地。

乌嘴柳莺 | 韦铭 摄

冕柳莺 Eastern Crowned Warbler *Phylloscopus coronatus*

【识别特征】体型中等橄榄黄色的柳莺（12 cm）。眉纹和顶纹近白色，眼先及过眼纹近黑色，上体橄榄绿色，飞羽具黄色羽缘，只有1道黄白色翅斑，下体近白色。【生态习性】活动于树冠。【分布】国外分布于东北亚、中南半岛、苏门答腊及爪哇。国内见于东北、华北、华东及华南地区。

冠纹柳莺 Blyth's Leaf Warbler *Phylloscopus reguloides*

【识别特征】体型中等的柳莺（11 cm）。上体橄榄绿色，头顶较暗，具明显的顶冠纹，头部的暗色和浅色冠纹对比显著，眉纹淡黄且长，具2道淡黄色翅斑，下体灰白，胸部染黄色。【生态习性】主要繁殖于海拔2 000～3 500 m的山地常绿阔叶林、针阔混交林及针叶林中。繁殖期特征性地轮番鼓动两翅。【分布】国外分布于印度喜马拉雅山脉、中南半岛。目前已知仅在我国境内繁殖，见于西藏东部、四川、甘肃南部、陕西南部、湖北、山西东南部、河北、华南等地，越冬于云南。

海南柳莺 Hainan Leaf Warbler *Phylloscopus hainanus*

【识别特征】体型中等有翅斑、有明显顶冠纹、无浅色腰的柳莺（11 cm）。特征鲜明，上体绿色，头顶具淡黄色顶冠纹，眉纹黄色，侧冠纹深色，具2道黄色翅斑，下体鲜黄色。【生态习性】主要栖息于亚热带山地次生林中。【分布】我国特有种，仅分布于海南。

冕柳莺 ｜ 董江天 摄　　　　冠纹柳莺 ｜ 郭冬生 摄

海南柳莺（育雏） ｜ 宋晔 摄

峨眉柳莺 | 戴波 摄

白斑尾柳莺 | 宋晔 摄

峨眉柳莺 Emei Leaf Warbler *Phylloscopus emeiensis*

【识别特征】体型中等的柳莺 (11 cm)。上体橄榄绿色，顶冠纹淡黄色，在头前段不甚明显，眉纹淡黄色，具2道淡黄色翅斑，下体白色，两胁染灰绿色，尾下覆羽淡黄色。【生态习性】主要繁殖于海拔1 000～1 900 m的成熟亚热带山地落叶阔叶林中。鸣唱为一段平直的颤音，很似极北柳莺。【分布】我国特有种，目前仅见于云南中部和四川、陕西。

白斑尾柳莺 White-tailed Warbler *Phylloscopus davisoni*

【识别特征】体型较小的柳莺 (10 cm)。外形与冠纹柳莺相近，但体型较小，眉纹为鲜明的黄色，脸颊黄色也更为明显，2道翅斑也更黄，即整体羽色都偏黄。【生态习性】主要栖息于海拔3 000 m以下的落叶或常绿阔叶林、针阔混交林及针叶林中。不会轮番鼓动两翅。【分布】国外分布于中南半岛。国内繁殖于江西、福建、四川、贵州、陕西和甘肃，越冬地不详。

黄胸柳莺 Yellow-vented Warbler *Phylloscopus cantator*

【识别特征】体型中等多彩的柳莺（11 cm）。顶纹及眉纹黄色，侧冠纹黑色，翅斑黄色，喉、上胸及尾下覆羽多近黄色。【生态习性】冬季结群。活动、取食于森林较下层灌丛。【分布】国外分布于老挝北部、孟加拉国、缅甸、泰国西北部。国内云南南部偶见。

灰岩柳莺 Limestone Leaf Warbler *Phylloscopus calciatilis*

【识别特征】体型较小甚似黑眉柳莺（10 cm）。喙的比例较长，上体较灰，下体黄色较浅。易于区别的特征是鸣声。【生态习性】多活动于低地喀斯特林地。【分布】国外分布于越南北部、老挝北部中部。国内分布于云南和广西。

金眶鹟莺 Green-crowned Warbler *Seicercus burkii*

【识别特征】体型中等的鹟莺（11 cm）。上体橄榄绿，下体鲜明的黄绿色，头顶绿色而具黑色的侧冠纹，金色眼眶常在眼后方变细而断开，无翅斑。【生态习性】主要繁殖于海拔1 000～3 800 m的常绿阔叶林、针阔混交林和针叶林，在林下茂密灌丛或竹丛中活动。【分布】国外分布于喜马拉雅山脉、孟加拉。国内仅见于西藏南部和东部。

黄胸柳莺 | 董江天 摄

灰岩柳莺 | 董江天 摄

金眶鹟莺 | 宋晔 摄

灰冠鹟莺 Grey-crowned Warbler *Seicercus tephrocephalus*

【识别特征】体型较小头部具明显灰色的鹟莺（10 cm）。外形与金眶鹟莺相近，但该种在所有鹟莺中顶冠灰黑色相间图案最为显著。【生态习性】主要繁殖于海拔1 500～2 000 m的常绿阔叶次生林和灌木林中。【分布】国外分布于印度、缅甸、越南。国内繁殖于陕西南部、云南、四川和湖北西部。

比氏鹟莺 Bianchi's Warbler *Seicercus valentini*

【识别特征】体型小（11～12 cm）。下体羽色鲜艳的柠檬黄色，头顶灰蓝色，具黑色顶和侧冠纹，到额前模糊，金色圆圈，具翅斑。【生态习性】常集群，栖息于2 000 m以下森林。【分布】国外分布于越南。国内分布于华南和西南。

白眶鹟莺 White-spectacled Warbler *Seicercus affinis*

【识别特征】体型中等有翅斑头部具明显灰色的鹟莺（11 cm）。外形与灰冠鹟莺相近，但眼眶为黄色或白色，且开口向上，具1道不甚明显的翅斑。灰冠型眼上至侧冠纹之间灰色，非灰冠型为绿色。【生态习性】主要繁殖于海拔1 000 m的潮湿而茂密的常绿阔叶林中。【分布】国外分布于喜马拉雅山区、中南半岛。国内繁殖于西藏东南部、云南南部和东南部，部分种群越冬于福建和广东。

灰冠鹟莺 朱英 摄

比氏鹟莺 邢睿 摄

白眶鹟莺（非白眶型） 戴波 摄

灰脸鹟莺 | 董江天 摄

栗头鹟莺 | 韦铭 摄

灰脸鹟莺 Grey-cheeked Warbler *Seicercus poliogenys*

【识别特征】体型小艳丽的莺 (10 cm)。头灰色,上体绿色,下体黄色,眼圈白色,上背绿色无白色眉纹。【生态习性】活动于林中低层鸟混合鸟群。【分布】国外分布于喜马拉雅山脉、缅甸到越南。国内见于西藏东南及云南。

栗头鹟莺 Chestnut-crowned Warbler *Seicercus castaniceps*

【识别特征】体型较小有翅斑头部具明显栗色的鹟莺 (9 cm)。头顶栗色,两侧各有1道黑色侧冠纹,眼眶白色,其余头部和胸为灰色。背、肩部黄绿色,腰鲜黄色,具2道黄色翅斑,下体腹部为黄色。【生态习性】主要栖息于海拔2 000 m以下的低山和山脚地带阔叶林与林缘疏林灌丛中。【分布】国外分布于喜马拉雅山区、中南半岛。国内分布于西南和华南地区,以及陕西和甘肃南部。

棕脸鹟莺 Rufous-faced Warbler *Abroscopus albogularis*

【识别特征】体型很小（8 cm）。额、头侧和颈侧栗色，头顶至枕部橄榄绿色，具2条粗黑的侧冠纹。上体其余部分橄榄绿色染黄色，腰黄色，喉部黑白斑驳，胸、两胁和尾下覆羽黄色，其余下体白色。【生态习性】主要繁殖于海拔2 000 m以下的竹林和稀疏常绿阔叶林中。鸣唱似虫鸣。【分布】国外分布于印度、中部半岛。国内广泛分布于南方各省，以及陕西和甘肃南部。

黄腹鹟莺 Yellow-bellied Warbler *Abroscopus superciliaris*

【识别特征】体型较小（9 cm）。前额、头顶和头侧灰色，无冠纹，眉纹白色，上体橄榄绿色，颏、喉和上胸白色，其余下体黄色。【生态习性】主要栖息于海拔2 000 m以下低山和山脚平原地带的次生林和疏林灌丛中。【分布】国外分布于喜马拉雅山区、中南半岛到印度尼西亚。国内仅分布于西藏东南部和云南西部及南部。

黑脸鹟莺 Black-faced Warbler *Abroscopus schisticeps*

【识别特征】体型中等（10 cm）。头顶深橄榄绿色，眉纹鲜黄长而显著，贯眼纹黑粗大而明显，其余上体橄榄绿色，颏、喉为鲜黄色，腹部白色。【生态习性】主要栖息于海拔2 000～2 600 m的常绿阔叶林、竹林和林缘灌丛中。【分布】国外分布于印度、尼泊尔、缅甸、越南。国内分布于西藏南部、云南西部和南部及四川。

棕脸鹟莺 唐军 摄

黄腹鹟莺 朱英 摄

黑脸鹟莺 彭建生 摄

斑背大尾莺 薄顺奇 摄

沼泽大尾莺 朱英 摄

灰白喉林莺 朱英 摄

斑背大尾莺 Marsh Grassbird *Megalurus pryeri*

【识别特征】体型中等（13 cm）。外形与棕扇尾莺相似，但体型较大，具明显的白色眉纹，背部的黑色纵纹尤其明显，尾也更长，尾下覆羽皮黄色。【生态习性】主要繁殖于湖泊、河流、海岸及邻近地区的芦苇湿地中。【分布】国外分布于日本、蒙古、俄罗斯。国内已知繁殖于黑龙江、辽宁和上海，迁徙时见于河北秦皇岛，越冬于湖北、江西等。

沼泽大尾莺 Striated Grassbird *Megalurus palustris*

【识别特征】体型较大（25 cm）。外形似斑背大尾莺，但体型大很多，头顶栗色，上体浅栗色而具显著的黑褐色纵纹，尾尖长。【生态习性】主要栖息于芦苇沼泽、灌丛和草地。【分布】国外分布于印度到东南亚。国内分布于西藏东南部、云南、贵州南部和广西。

灰白喉林莺 Greater Whitethroat *Sylvia communis*

【识别特征】体型中等的林莺（14 cm）。上体灰褐，覆羽、飞羽具近棕褐色羽缘，喉羽白色蓬松，胸、两胁及腿皮黄色，下体近白色，尾下覆羽近白色，外侧尾羽白色。【生态习性】性隐蔽，鸣唱时白色喉羽膨出。【分布】国外主要分布于欧亚大陆、非洲。国内偶见于新疆西部。

白喉林莺 董江天 摄

横斑林莺 朱英 摄

白喉林莺 Lesser Whitethroat *Sylvia curruca*

【识别特征】体型略小的林莺（13 cm）。头灰，上体褐色，喉白色，下体近白色，耳羽多黑灰，胸侧及两胁近皮黄色，尾羽羽缘外侧白色。【生态习性】活动于隐蔽灌丛。【分布】国外主要分布于欧亚大陆、非洲、阿拉伯及印度。国内见于西北、内蒙古、北京及河北有过记录。

横斑林莺 Barred Warbler *Sylvia nisoria*

【识别特征】体型中等腹部具鳞状纹的林莺（15 cm）。虹膜黄色，雄鸟上体淡褐灰色，头前部近黑色，两翅颜色更深，具1或2道浅色翅斑，下体污白而密布暗色鳞状纹。雌鸟似雄鸟，但上体颜色更浅，下体的横斑仅见于两胁。【生态习性】主要栖息于各种灌丛地带。【分布】国外分布于中亚、中欧、非洲。国内仅见于新疆西北部，但在河北也有过记录。

戴菊科 Regulidae（Kinglets）

戴菊 Goldcrest *Regulus regulus*

【识别特征】体型小（9 cm）。体羽橄榄绿色，雄鸟头顶中央为前窄后宽橙色斑，斑两侧各有1条黑纹，具2道翅斑，雌鸟头顶中央纹为柠檬黄色。【生态习性】栖息于松柏林里，在树枝上不断跳跃。【分布】国外分布于欧亚大陆、日本。国内在喜马拉雅山脉及西南山区为留鸟，繁殖于东北，越冬于华东和台湾，另有部分见于天山越冬。

戴菊 | 王晓刚 摄

绣眼鸟科 Zosteropidae（White-eyes）

红胁绣眼鸟 Chestnut-flanked White-eye *Zosterops erythropleurus*

【识别特征】体型小（12 cm）。体羽橄榄绿色，白色眼圈，喉黄色，两胁栗色，尾下覆羽明黄色。【生态习性】喜欢各种林地生境。【分布】国外分布于东亚、中南半岛。国内除新疆、青海、海南、台湾外，见于各省，繁殖于东北，越冬往南至华中、华南、西南及华东。

红胁绣眼鸟 | 宋晔 摄

灰腹绣眼鸟 | 彭建生 摄

暗绿绣眼鸟 | 芙长斌 摄

灰腹绣眼鸟 Oriental White-eye *Zosterops palpebrosus*

【识别特征】体型小（9～11 cm）。体羽黄绿色，白色眼圈，眼先黑色，颊、喉和上胸鲜黄色，两胁无栗色，腹部灰白，腹中有淡黄带，尾下覆羽鲜黄色。【生态习性】喜欢在低山各种林地，高至海拔1 400 m的低地及丘陵生境常集群活动。鸣声为轻柔的高音喳叫声或重复金属声。【分布】国外分布于阿富汗、印度次大陆、中南半岛到印度尼西亚。国内分布于西藏东南部、云南、贵州及四川南部至广西西南部。

暗绿绣眼鸟 Japanese White-eye *Zosterops japonicus*

【识别特征】体型小（9～11 cm）。体羽鲜亮绿橄榄色，白色眼圈，眼先黑色，颊、喉和上胸柠檬黄色，两胁沾灰，下体白色，尾下覆羽鲜黄色。【生态习性】喜欢低海拔林地。冬季喜欢集群活动。鸣声为连续的轻柔喊声及平静的颤音。性活泼而喧闹。【分布】国外分布于东亚、中南半岛北部。国内除西北、西藏外，分布于各省。

白冠攀雀（雄）｜朱英 摄

攀雀科 Remizidae（Penduline Tits）

白冠攀雀 White-crowned Penduline Tit *Remiz coronatus*

【识别特征】体型纤小浅色的攀雀（11 cm）。喙锥形，雄鸟额及脸罩黑色，白色领环。雌鸟色暗，顶冠及领环灰色。
【生态习性】冬季结群。【分布】国外分布于俄罗斯、哈萨克斯坦、阿富汗、巴基斯坦、印度。国内见于宁夏、新疆。

中华攀雀 Chinese Penduline Tit *Remiz consobrinus*

【识别特征】体型小（11 cm）。体羽沙色，雄鸟顶冠灰，脸罩黑，雌鸟色暗，脸罩呈深色，下体皮黄色，尾凹形。【生态习性】栖息于高山针叶林或混交林间低海拔林地或低山平原，更喜欢芦苇地。冬季喜欢集群活动。【分布】国外分布于俄罗斯、蒙古、东北亚。国内繁殖于东北，越冬于华中、华南。

火冠雀 Fire-capped Tit *Cephalopyrus flammiceps*

【识别特征】体型小（11 cm）。体羽橄榄色，前额及喉中心棕红色，喉侧及胸黄色，具2道黄色翅斑。【生态习性】鸣声由细而高的吱声构成。成对或集群栖息于高山针叶林或针阔混交林间，也常与山雀、柳莺等混群活动。浅波浪式飞行，高可至海拔3 000 m的丘陵及山区森林和林缘。【分布】国外分布于印度次大陆、中南半岛。国内分布于西藏东部及西南部、云南、四川、贵州及甘肃南部与陕西南部秦岭地区。

中华攀雀（雄）　冯利民　摄　　　　　　中华攀雀（雌）　朱英　摄

火冠雀　周华明　摄

长尾山雀科 Aegithalidae（Long-tailed Tits）

银喉长尾山雀 Long-tailed Tit *Aegithalos caudatus*

【识别特征】小型山雀（16 cm）。头顶黑色，头白色（亚种），中央冠以浅色纵纹，头和颈侧呈淡葡萄棕色，背灰色，喙细小黑色，喉部中央具银灰色块斑，尾甚长，尾羽黑色带白边。【生态习性】开阔林及林缘地带。鸣声为短促的单音，示警时发出金属般尖细颤音。繁殖期成对活动，秋冬季集群。巢卵圆形，多筑在针叶林枝杈间。【分布】国外分布于欧洲、亚洲北部。国内分布于东北、华北、华中、华东及西南。

银喉长尾山雀 ｜ 王春芳 摄

银喉长尾山雀 ｜ 宋晔 摄

红头长尾山雀 | 朱英 摄

棕额长尾山雀 | 宋晔 摄

红头长尾山雀 Black-throated Tit *Aegithalos concinnus*

【识别特征】小型山雀（10 cm）。头顶栗红色，过眼纹宽而黑，颏及喉白且具黑色圆形胸兜，胸带及两胁栗红色，下体白而具不同程度的栗色，尾羽长，黑褐色而具蓝灰色外缘，外侧3对端部具白斑，最外缘尾羽外侧纯白。【生态习性】鸣声似银喉长尾山雀，连续轻微的尖细嘶音或颤音。繁殖期成对活动，秋冬季集群。巢呈椭圆形。【分布】国外分布于巴基斯坦、喜马拉雅地区、中南半岛。国内分布于甘肃、陕西、西南、华中、华南及台湾。

棕额长尾山雀 Rufous-fronted Tit *Aegithalos iouschistos*

【识别特征】小型山雀（11 cm）。头侧黑色，顶纹、髭纹、耳羽及颈侧棕褐色，背、两翅及尾全灰色，下体红褐色，胸兜银灰而略具黑色纵纹且具黑色倒V字形斑。【生态习性】鸣声似银喉长尾山雀。集群活动，栖息于海拔2 000～3 000 m的针叶林、混交林或林缘灌丛。【分布】国外分布于尼泊尔、不丹。国内分布于西藏南部及东南部。

黑眉长尾山雀 Black-browed Tit *Aegithalos bonvaloti*

【识别特征】小型山雀（11 cm）。额及胸兜边缘白色，胸带和两胁棕褐色，腹部白色。【生态习性】鸣声似银喉长尾山雀。集群活动。【分布】国外分布于缅甸。国内分布于西藏东南部、云南、贵州西北部、四川西部。

银脸长尾山雀 Sooty Tit *Aegithalos fuliginosus*

【识别特征】小型山雀（12 cm）。颊、额和喉部银灰色，上体酱褐色，下体具宽阔的褐色胸带，两胁红褐色，下体其余部分白色。【生态习性】鸣声似本属其他种类。集群栖息于海拔1 000～2 600 m的落叶阔叶林及多荆棘的栎树林。【分布】我国特有种，分布于陕西南部、宁夏、甘肃南部、四川、重庆、湖北西南部。

黑眉长尾山雀｜彭建生 摄　　　　银脸长尾山雀｜戴波 摄

银脸长尾山雀｜唐军 摄

沼泽山雀 | 彭建生　摄

沼泽山雀 | 郭冬生　摄

山雀科 Paridae（Tits）

沼泽山雀 Marsh Tit *Parus palustris*

　　【识别特征】小型山雀（11.5 cm）。头顶、后颈及颏黑色，头侧白色，上体砂灰褐色，下体近白，两胁皮黄，无翅斑。相比褐头山雀具闪辉黑色顶冠。【生态习性】鸣声为典型山雀嘁喳声及哨音，重复的单音节爆破音。常单独或成对活动，喜栎树林及其他落叶林、灌丛等生境。筑巢于天然树洞中，偶见于石缝。【分布】国外分布于欧洲、西伯利亚、东南亚。国内分布于东北、华北、华东、西南各省和陕西南部、甘肃南部。

褐头山雀 郭冬生 摄

褐头山雀 郭冬生 摄

褐头山雀 Songar Tit *Parus songarus*

【识别特征】小型山雀（11.5 cm）。头顶及颏褐黑，头侧白色，上体褐灰，下体淡棕色，两胁皮黄，无翅斑或项纹。黑色顶冠较大而少光泽，头显比例较大。【生态习性】鸣声为典型山雀喊喳声，单音节鸣声叫响亮尖锐，与沼泽山雀的爆破音成对比。栖息于800～4 000 m山地针阔混交林，除繁殖季外多集群活动。巢筑于树洞中。【分布】国外分布于欧洲、中亚、西伯利亚、东北亚。国内分布于内蒙古东部、北京、河北、河南、山西、陕西、宁夏、甘肃、青海东南部、西藏东部、四川、云南西北部。

白眉山雀 White-browed Tit *Parus superciliosus*

【识别特征】略小的山雀（13 cm）。头顶及喉黑色，颊、颈侧白色，头侧、两胁及腹部沙棕色，白色眉纹长，尾下覆羽部皮黄色，上体沙褐色。【生态习性】鸣声复杂而多变，喧闹的清脆铃声般哨音，似昆虫的嘟声及颤音。栖息于海拔3 000～4 000 m的山坡灌丛间。【分布】我国特有种，分布于甘肃南部、青海东部、西藏南部、四川北部和西部。

红腹山雀 Rusty-breasted Tit *Parus davidi*

【识别特征】略小的山雀（13 cm）。头及胸兜黑色，颊白色，颈圈棕色，下体棕栗色，上体橄榄褐色，飞羽具浅色边缘。【生态习性】鸣声为简单的单音节或双音节叫声。栖息于海拔2 000 m以上高山阔叶林、桦树林、混合林及针叶林的林冠层或竹林间，集小群活动。【分布】我国特有种，分布于陕西南部、甘肃西南部、湖北西部、四川。

白眉山雀　唐军　摄

红腹山雀　宋晔　摄

煤山雀 | 宋晔 摄

棕枕山雀 | 邢睿 摄

煤山雀 Coal Tit *Parus ater*

【识别特征】小型山雀（11 cm）。头部黑色，具冠羽，颈侧、喉及上胸黑色，颈背部具白斑，翅上2道白色翅斑，上体深灰色或橄榄灰色，下体白色或略沾皮黄色。【生态习性】典型山雀鸣声，较大山雀弱，繁殖期鸣声洪亮、尖锐带金属音。栖息于海拔1 000 m以上山地阔叶林或混交林，冬季集群活动。性活泼而喧闹。【分布】国外分布于欧亚大陆。国内分布于大部分地区。

棕枕山雀 Rufous-naped Tit *Parus rufonuchalis*

【识别特征】体型中等（13 cm）。体羽灰色，具黑冠羽，眼下白色颊斑，前颈黑色，后颈有棕色斑，下腹部灰色，飞羽黑，尾下覆羽棕色。【生态习性】成对或成小群，栖息于果园、树丛、树顶，有时在地面活动。【分布】国外分布于中亚。国内分布于新疆和藏南。

黑冠山雀 Rufous-vented Tit *Parus rubidiventris*

【识别特征】小型山雀 (12 cm)。头、冠羽、喉及胸兜黑色，两颊白色，躯干暗灰色，尾下覆羽棕色。【生态习性】鸣声多为单音节鸣叫，似含糊的哨音及颤音，也有复杂的短句。栖息于海拔2 000 m以上高山林区，成对或集小群活动。【分布】国外分布于西南临近的尼泊尔、印度、缅甸。国内分布于陕西南部、甘肃西部、青海东南部、西藏南部和东南部、云南西北部、四川。

黄腹山雀 Yellow-bellied Tit *Parus venustulus*

【识别特征】小型山雀 (9～10 cm)。腹部黄色，翅上具2排白色斑点。雄鸟头、胸部黑色，脸颊具白斑。雌鸟头顶石板灰色，喉、胸部白色。【生态习性】雄鸟鸣声响亮而多样，具金属光泽。繁殖于山地森林，常在土坡上的大石头或树根下打洞为巢。【分布】我国特有种，繁殖于华北、华东和华中地区等各省，越冬地集中于华中至华南地区。

黑冠山雀 | 彭建生 摄

黄腹山雀(雌) | 黄耀华 摄

黄腹山雀(雄) | 郭冬生 摄

褐冠山雀 Grey-crested Tit *Parus dichrous*

【识别特征】小型山雀 (12 cm)。褐灰色冠羽显著, 具皮黄色半颈环, 上体暗灰色, 下体淡棕色或黄褐色。【生态习性】鸣声为多样的单音节叫声及颤音。集小群栖息于海拔2 480～4 000 m的针叶林或灌丛。【分布】国外分布于喜马拉雅山脉。国内分布于西藏、青海东部、甘肃南部、陕西南部、四川、云南西北部。

褐冠山雀 | 戴波 摄

大山雀 郭冬生 摄

大山雀 谭文奇 摄　　　　西域山雀 邢睿 摄

大山雀 Great Tit *Parus major*

【识别特征】大型山雀（14 cm）。头及喉部黑色，与面颊及颈背处白色形成对比，具1道白色翅斑，腹面白色，中央贯以显著黑色纵纹。雄鸟黑色带较宽，雌鸟略窄。分布于极北地区的亚种，背部染绿色而下体偏黄。【生态习性】极喜鸣叫，常发出嘈杂的喊喳声或双音节哨音。性活泼，常见于开阔林地，繁殖季通常成对出现，冬季集群。营巢于树洞、石缝或墙洞中，巢呈杯状，由苔藓、草茎等构成，内垫畜毛、植物絮或羽毛。【分布】国外分布于非洲、欧亚大陆。国内各省均有分布。

西域山雀 Turkestan Tit *Parus bokharensis*

【识别特征】体型大（15 cm）。体羽灰色，尾较长而略楔形。【生态习性】栖息于果园、树丛，成对或成小群地面活动。【分布】国外分布于中亚哈萨克斯坦至中国西北及蒙古西南部。国内分布于新疆。

绿背山雀 黄徐 摄   眼纹黄山雀 董江天 摄

黄颊山雀(雌) 朱英 摄

绿背山雀 Green-backed Tit *Parus monticolus*

【识别特征】较大的山雀（13 cm）。形态似大山雀，以腹部黄色，上背绿色，具2道白色翅斑与大山雀相区别。【生态习性】鸣声似大山雀，但声响而尖且更清亮。性活泼而喧闹，活动于海拔1 100～4 000 m山区森林及林缘。【分布】国外分布于喜马拉雅地区、西南相邻国家。国内分布于中西部、华中、西南、西藏南部和台湾。

眼纹黄山雀 Black-lored Tit *Parus xanthogenys*

【识别特征】体型略大的山雀（14 cm）。具冠羽，头部斑纹黑色或黄色，体羽余部多黑、灰及白色，上背及下体近黄。雌鸟多绿黄色，具2道翅斑。【生态习性】性活跃，集群活动于花园及林地。【分布】国外主要分布于喜马拉雅山脉。国内分布于西藏。

黄颊山雀 Yellow-cheeked Tit *Parus spilonotus*

【识别特征】大型山雀（14 cm）。黑色冠羽显著，头部具黑色及黄色斑纹，枕部黄色，上体黑、灰、白色或染黄色，下体中央具1条黑色纵带，两胁呈黄绿或蓝灰色。雌鸟色淡，羽色染黄绿色，腹部中央黑色纵带不及雄鸟显著。【生态习性】鸣声似大山雀，单音节或双音节叫声及颤音，繁殖季有重复清脆的三音节鸣声。成对活动于海拔2 000 m的阔叶林或灌丛间，冬季集群。【分布】国外分布于尼泊尔、印度、中南半岛。国内分布于西藏东南部、西南、华中、华南及东南各省。

台湾黄山雀 *Yellow Tit Parus holsti*

【识别特征】体型略小的山雀（13 cm）。黑色冠羽长，下体为柠檬黄色。雄鸟背及翅上覆羽为黑色，两翅浅蓝色，尾蓝具白色外缘，眼先具黄色斑。雌鸟色暗，背橄榄绿色。【生态习性】结群活动于林冠层。【分布】我国特有种，分布于台湾。

灰蓝山雀 *Azure Tit Parus cyanus*

【识别特征】略小的山雀（13 cm）。喙短，头浅蓝灰白色，具蓝黑色领环，背部浅灰蓝色，飞羽暗褐色，翅斑、次级飞羽的宽阔羽端以及尾缘白色，尾羽深蓝色具白端，下体灰白色。【生态习性】鸣声多变，包括颤音及多变的短句。集群活动于杨柳树丛、矮小植被及果园的矮树和低丛。【分布】国外分布于欧亚大陆、印度、巴基斯坦。国内分布于黑龙江、内蒙古东北部、新疆北部及西部天山和阿尔泰山林区。

台湾黄山雀（雌） 萧世辉 摄

灰蓝山雀 王勇 摄

杂色山雀 | 朱英 摄

地山雀 | 冯利民 摄

杂色山雀 Varied Tit *Parus varius*

【识别特征】小型山雀 (12 cm)。额、眼先、颊及耳羽浅皮黄至棕色，胸兜及头顶黑色，头后及枕部具浅色的顶纹，颈圈棕色，上体灰色，下体栗褐色，尾下覆羽淡黄褐色。台湾分布的体型稍小，胸腹部纯栗色。【生态习性】鸣声丰富多变，包括有特色的纯哨音。成对活动，偶成小群，在林冠层取食。【分布】国外分布于日本、朝鲜半岛。国内分布于辽宁东部、吉林西南部、山东、台湾。

地山雀 Ground Tit *Pseudopodoces humilis*

【识别特征】体型大的较普通山雀 (19 cm)。眼先暗褐色，喙较长稍曲，上体沙褐色，翅短圆，羽缘淡色，颈部及下体近白，中央尾羽褐色，外侧尾羽黄白。【生态习性】鸣声为细弱拖长的吱吱声，也作短促的吱吱声接以快速的哨音。常见于整个青藏高原海拔4 000～5 500 m处，不善飞行，喜在地面双脚跳跃奔跑，常站立于稍突出的土堆或石头上。筑巢于鼠兔弃洞或土壁洞穴内。【分布】我国特有种，分布于宁夏、甘肃西南部、青海、新疆、西藏、四川。

黄眉林雀 Yellow-browed Tit *Sylviparus modestus*

【识别特征】小型山雀（10 cm）。外形似柳莺，体羽大致橄榄色，下体绿色稍淡，羽冠短，具狭窄的黄色眼圈，浅黄色短眉纹有时被覆盖。【生态习性】鸣声为高调颤音或圆润的哨音。栖息于海拔500～3 000 m的山地，冬季下迁至平原地区。通常集群活动，常与其他种类混群，行动似山雀，示警时或兴奋时冠羽耸立、浅色眉纹显出。【分布】国外分布于喜马拉雅山、中南半岛。国内分布于西藏南部和西南部、云南西部、贵州东部、四川中部和西南部、福建西北部。

冕雀 Sultan Tit *Melanochlora sultanea*

【识别特征】最大的山雀（20 cm）。额、冠羽及腹部黄色，头的余部、上体和喉、胸部黑色。雌鸟似雄鸟，但黑色部分转为橄榄绿色。【生态习性】鸣声为一连串约5个清晰的哨音，间隔重复，鸣叫为重复响而尖的哨音，告警时发出吱吱尖叫。栖息于海拔1 000 m以下的热带雨林，在乔木或灌丛间活动，冬季与其他鸟类混群。巢呈杯状，筑于树洞或墙洞中，用苔藓、草茎等筑成，内垫兽毛或纤或。【分布】国外分布于喜马拉雅山脉、中南半岛、马来西亚。国内分布于云南南部、福建东部、广西西南部、海南。

黄眉林雀｜戴波 摄

冕雀｜董磊 摄

栗腹䴓　董磊　摄

普通䴓　郭冬生　摄

普通䴓　郭冬生　摄

䴓科 Sittidae（Nuthatches）

栗腹䴓 Chestnut-bellied Nuthatch *Sitta castanea*

【识别特征】略小型䴓（13 cm）。上体蓝灰色，黑色眼纹于后方宽展，脸颊白色，雄鸟下体砖红色，雌鸟下体浅栗色，尾下覆羽端部具橘黄扇贝形斑纹。【生态习性】鸣声为重复的清晰哨音及短促悦耳的颤音。栖息于海拔500～2 000 m的阔叶林，多为单个活动，在乔木树干上攀爬。【分布】国外分布于喜马拉雅山脉、中南半岛。国内分布于云南东南部。

普通䴓 Eurasian Nuthatch *Sitta europaea*

【识别特征】体型中等的䴓（13 cm）。上体蓝灰色，过眼纹黑色，部分亚种具狭窄白色眉纹，喉白色，腹部淡皮黄色，两胁浓栗色，尾下覆羽白色而具栗色羽缘。东北地区亚种下体白色。【生态习性】鸣声为响而尖的叫声和悦耳的笛声。栖息于山地阔叶林或针阔混交林中。繁殖季成对活动，其他时间集小群或单独活动。善于顺树干向上或头向下攀行。巢多利用啄木鸟弃洞，巢材多为松软树皮、朽木等，用泥土涂抹缩小洞口。【分布】国外分布于古北界温带和亚热带。国内除西藏、云南外，分布于各省。

栗臀䴓 Chestnut-vented Nuthatch *Sitta nagaensis*

【识别特征】体型中等的䴓（13 cm）。似普通䴓，下体浅皮黄色，喉、耳羽及胸沾灰，两胁深砖红色，尾下覆羽深棕色。【生态习性】鸣声似鹪鹩的颤音，快速的单音节叫声。具有䴓属典型习性。【分布】国外分布于喜马拉雅山、中南半岛。国内分布于西藏东南部、云南、贵州西部和西南部、四川西部和西南部、江西东部、福建西北部。

白尾䴓 White-tailed Nuthatch *Sitta himalayensis*

【识别特征】小型䴓（12 cm）。上体灰蓝色，下体浅棕黄色，脸颊白色，过眼纹黑色，中央尾羽基部白色，尾下覆羽全棕色而无扇贝形斑纹。【生态习性】鸣声为一种哨音渐强的慢板和快板变调，或尖厉的单双喳音。栖息于海拔1 900～2 600 m的阔叶林或针阔混交林，单独或集小群活动，具有䴓属典型习性。【分布】国外分布于喜马拉雅山脉、缅甸、老挝。国内分布于西藏南部、云南西部和南部。

栗臀䴓　彭建生　摄

白尾䴓　董磊摄　　　　白尾䴓　宋晔　摄

黑头鸸 Chinese Nuthatch *Sitta villosa*

【识别特征】小型鸸（11 cm）。头顶黑色，具白色眉纹和细细的黑色过眼纹，喉及脸颊白色，上体蓝灰色，下体余部灰黄或黄褐色，体侧无栗色。雌鸟头顶黑色淡而染灰褐色。【生态习性】鸣声为一连串上升的纯哨音。栖息于寒温带低山至亚高山的针叶林或混交林带，具有鸸属典型习性。【分布】国外分布于朝鲜。国内分布于吉林东部、辽宁、河北北部、北京、山西、陕西南部、宁夏北部、甘肃、青海东部、四川西北部。

黑头鸸（雄）｜王晓刚 摄

滇䴓 | 董江天 摄　　　　白脸䴓 | 冯利民 摄

绒额䴓 | 肖克坚 摄

滇䴓 Yunnan Nuthatch *Sitta yunnanensis*

【识别特征】体型较小灰、黑及皮黄色的䴓（12 cm）。宽眼纹黑色具窄的白色眉纹，脸及喉白色，下体近皮黄。【生态习性】活跃，成小群或单独活动于树洞及缝隙中。【分布】我国特有种，分布于西南。

白脸䴓 White-cheeked Nuthatch *Sitta leucopsis*

【识别特征】体型中等的䴓（13 cm）。眼部覆盖明显的皮黄色颊斑，眼先近白，上体紫灰色，头部具黑色的顶冠及半颈环，下体中央浅棕黄色，体侧及尾下覆羽栗色。【生态习性】鸣声为快速重复的嗷叫或清晰响亮的双音节叫声。夏季栖息于海拔2 000 m至林线之间的亚高山针叶林，冬季下至海拔1 000 m。【分布】我国特有种，分布于甘肃西南部、青海东北部、西藏东部和东南部、云南北部、四川。

绒额䴓 Velvet-fronted Nuthatch *Sitta frontalis*

【识别特征】小型䴓（12 cm）。喙红色，额及眼先绒黑色，头后、背及尾部紫蓝色，初级飞羽具亮蓝色闪辉，下体偏粉色，额近白。雄鸟眼后具一道黑色眉纹，雌鸟无黑色眉纹。【生态习性】鸣声为尖而持久的唧唧叫声和快速卷舌音。【分布】国外分布于喜马拉雅山脉、中南半岛、马来西亚。国内分布于西藏东南部、云南南部和西部、贵州中部和南部、广东、广西西南部、海南。

巨鸭 | 肖克坚 摄

淡紫鸭 | 张明 摄

淡紫鸭 Yellow-billed Nuthatch *Sitta solangiae*

【识别特征】中型鸭类（13 cm）。体色艳丽，喙黄色，前额天鹅绒黑色，头、背及尾天蓝色，颈背淡土红色，初级飞羽具亮蓝色闪辉，雄鸟眼后具一道黑色眉纹，下体淡粉色。【生态习性】喜栖息于山区环境，成对或成家族群活动于森林的树干和树枝上，自上而下搜索食物。【分布】国外分布于越南。国内，亚种 *S. s. chienfengensis* 分布于海南岛的山区森林。

巨鸭 Giant Nuthatch *Sitta magna*

【识别特征】大型鸭（20 cm）。上体蓝灰色，顶纹淡灰色，黑色的过眼纹在头两侧渐宽，下体灰色沾棕黄，尾下覆羽栗色具白端，尾显长，初级飞羽腹面基部白色。雄鸟顶冠具黑色细纹，雌鸟体色较污暗。【生态习性】鸣声似蓝鹊的粗哑三音节音，或清晰似管笛的单音。栖息于海拔 1 000～2 000 m 的针阔混交林，具有鸭属典型习性。【分布】国外分布于泰国、缅甸。国内分布于云南、贵州西南部、四川南部。

旋壁雀科 Tichidromidae（Wallcreeper）

红翅旋壁雀 Wallcreeper *Tichodroma muraria*

【识别特征】体型略小的优雅灰色鸟（15.5～17 cm）。喙细长略下弯，体灰色，翅具醒目的绯红色斑纹，飞羽黑色，初级飞羽两排白色点斑飞行时成带状，尾短，外侧尾羽羽端白色显著。繁殖期雄鸟脸及喉黑色，雌鸟黑色较少；非繁殖期成鸟喉偏白，头顶及脸颊沾褐。【生态习性】鸣声为一连串多变而重复的高哨音及尖细的管笛音。常见于山地悬崖峭壁和陡坡壁上，最高可至海拔5 000 m。冬季垂直迁徙至低海拔越冬。繁殖季于岩壁缝隙中营巢。【分布】国外分布于南欧、中亚、蒙古。国内繁殖于新疆西部、青藏高原、喜马拉雅山脉、横断山脉北部、甘肃东和南部、陕西、四川、云南北部、内蒙古东南部、河北、北京、辽宁西南部，冬季更可见于云南南部、贵州、长江中下游流域及华东的大部地区。

红翅旋壁雀（雌） 彭建生 摄

旋木雀科 Certhiidae（Treecreepers）

欧亚旋木雀 Eurasian Treecreeper *Certhia familiaris*

【识别特征】略小的旋木雀（13 cm）。上体棕褐色，眉纹色浅，腰及尾上覆羽红棕色，尾羽黑褐色，翅上具斑驳棕色斑块，下体白或皮黄，仅两胁略沾棕色。【生态习性】鸣声调似鹪鹩，有刺耳过门声，结尾为细薄颤音。单个或成对活动于高山阔叶、针叶或混交林，习性似啄木鸟，常在树干上作螺旋式攀援。【分布】分布于欧亚大陆、喜马拉雅山脉、西伯利亚和日本。国内分布于东北、华北北部各省、新疆、甘肃、青海、西藏南部与东南部、陕西南部、四川、云南西北部及湖北西部。

四川旋木雀 Sichuan Treecreeper *Certhia tianquanensis*

【识别特征】略小的旋木雀（13 cm）。喙短，上体羽色似欧亚旋木雀，呈浓栗褐色，杂以棕色纵纹，下体除颏及喉部白色外，胸、腹部和上胁均呈灰棕色，以区别于欧亚旋木雀。【生态习性】鸣声为连续清脆的降调颤音。栖息于海拔1 600～2 700 m阔叶林或针阔混交林，通常单个活动。【分布】我国特有种，分布于四川中部、陕西南部。

欧亚旋木雀　冯利民　摄

四川旋木雀 | 董磊 摄

高山旋木雀 | 肖克坚 摄

高山旋木雀 Bar-tailed Treecreeper *Certhia himalayana*

【识别特征】体型中等的旋木雀（14 cm）。上体色深灰且斑驳，眉纹棕白色，喉白色，胸腹部烟灰色，喙较其他旋木雀显长而下弯，并以其腰或下体无棕色、尾多灰色、尾上具明显横斑而易与所有其他旋木雀相区别。【生态习性】鸣声为轻快有节奏的颤音，有时为一连串尖细的下降音。多单只或成对活动于高山阔叶、针叶混交林，似欧亚旋木雀。【分布】国外分布于中亚、南亚、喜马拉雅山脉附近地区。国内分布于西藏东南部、甘肃南部、陕西南部、四川西部和北部、云南西部和北部、贵州西南部。

啄花鸟科 Dicaeidae（Flowerpeckers）

黄腹啄花鸟 Yellow-bellied Flowerpecker *Dicaeum melanoxanthum*

【识别特征】体型较大的啄花鸟（13 cm）。上体黑色，下体颔部及喉部白色，并缩小延伸至胸部，与黑色的头、喉侧及上体成正比，腹部至肛部均为黄色，外侧尾羽内翈具白色斑块。雌鸟似雄鸟但色暗。【生态习性】多栖息于常绿林的林缘及空隙，食寄生植物的果实。【分布】国外分布于喜马拉雅山脉附近地区、中南半岛。国内分布于西藏、云南、四川。

黄腹啄花鸟（幼鸟）| 董磊 摄

黄腹啄花鸟 | 周华明 摄

纯色啄花鸟 | 冯利民　摄

红胸啄花鸟 | 朱英　摄

纯色啄花鸟 Plain Flowerpecker *Dicaeum concolor*

【识别特征】体型较小的啄花鸟（8 cm）。尾较短，上体橄榄绿色，下体为浅灰黄色，眼先部位较为暗淡，翅角具白色羽簇。【生态习性】性活跃，栖息于耕作区、次生林及山地林，常出现在寄生槲类植物及其他肉质果植物中，或在光秃的树枝上鸣叫。【分布】国外分布于印度和东南亚大多数国家。国内分布于湖南、四川、长江以南及台湾、海南岛等。

红胸啄花鸟 Fire-breasted Flowerpecker *Dicaeum ignipectus*

【识别特征】体型较小的啄花鸟（9 cm）。尾较短，雄性上体深蓝色，下体颜色鲜艳，颏部或喉部白色，胸部上方红色，胸部下方、腹部及腰淡黄色，胸部到腹部有深色纵纹。雌鸟上体橄榄绿色，下体皮黄色。与纯色啄花鸟的区别在于颏部和下体较深，臀部颜色较浅，腹侧为暖皮黄色。【生态习性】性活跃，常出现在海拔800～2 500 m的山区落叶林中，多光顾树顶的槲寄生植物。【分布】国外分布于喜马拉雅山脉、东南亚。国内分布于华中、华南、西藏东南部及台湾。

朱背啄花鸟(雄) | 宋晔 摄

朱背啄花鸟 Scarlet-backed Flowerpecker *Dicaeum cruentatum*

【识别特征】体型较小的啄花鸟 (9 cm)。雄鸟头侧、两翅及尾为蓝黑色，从顶冠到尾上覆羽均为猩红色，下体为奶油白色，腹侧为灰色。雌鸟为简单的橄榄色，包括头侧，两翅颜色较淡，腰部及尾上覆羽猩红色，尾黑色，下体为奶油白色。【生态习性】性活跃，经常出现在海拔1 000 m以下具有花和槲寄生植物的次生林、林园及人工林中。【分布】国外分布于印度、中南半岛、苏门答腊、婆罗洲。国内分布于西藏东南部、云南南部、广西、广东、福建及海南岛。

紫颊太阳鸟(雄) | 董磊 摄

花蜜鸟科 Nectariniidae （Sunbirds, Spiderhunters）

紫颊太阳鸟 Ruby-cheeked Sunbird *Chalcoparia singalensis*

【识别特征】体型较小的太阳鸟 (10 cm)。雄鸟上体及顶冠为有光泽的深绿色，颊部深铜红色，且其边缘带紫色，下体喉部及胸部橙褐色，腹部黄色。雌鸟上体绿橄榄色，下体似雄鸟但较淡。【生态习性】单独或成对活动，有时与其他种类混群。喜林缘、稀疏林下植被及椰子庄园，食花粉。【分布】国外分布于尼泊尔、印度、中南半岛、印度尼西亚。国内分布于西藏东南部、云南西部及南部。

蓝枕花蜜鸟 Purple-naped Sunbird *Hypogramma hypogrammicum*

【识别特征】体型较大的花蜜鸟（15 cm）。雄鸟上体橄榄绿色，枕部、腰部及尾上覆羽金属紫色，下体黄色，且具有深色浓密纵纹。雌鸟与雄鸟相似，但颜色较暗淡，上体无金属紫色。【生态习性】喜森林、沼泽森林及次生灌丛中的较小树木及林下植被，尾常张开呈扇形并抽动。【分布】国外分布于中南半岛、苏门答腊及婆罗洲。国内分布于云南。

黄腹花蜜鸟 Olive-backed Sunbird *Cinnyris jugularis*

【识别特征】体型较小的花蜜鸟（10 cm）。腹部灰白色。雄鸟颏和胸黑紫色，胸带绯红或灰色，肩斑橙黄色，上体橄榄绿色。雌鸟无黑色，上体多橄榄绿色，下体近黄色，眉纹浅黄色。【生态习性】性吵嚷，结小群活动于林园。【分布】国外分布于中南半岛、印度尼西亚、菲律宾至新几内亚及澳大利亚。国内分布于云南南部、广东、广西及海南岛。

蓝枕花蜜鸟　冯利民　摄

黄腹花蜜鸟（雌）　朱英　摄

蓝喉太阳鸟 Gould's Sunbird *Aethopyga gouldiae*

【识别特征】体型略大的太阳鸟 (14 cm)。雄鸟上体猩红色，顶冠、颊部、额部和喉部蓝色，腰部黄色，蓝色尾较长，下体胸猩红色或黄色具少量猩红色条纹，其余部分为黄色。雌鸟上体橄榄色，下体绿黄，颏及喉烟橄榄色，腰浅黄色有别于其他种类。【生态习性】春季常取食于杜鹃灌丛，夏季取食于悬钩子。【分布】国外分布于喜马拉雅山脉、中南半岛。国内分布于华中及西南部。

蓝喉太阳鸟（雌）　戴波　摄

蓝喉太阳鸟（雄）　朱英　摄

绿喉太阳鸟（雄） 董江天 摄

绿喉太阳鸟 Green-tailed Sunbird *Aethopyga nipalensis*

【识别特征】体型略大的太阳鸟（14 cm）。雄鸟顶冠、额部、喉部以及尾羽为金属绿色，项背为棕褐色，腰部为灰黄色，下体为灰黄色。雌鸟上体橄榄色，下体暗绿黄色渐至喉及颏的灰色，无黄色的腰，尾羽羽端白色，尾为凸形。【生态习性】常栖息于开花的矮树并大胆去追赶其他太阳鸟。【分布】国外分布于喜马拉雅山脉、中南半岛。国内分布于西藏东南部、四川南部及西部和云南西部。

叉尾太阳鸟（雄） 英长斌 摄

叉尾太阳鸟（雌） 朱英 摄

黑胸太阳鸟 冯利民 摄

叉尾太阳鸟 Fork-tailed Sunbird *Aethopyga christinae*

【识别特征】体型较小的太阳鸟（10 cm）。雄鸟顶冠金属绿色，枕部、尾上覆羽及尾羽、颊部黑色而具光泽绿色的髭纹，背部和两翅呈亮绿色，腰部淡黄色，眉纹、耳羽、额部、喉部以及胸部为深栗色，腹部、腹侧及肛部为淡黄色，两翅较短，外侧尾羽端部白色且具两条细长羽。雌鸟较为普通，头部为橄榄绿色，其余部位颜色较浅，具有黄色的腰部，颏部到肛部为浅柠檬黄色，尾羽绿色外沿有白色斑点，无延长的尾羽。【生态习性】常出现于城镇花园、林地和森林的开花灌丛及乔木。【分布】国外分布于老挝和越南。国内分布于南方。

黑胸太阳鸟 Black-throated Sunbird *Aethopyga saturata*

【识别特征】体型略大的太阳鸟（14 cm）。雄鸟项背暗棕色，头顶及尾为金属蓝色，且尾有延长，下体黄色，喉黑，胸灰橄榄色而具细小的深暗色纵纹。雌鸟较小，腰白黄色。【生态习性】常至溪流边的开花矮树丛。【分布】国外分布于喜马拉雅山脉、中南半岛、马来西亚。国内分布于西南。

黄腰太阳鸟 Crimson Sunbird *Aethopyga siparaja*

　　【识别特征】体型中等的太阳鸟（13 cm）。雄鸟额、头顶金属绿色，头、颈、背、胸红色，腹部深灰。雌鸟暗橄榄绿色，两翅及尾不沾红色。【生态习性】单独或成对光顾种植园及森林边缘的刺桐丛及类似的花期树木。【分布】国外分布于喜马拉雅山脉、东南亚。国内分布于云南、广西和广东等地。

火尾太阳鸟 Fire-tailed Sunbird *Aethopyga ignicauda*

　　【识别特征】体型较长的太阳鸟（20 cm）。雄鸟头顶金属蓝色，眼先和头侧黑色，喉及髭纹金属紫色，从枕部到尾部均为艳红色，且中央尾羽延长，腰部黄色，下体黄色，胸具艳丽的橘黄色斑块。雌鸟灰橄榄色，腰黄，体型比雄鸟小。【生态习性】取食于开花的杜鹃丛、荆棘丛及开花的树丛。【分布】国外分布于喜马拉雅山脉和缅甸等地。国内分布于云南、西藏西南及东南部。

黄腰太阳鸟（雄）　肖克坚　摄

火尾太阳鸟（雄）　肖克坚　摄

火尾太阳鸟（亚成雄鸟）　董磊　摄

长嘴捕蛛鸟　肖克坚　摄

长嘴捕蛛鸟 Little Spiderhunter *Arachnothera longirostra*

【识别特征】体型略小的捕蛛鸟（15 cm）。头部眉纹、颊纹以及喉部为灰白色，上体橄榄绿色，双翅及尾部颜色较深，下体艳黄色，腹侧有棕黄色小斑块。【生态习性】性隐蔽，藏身于阴暗密丛如野香蕉树及高大生姜。常见在丛林小道上快速飞行而过同时发出其特有的叫声。【分布】国外分布于印度、东南亚。国内分布于云南西部和东南部。

纹背捕蛛鸟 Streaked Spiderhunter *Arachnothera magna*

【识别特征】体型偏大的捕蛛鸟（19 cm）。上体橄榄色，下体黄白色，全身布满深色纵纹，腿鲜艳橘黄色。【生态习性】极力抢占领地并相互紧紧追逐。取食于野香蕉及生姜的植株上。【分布】国外分布于喜马拉雅山脉、中南半岛、马来半岛。国内分布于西藏东南部、云南西部及南部、贵州南部、广西西南部热带地区。

纹背捕蛛鸟　宋晔　摄

黑顶麻雀(雄) 朱英 摄 　　黑顶麻雀(雌) 朱英 摄

家麻雀(雄) 朱英 摄 　　家麻雀(雌) 朱英 摄

雀科 Passeridae（Old World Sparrows）

黑顶麻雀 Saxaul Sparrow *Passer ammodendri*

【识别特征】小型雀（14～16 cm）。雄鸟头顶、枕部、过眼纹、喉部黑色，眉纹及枕侧棕褐，脸颊浅灰，上体棕褐色具黑色纵纹。雌鸟整体灰褐色，头顶、后颈至上背微具暗色纵纹。【生态习性】栖息于荒漠、半荒漠和有稀疏灌木的沙漠、河谷、农田等地，也见于山脚平原和沼泽湿地，海拔高度多在1 000 m以下。常成小群活动在树木、灌丛间。【分布】国外分布于中亚及蒙古。国内分布于新疆、甘肃、宁夏、内蒙古等地。

家麻雀 House Sparrow *Passer domesticus*

【识别特征】小型雀（14～16 cm）。雄鸟头顶灰色，无黑色耳羽，喉及上胸黑色较多。雌鸟整体灰褐色，具浅色眉纹。上背两侧具皮黄色纵纹。【生态习性】栖息于平原、山脚和高原地带的村庄、城镇和农田、河谷等地的树林、灌丛、荒漠和草甸。有季节性垂直迁徙现象。【分布】国外广泛分布于欧亚大陆，引入种至北美洲及南美洲、西非、中非等地。国内分布于新疆、青海、西藏、内蒙古等地。

黑胸麻雀 董江天 摄

黑胸麻雀 Spanish Sparrow *Passer hispaniolensis*

【识别特征】小型雀（14～16 cm）。雄鸟头顶、枕部栗色，脸颊白，喉部和胸部黑色，两胁密布黑色纵纹。雌鸟整体灰褐色，眉纹较长，上背两侧色浅，胸及两胁具浅色纵纹。【生态习性】栖息于农田、河谷、村镇、果园和疏林灌丛地区，也出没于半荒漠和芦苇塘。【分布】国外分布于南欧、北非、中东、中亚等地。国内分布于新疆地区。

山麻雀 Russet Sparrow *Passer rutilans*

【识别特征】小型雀（13～15 cm）。雄鸟头顶及背部为鲜艳的栗色，喉部黑色，脸颊白色，上背具黑色纵纹。雌鸟棕褐色，具深色的宽眼纹和米色眉纹。【生态习性】栖息于低山丘陵和山脚平原地带的各类森林和灌丛中。【分布】国外分布于阿富汗、喜马拉雅山脉、缅甸到越南、东北亚。国内分布于华东、华中、华南、华北、西南。

山麻雀（雄） 朱英 摄

山麻雀（雌） 郭冬生 摄

麻雀 肖克坚 摄

石雀 朱英 摄

麻雀 Eurasian Tree Sparrow *Passer montanus*

【识别特征】小型雀（13~15 cm）。雌雄相似。成鸟整体近褐色，头顶、枕部棕色，脸颊具明显黑色点斑。幼鸟似成鸟但色较暗淡，喙基黄色。【生态习性】栖息于有人类居住的村庄、城镇。【分布】国外分布于欧亚大陆、东亚及东南亚等地。国内广泛分布于各省。

石雀 Rock Sparrow *Petronia petronia*

【识别特征】小型雀（13~16 cm）。雌雄相似。成鸟具黑色的侧冠纹，眉纹近白色，眼后有深色条纹，喉部具黄色斑块。【生态习性】栖息于高原、裸露的荒山、悬崖、岩石荒坡和有洗漱灌木生长的荒漠及半荒漠地区，有时也在村寨附近出没。【分布】国外分布于欧洲南部、北非、西亚、中东、中亚等地。国内分布于新疆、内蒙古、宁夏、甘肃、青海、四川、西藏、北京等地。

白斑翅雪雀 | 董江天 摄

白斑翅雪雀 White-winged Snowfinch
Montifringilla nivalis

【识别特征】体型中等（16～18 cm）。雌雄相似。成鸟头灰色，喉部黑色，背褐色，翅具白斑，腹部皮黄色。幼鸟似成鸟但头部皮黄褐色。【生态习性】栖息于高海拔的冰川及融雪间的多岩山坡。繁殖期外结成大群，常与其他雪雀及岭雀混群。甚不惧生。【分布】国外分布于地中海地区至中东、中亚。国内分布于新疆、西藏。

藏雪雀 Tibetan Snowfinch *Montifringilla henrici*

【识别特征】体型略短胖的类似麻雀的雀（13 cm）。喙圆锥形坚实，喉部或眼睛周围多有黑色斑纹，上体为浅棕色，下部近白色，尾羽、腰部、飞羽、覆羽等部位多近白色。【生态习性】不惧人，结群活动于高海拔多岩石的山坡及动物圈内。【分布】我国特有种，主要分布于西部地区、新疆、西藏等地。

藏雪雀 | 朱英 摄

褐翅雪雀　朱英　摄　　白腰雪雀　董江天　摄

白腰雪雀　巫嘉伟　摄

褐翅雪雀 Black-winged Snowfinch *Montifringilla adamsi*

【识别特征】小型雀（14～18 cm）。雌雄相似。头及上体褐色较重，喉部具黑色，两翅可见的白色翅斑。中央尾羽黑色，外侧白色。【生态习性】栖息于高海拔的高山及高原裸露的岩石地区。冬季结成大群。【分布】国外分布于克什米尔、喜马拉雅山脉。国内分布于新疆、西藏、青海、四川。

白腰雪雀 White-rumped Snowfinch *Onychostruthus taczanowskii*

【识别特征】小型雀（14～18 cm）。雌雄相似。眼先黑色。成鸟整体颜色较淡，背部具明显黑色纵纹，白腰明显。幼鸟近褐色，腰无白色。【生态习性】栖息于多裸岩的高原、高寒荒漠、草原及沼泽边缘。【分布】国外分布于尼泊尔。国内分布于西藏、青海、四川、甘肃。

黑喉雪雀 | 朱英 摄

棕颈雪雀 | 巫嘉伟 摄

黑喉雪雀 Pere David's Snowfinch *Pyrgilauda davidiana*

【识别特征】体型中等黄褐色的雪雀（15 cm）。头部整体多黑色，覆羽基部白色，尾羽外侧近白。【生态习性】活动于半荒漠近水处。不惧人。【分布】国外分布于俄罗斯及蒙古。国内分布于青海东部、甘肃、宁夏、内蒙古东北部。

棕颈雪雀 Rufous-necked Snowfinch *Pyrgilauda ruficollis*

【识别特征】小型雀（14～16 cm）。雌雄相似。成鸟整体棕褐色，头部、颈部棕褐色，髭纹黑，喉白色。幼鸟色较暗淡，可见淡栗色耳羽。【生态习性】栖息于多裸岩的高原、草地及草原等地。【分布】国外分布于喜马拉雅山脉。国内分布于新疆、西藏、青海、四川、甘肃等地。

织雀科 Ploceidae（Weavers）

黄胸织雀 Baya Weaver *Ploceus philippinus*

【识别特征】小型雀（13～17 cm）。繁殖期雄鸟顶冠及颈背金黄色，脸黑，下体皮黄，上体深灰褐，羽缘色浅。雌鸟头无黄色及黑色斑纹，眉纹及胸黄褐色。【生态习性】栖息于开阔的原野、河流、湖波、芦苇、沼泽等地区。【分布】国外分布于巴基斯坦到印度、中南半岛、马来半岛。国内分布于云南等地。

黄胸织雀（雄）｜宋晔 摄

黄胸织雀（雌）｜宋晔 摄

白腰文鸟 | 谭文奇 摄

梅花雀科 Estrildidae（Waxbills and Allies）

白腰文鸟 White-rumped Munia *Lonchura striata*

【识别特征】小型雀（10～12 cm）。雌雄相似。喙锥形，额、眼前深色，整体深褐色，背上有白色纵纹，腹部皮黄白，腰白色。亚成鸟色较淡，腰皮黄色。【生态习性】栖息于低山、丘陵和山脚平原地带。【分布】国外分布于南亚、东南亚等地。国内分布于西南、陕西以南的南方大部分地区。

斑文鸟 Scaly-breasted Munia *Lonchura punctulata*

【识别特征】小型雀（10～12 cm）。雌雄相似。整体深褐色，上体褐色，喉棕褐色，腹部白色，胸及两胁具深褐色鳞状斑。幼鸟下体浓皮黄色而无鳞状斑。【生态习性】栖息于耕地、稻田、花园及次生灌丛等环境的开阔多草地块。成对或与其他文鸟混成小群。【分布】国外分布于南亚、东南亚等地。国内分布于西南、华南、华东等南方大部分地区。

斑文鸟 | 冯利民 摄

栗腹文鸟(亚成鸟) | 潘思佳　摄

苍头燕雀(雄) | 朱英　摄

栗腹文鸟 Chestnut Munia *Lonchura malacca*

【识别特征】体型中等栗色的文鸟(11.5 cm)。头、喉及尾下覆羽均黑色,其他部位棕红色。雄雌同色,亚成鸟近褐色。【生态习性】结群活动,起落时振翅有声。【分布】国外分布于印度、东南亚。国内分布于云南、广东、台湾、海南岛。

燕雀科 Fringillidae (Siskins, Crossbills)

苍头燕雀 Chaffinch *Fringilla coelebs*

【识别特征】小型雀(14～16 cm)。具白色肩斑及翅斑。雄鸟头顶及颈背灰色,背部栗色,脸及胸栗红色。雌鸟及幼鸟色暗而多灰色,腰偏绿。【生态习性】栖息于落叶林及混交林、林园及次生灌丛。与其他雀类混群。常于地面取食。【分布】国外分布于欧亚大陆西部、北非。国内分布于新疆、内蒙古、河北、北京、东北等地区。

燕雀 Brambling *Fringilla montifringilla*

【识别特征】小型雀（14～17 cm）。成年雄鸟头部、颈部、背部黑色，胸部橙红色，腹部白色。非繁殖期的雄鸟与雌鸟相似，但头部褐色。【生态习性】栖息于落叶混交林及林地、针叶林林间空地越冬。喜跳跃和波状飞行，成对或结小群活动。于地面或树上取食。【分布】国外分布于欧亚大陆、北非。国内除宁夏、西藏、青海、海南外，见于各省。

燕雀 ｜ 郭冬生 摄

燕雀 ｜ 朱英 摄

林岭雀 | 朱英 摄

高山岭雀 | 肖克坚 摄

林岭雀 Plain Mountain Finch *Leucosticte nemoricola*

【识别特征】小型褐色的岭雀(14～17 cm)。雄雌相似。具浅色的眉纹和白色的细小翅斑，头部颜色较浅，腰部羽的羽端无粉红色。雏鸟较成鸟多棕色。【生态习性】栖息于多石的山坡和高山草甸。为垂直迁移的候鸟，冬季下至海拔1 800 m于耕地边缘。【分布】国外分布于中亚及喜马拉雅山脉。国内分布于四川、甘肃、青海、新疆、西藏等地区。

高山岭雀 Brandt's Mountain Finch *Leucosticte brandti*

【识别特征】小型褐色的岭雀(15～17 cm)。雄雌相似。头部黑色，背部灰褐色具黑褐色纵纹，腰偏粉色，下体淡灰褐色。【生态习性】栖息于高海拔的多岩、碎石地带及多沼泽地区。夏季于海拔4 000～6 000 m，冬季下至海拔3 000 m。【分布】国外分布于中亚哈萨克斯坦、蒙古、巴基斯坦、喜马拉雅山脉。国内分布于四川、甘肃、青海、新疆、西藏等地区。

粉红腹岭雀 冯利民 摄　　　　松雀 张明 摄

红眉松雀(雄) 董磊 摄

粉红腹岭雀 Asian Rosy Finch *Leucosticte arctoa*

【识别特征】小型雀（15～18 cm）。额、头顶及脸灰色，上背黄褐色，两翅近黑而羽缘粉红，腹部具深色鳞状纹。雌鸟较雄鸟色暗，两翅的粉红色仅限于覆羽。【生态习性】栖息于荒芜高原及高山苔原带的低矮植被下。越冬在有稀疏树木的裸露山坡。【分布】国外分布于西伯利亚、蒙古、东北亚。国内分布于新疆、河北、北京、内蒙古、东北。

松雀 Pine Grosbeak *Pinicola enucleator*

【识别特征】大型雀类（22 cm）。体型敦实，头小浑圆，喙厚而带钩，翅具两道明显白色翅斑。成年雄鸟深粉红色，具黑色眉纹及别致的脸部灰色图纹。成年雌鸟头和胸黄绿色。【生态习性】甚不惧人。夏季偏爱高海拔针叶林和长有胡桃、桦木的树林，冬季在低海拔成群取食相似生境内的浆果和种子。有时造访村落和长满浆果的灌丛，有时于太平鸟混群活动。【分布】繁殖于北美、欧洲及亚洲的高纬度的针叶林，从斯堪的纳维亚至楚科塔地区，一般在北纬65°以北的地区。主要为留鸟，冬季迁徙至低海拔地区。甚罕见。亚种*kamtshatkensis*于叶尼塞河穿过西伯利亚至堪察加半岛，冬季至中国北方，推测该亚种可能至朝鲜，还见于四川南部及东部。亚种*pacatus*偶见于黑龙江越冬。

红眉松雀 Crimson-browed Rosefinch *Pinicola subhimachala*

【识别特征】大型雀类（16～21 cm）。体型敦实，头小浑圆，喙粗厚，雄鸟眉、额、颊部猩红色，上体红褐色，腰栗红色，下体灰色。雌鸟额和胸黄色。【生态习性】栖息于高山针叶林。【分布】国外分布于喜马拉雅山区。国内分布于西藏、云南、四川。

红眉松雀(雌鸟)后为白眉朱雀(雌) 董磊 摄

红眉松雀 唐军 摄

赤朱雀(雌) 董江天 摄

赤朱雀(雄) 唐军 摄

暗胸朱雀 董江天 摄

赤朱雀 Blanford's Rosefinch *Carpodacus rubescens*

【识别特征】小型雀（14～15 cm）。雄鸟整体绯红色，具两道红色的翅斑，背部及顶冠栗色，头顶、上背或胸上无纵纹。雌鸟灰褐色，下体无纵纹。【生态习性】繁殖于高山多岩山谷灌丛。越冬于较低的针叶林和桦树林。【分布】国外分布于喜马拉雅山脉等地区。国内分布于陕西、甘肃、重庆、西藏、云南、四川等地区。

暗胸朱雀 Dark-breasted Rosefinch *Carpodacus nipalensis*

【识别特征】小型雀（14～15 cm）。雄鸟整体体色较深，额、眉纹、脸颊及耳羽亮红色，胸部、颈部、背部深栗色。雌鸟为灰褐色，具两道浅色的翅斑。【生态习性】栖息于林线附近的栎树、针叶树及杜鹃的混交林。【分布】国外分布于缅甸、越南、喜马拉雅山脉等地区。国内分布于甘肃、四川、云南、重庆等地区。

普通朱雀 | 彭建生　摄

普通朱雀 Common Rosefinch *Carpodacus erythrinus*

【识别特征】小型雀（13～16 cm）。雄鸟整体亮红色，无眉纹，胸部红色，腹部白色。雌鸟无红色，上体清灰褐色，腹部近白色具纵纹。幼鸟似雌鸟但褐色较重。【生态习性】栖息于亚高山林带但多在林间空地、灌丛及溪流旁。单独、成对或结小群活动。【分布】国外分布于欧亚大陆。国内见于各地。

普通朱雀 | 冯利民　摄

红眉朱雀（雄）｜戴波 摄

红眉朱雀（雄）｜董磊 摄

红眉朱雀 Beautiful Rosefinch *Carpodacus pulcherrimus*

　　【识别特征】小型雀（14～15 cm）。雄鸟上体褐色斑驳，眉纹、脸颊、胸及腰紫红色。雌鸟无紫红色，但具明显的皮黄色眉纹。【生态习性】栖息于桧树及有矮小栎树及杜鹃的灌丛。冬季下至较低处。【分布】国外分布于喜马拉雅山脉、蒙古。国内分布于北京、河北、内蒙古、西部地区。

酒红朱雀(雌) 周华明 摄

酒红朱雀(雄) 周华明 摄

酒红朱雀 Vinaceous Rosefinch *Carpodacus vinaceus*

【识别特征】小型整体颜色较深的朱雀 (13～15 cm)。雄鸟全身深绯红色,眉纹浅粉色。雌鸟整体褐色具深色纵纹。【生态习性】栖息于海拔2 000～3 400 m的山坡竹林及灌丛。常在近地面处单独或结小群活动。【分布】国外分布于喜马拉雅山脉山区。国内分布于西藏、四川、宁夏、重庆、贵州、甘肃、云南、台湾等地区。

棕朱雀 Dark-rumped Rosefinch *Carpodacus edwardsii*

【识别特征】小型整体颜色较深的朱雀（14～17 cm）。雄鸟眉纹、喉部浅粉色，额或下体无粉色。雌鸟深褐色，眉纹浅皮黄色，下体皮黄具浓密的深色纵纹。【生态习性】栖息于海拔3 000～4 250 m的较高林层及高山灌丛。【分布】国外分布于南亚地区。国内分布于西藏、四川、云南、甘肃、重庆等地区。

棕朱雀（雌）｜董磊 摄

棕朱雀（雄）｜周华明 摄

沙色朱雀(雌) | 张明 摄　　沙色朱雀(雄) | 张明 摄

北朱雀(雌) | 朱英 摄

沙色朱雀 Pale Rosefinch *Carpodacus synoicus*

【识别特征】中型朱雀(14~16 cm)。体羽浅色无纵纹。雄鸟体羽沙褐色,脸颊带粉红色。雌鸟淡沙褐色而无粉色,额、头顶、颊及前颈具细纵纹。【生态习性】栖息于裸露干燥石砾地区、稀疏灌木丛生的谷地和丘陵草地。食物多以草籽、野生植物的果实为主。通常惧生而寂声,结小群于地面活动。【分布】本种4个亚种,国内2个亚种;中东内盖夫及西奈沙漠、阿富汗东北部至中国西部。亚种*stoliczkae*分布于青海湖至新疆西南部叶尔羌河和西昆仑山;亚种*beicki*分布于甘肃兰州至青海东部。

北朱雀 Pallas's Rosefinch *Carpodacus roseus*

【识别特征】体型中等(15~17 cm)。雄鸟头顶、胸部、腹部绯红。具两道浅色翅斑。雌鸟褐色,背部具明显纵纹,额及腰粉色,下体皮黄色具纵纹。【生态习性】栖息于针叶林,但越冬在雪松林及有灌丛覆盖的山坡。【分布】国外分布于西伯利亚、东北亚等地区。国内见于东北、华北、西北、华中等地区。

斑翅朱雀(雌) 董磊 摄

斑翅朱雀(雄) 董磊 摄

点翅朱雀 董江天 摄

点翅朱雀(雌) 董江天 摄

斑翅朱雀 Three-banded Rosefinch *Carpodacus trifasciatus*

【识别特征】体型大（17~20 cm）。雄鸟脸部偏黑，羽尖白，头顶、颈部、背部、胸部深绯红色，具两道显著的浅色翅斑。雌鸟及幼鸟上体深灰，布满黑色纵纹。【生态习性】栖息于海拔1 800~3 000 m的稀疏针叶林，冬季下至农耕地及果园。【分布】国外分布于印度东北。国内分布于陕西、西藏、甘肃、四川、云南等地区。

点翅朱雀 Spot-winged Rosefinch *Carpodacus rodopeplus*

【识别特征】体型中等深色的朱雀（15 cm）。雄鸟长眉纹粉色，腰及下体多暗粉色，三级飞羽及覆羽斑点浅粉色。雌鸟纵纹密布，下体淡黄，眉纹长浅色。【生态习性】活动于林缘，冬季活动于密林。惧生。【分布】国外分布于喜马拉雅山脉、缅甸。国内分布于新疆南部、四川南部及西部、云南东北部。

白眉朱雀 White-browed Rosefinch *Carpodacus thura*

【识别特征】体型中等（15～17 cm）。雄鸟脸部、胸部、腹部红色，浅粉色的眉纹后端成明显白色。雌鸟眉纹后端白色，与其他雌性朱雀的区别为腰色深而偏黄色。【生态习性】夏季栖息于高山及林线灌丛，冬季于丘陵山坡灌丛。成对或结小群活动，有时与其他朱雀混群。取食多在地面。【分布】国外分布于阿富汗、喜马拉雅山脉。国内分布于青海、甘肃、宁夏、四川、云南、西藏等地区。

白眉朱雀（雄） 冯利民 摄

白眉朱雀（雌） 周华明 摄

红腰朱雀 Red-mantled Rosefinch *Carpodacus rhodochlamys*

【识别特征】体型较大的朱雀（15～18 cm）。喙厚重。雄鸟全身粉色，腰及眉纹粉红无细纹，脸具银色碎点，顶纹及过眼纹深色。雌鸟浅灰褐色，具深色纵纹，体无粉色。【生态习性】惧生而隐秘。成对或结小群活动。【分布】国外分布于中亚、阿富汗、印度西北部及蒙古、西伯利亚。国内分布于新疆西北部。

拟大朱雀 Streaked Rosefinch *Carpodacus rubicilloides*

【识别特征】体型大（17～20 cm）。雄鸟脸部、额部、胸部深红色，腹部、头顶深红色且具白色纵纹，颈背及背部灰褐而具深色纵纹，腰粉红色。雌鸟灰褐色，腹部密布纵纹。【生态习性】栖息于高海拔的多岩流石滩及有稀疏矮树丛的高原。冬季见于村庄附近的棘丛。【分布】国外分布于喜马拉雅山脉地区。国内分布于内蒙古、青海、甘肃、四川、云南、西藏等地区。

红腰朱雀（雌） 董磊 摄

红腰朱雀（雄） 董磊 摄

拟大朱雀 唐军 摄

大朱雀 肖克坚 摄

大朱雀(雌鸟、幼鸟) 董磊 摄

红胸朱雀(雄) 董磊 摄

大朱雀 Great Rosefinch *Carpodacus rubicilla*

【识别特征】体型大（18～20 cm）。雄鸟头部、胸部深红色，腹部、头顶深红色且具白色纵纹。雌鸟灰褐色，腹部纵纹较细。雄鸟甚似拟大朱雀但通常红色较重且多白色，上体纵纹较少。雌鸟与拟大朱雀的区别为颈背、背及腰纵纹较少，下体灰皮黄色。【生态习性】夏季栖息于林线以上的多岩流石滩及高山草甸，冬季下至村庄田野。与其他朱雀混群。【分布】国外分布于中亚、俄罗斯、喜马拉雅山脉等地区。国内分布于新疆、青海、甘肃、四川、云南、西藏等地区。

红胸朱雀 Red-fronted Rosefinch *Carpodacus puniceus*

【识别特征】体型大喙甚长的朱雀（19～22 cm）。雄鸟眉纹红色，喉部、胸部绯红色，腰红色，过眼纹色深。雌鸟深褐色，背部、腹部具浓密纵纹。【生态习性】栖息于高山草甸及高海拔的多岩流石、甚至冰川雪线。于地面跳动，受惊时也不远飞。冬季下至海拔3 000～4 600 m。【分布】国外分布于中亚、喜马拉雅山脉等地区。国内分布于青海、甘肃、四川、西藏等地区。

藏雀 Tibetan Rosefinch *Kozlowia roborowskii*

【识别特征】体型大（17～18 cm）。雄鸟头部黑红色，腰、两胁及尾缘红色，两翅长及尾端。雌鸟皮黄褐色，无红色，背部、腹部纵纹浓密。【生态习性】栖息于海拔4 500～5 400 m荒芜多岩的干旱平原。【分布】我国特有种，分布于青海、西藏等地区。

藏雀（雄）｜朱英 摄

藏雀（雌）｜董江天 摄

红交嘴雀 Red Crossbill *Loxia curvirostra*

【识别特征】体型中等（15～17 cm）。雄鸟整体红色，钩喙弯曲明显。雌鸟似雄鸟但为暗橄榄绿而非红色。幼鸟似雌鸟而具纵纹。【生态习性】栖息于针叶林，冬季游荡且部分鸟结群迁徙。【分布】国外分布于欧亚大陆、北美、非洲。国内分布于北部和西部。

红交嘴雀（雄）｜向定乾 摄

红交嘴雀（雌）｜董江天 摄

白翅交嘴雀 | 张明 摄

白翅交嘴雀 White-winged Crossbill *Loxia leucoptera*

【识别特征】中型雀类（15 cm）。体羽较艳，喙相侧交，头较拱圆，翅上具两道明显的白色翅斑。繁殖期雄鸟暗玫瑰绯红色，腰红色较艳。雌鸟体色暗橄榄黄，腰黄。【生态习性】栖息于山地落叶针叶林，尤喜落叶松、桦树和花楸林，也见于针阔混交林中。【分布】全球3个亚种，国内仅1种。普通的全北界物种，分布于北美洲及欧亚大陆。越冬南迁，罕见。亚种*bifasciata*可能繁殖于黑龙江的小兴安岭，越冬往南迁至辽宁及河北，偶见于新疆北部的阿尔泰山。

高山金翅雀 Yellow-breasted Greenfinch *Carduelis spinoides*

【识别特征】小型雀（12～13 cm）。头具明显的斑纹，头顶黑色，头侧、颈黄色，眼后黑色。雌鸟似雄鸟但体较色暗且多纵纹，腰黄色且头具条纹。幼鸟色淡，纵纹较多。【生态习性】栖息于开阔的针叶林。垂直迁移的候鸟。于树上取食。【分布】国外分布于喜马拉雅山脉、缅甸。国内分布于云南、西藏等地区。

高山金翅雀 | 王宁 摄

高山金翅雀 | 董磊 摄

欧金翅雀 European Greenfinch *Carduelis chloris*

【识别特征】体型略小黄褐色的雀鸟 (13 cm)。翅斑黄色。雄鸟顶冠及颈后多灰色，额黄色，背近褐色，尾基黄色。雌鸟色暗。【生态习性】活动于灌丛。【分布】国外主要分布于欧亚大陆、北非。国内分布于新疆。

黑头金翅雀 Black-headed Greenfinch *Carduelis ambigua*

【识别特征】小型雀 (12~13 cm)。整体黄绿色，头黑色，头无条纹，腰及胸橄榄色。幼鸟较成鸟色淡且多纵纹。【生态习性】栖息于开阔针叶林或落叶林及有稀疏林木的开阔地。有时在田野取食。垂直迁移。【分布】国外分布于印度、缅甸、泰国、越南。国内分布于四川、云南、青海、广西、贵州、西藏等地区。

欧金翅雀 | 朱英 摄

黑头金翅雀 | 肖克坚 摄

白腰朱顶雀 | 董江天 摄

白腰朱顶雀 Common Redpoll *Carduelis flammea*

　　【识别特征】体型略小灰褐色的雀（14 cm）。头顶斑点红色。雄鸟褐色较重多纵纹，胸部粉红色，腰浅灰近褐具黑色纵纹。雌鸟胸无粉红，尾叉形。【生态习性】飞行迅速。结群活动。【分布】国外分布于全北界的北部，引种到新西兰。国内见于北部、江苏、上海及台湾。

极北朱顶雀 | 张明 摄

黄雀 | 宋晔 摄

极北朱顶雀 Arctic Redpoll *Carduelis hornemanni*

【识别特征】小型雀（13 cm）。体色偏白，额具深红色点斑，眼先、颏黑色，胸、脸侧及腰具淡淡的粉红色具深棕色条纹，翅近黑，尾分叉。成年雄性脸颊及胸偏皮黄色，雌性偏淡。【生态习性】栖息于苔原和森林—苔原带的边缘及矮小的针叶、桦树及柳树丛。冬季有时成大群，多在地面取食。【分布】国外分布于全北界的极区苔原冻土带，部分鸟冬季迁至南方。国内见于新疆、宁夏、甘肃和内蒙古。

黄雀 Eurasian Siskin *Carduelis spinus*

【识别特征】小型雀（11～12 cm）。雄鸟的头顶及颏黑色，脸颊、腰部亮黄色。雌鸟色暗而多纵纹，顶冠和颏无黑色。幼鸟似雌鸟但褐色较重，翅斑多橘黄色。【生态习性】栖息于开阔针叶林、针阔混交林。冬季下至低山丘陵和平原地区的人工针叶林和阔叶林中，也出没于农田、河谷地带。【分布】国外分布于欧亚大陆、北非。国内除宁夏、西藏、云南以外，分布于各地。

藏黄雀 Tibetan Siskin *Carduelis thibetana*

【识别特征】小型雀（10～12 cm）。整体黄绿色。雄鸟橄榄绿色，头顶、眉纹、腰及腹部黄色。雌鸟暗绿，上体及两胁多纵纹。幼鸟似成年雌鸟但色暗淡且多纵纹。【生态习性】栖息于高山针叶林、针阔混交林。冬季下至中低山地区和山脚地带。【分布】国外分布于印度、不丹、尼泊尔、缅甸地区。国内分布于新疆、四川、云南、西藏等地区。

藏黄雀(雌) 朱英 摄

藏黄雀(雄) 朱英 摄

红额金翅雀 European Goldfinch *Carduelis carduelis*

【识别特征】小型雀（12～14 cm）。喙较细。成鸟额部及喉部红色，具明显的黑、白、黄色翅斑，叉形尾整体黑色，尾端白色。幼鸟褐色较重，头顶、背及胸具纵纹，头无红色但具黄色的宽阔翅斑。【生态习性】栖息于针叶林及混交林的林间空地及林缘或果园，高可至海拔4 250 m。成对或结小群活动。【分布】国外分布于欧洲、中东、中亚等地区。国内分布于新疆、甘肃、西藏等地区。

金翅雀 Oriental Greenfinch *Carduelis sinica*

【识别特征】小型雀（12～14 cm）。雄鸟头部、颈部、枕部灰色，背部褐色，翅斑、外侧尾羽基部黄色。雌鸟色暗。幼鸟色淡且多纵纹。【生态习性】栖息于灌丛、旷野、人工林及林缘地带，高可至海拔2 400 m。【分布】国外分布于东北亚到东南亚地区。国内分布于除西部以外地区。

红额金翅雀(雄) ｜ 朱英　摄

金翅雀 ｜ 冯利民　摄

黄嘴朱顶雀　朱英　摄

赤胸朱顶雀（雌）　朱英　摄

赤胸朱顶雀（雄）　朱英　摄

黄嘴朱顶雀 Twite *Carduelis flavirostris*

【识别特征】小型雀（12~15 cm）。头顶无红色点斑，喙黄色且较小，颈部、背部多纵纹，体羽色深而多褐色，尾较长，腰粉红或近白，翅上及尾基部的白色较少。【生态习性】夏季栖息于开阔山地、泥淖地及有林间空地的针叶林及混交林。取食多在地面，结群而栖。垂直迁移的候鸟。【分布】国外分布于欧洲、中亚、西亚、喜马拉雅山脉等地区。国内分布于新疆、西藏、内蒙古、青海、宁夏、甘肃、四川等地区。

赤胸朱顶雀 Eurasian Linnet *Carduelis cannabina*

【识别特征】体型略小褐色的雀（13.5 cm）。腹部色浅，头近灰色。雄鸟顶冠及胸斑绯红色，头及颈后为纯灰色，上背及覆羽为褐色。雌鸟无绯红较暗淡，顶冠、上背、胸及两胁多纵纹。【生态习性】活动于稀疏树木及矮丛，垂直迁移的候鸟。【分布】国外分布于欧洲、北非及中亚。国内分布于西北部。

金额丝雀　董江天　摄

褐灰雀　高云飞　摄

金额丝雀 Gold-fronted Serin *Serinus pusillus*

【识别特征】小型雀（11～13 cm）。雄雌相似。头部、胸部黑色，额至顶冠具鲜红色块斑。幼鸟似成鸟但头色较淡，额及脸颊棕色，顶冠及颈背具深色纵纹。【生态习性】栖息于海拔2 000～4 600 m林线以上的低矮桧树带或有矮小灌丛的裸岩山坡。【分布】国外分布于中亚、印度等地区。国内分布于新疆、西藏等地区。

褐灰雀 Brown Bullfinch *Pyrrhula nipalensis*

【识别特征】体型中等灰色的雀（16.5 cm）。尾长，喙强大有力，尾及两翅紫色，翅上块斑浅色，腰白色。雄鸟额具斑纹，脸罩黑色。雌鸟全身近黄灰色。【生态习性】结小群活动。飞行迅速。【分布】国外分布于中亚、喜马拉雅山脉、中南半岛及马来半岛。国内分布于西南部、陕西、江西、福建、广东及台湾。

灰头灰雀 Gray-headed Bullfinch
Pyrrhula erythaca

【识别特征】体型中等（14～16 cm）。雄鸟头部、背部灰色，胸及腹部橘色。雌鸟下体及上背褐色。幼鸟似雌鸟但头为褐色，仅有极细小的黑色眼罩。【生态习性】栖息于亚高山针叶林及混交林。冬季结小群生活。【分布】国外分布于喜马拉雅山脉地区。国内分布于河南、山西、宁夏、青海、云南、重庆、贵州、湖北、西藏、四川、甘肃、河北、北京、台湾等地区。

灰头灰雀（雌）　范毅　摄

红头灰雀 Red-headed Bullfinch
Pyrrhula erythrocephala

【识别特征】体型中等喙厚的雀（13～16 cm）。上喙具钩，雄鸟头部、腹部橘红色。雌鸟灰色较重，头顶、颈部、背部近灰色。【生态习性】栖息于高山针叶林和针阔混交林。冬季下至中低山和沟谷地带。【分布】国外分布于喜马拉雅山脉等地区。国内分布于西藏地区。

红头灰雀　董江天　摄

红腹灰雀 Common Bullfinch *Pyrrhula pyrrhula*

【识别特征】体型中等 (15～17 cm)。雄鸟喙基、眼先、眼周辉蓝黑色,背、肩灰色,下体红色,腰部白色,两翅黑褐色,翅上有白斑。雌鸟似雄鸟,但整体灰色。【生态习性】栖息于针叶林和针阔混交林。冬季下至低山和山脚地带的针阔混交林和林缘灌丛地带,有时也出没于人工林和果园。【分布】国外分布于欧洲、亚洲北部、东北地区。国内见于黑龙江、吉林、辽宁、河北等地区。

灰腹灰雀 Oriental Bullfinch *Pyrrhula griseiventris*

【识别特征】体型中等 (16～18 cm)。雄鸟喙基、眼先、眼周辉蓝黑色,背、肩灰色,下体淡粉色,腰部白色,两翅和尾辉蓝黑色,翅上有白色斑块。雌鸟似雄鸟,但头部黑色较暗淡,上背淡灰色,下体灰褐色。【生态习性】栖息于针叶林和针阔混交林。冬季下至林缘次生林、果园、公园等地。【分布】国外分布于蒙古、贝加尔等地区。国内见于黑龙江、吉林、辽宁、内蒙古、河北等地区。

红腹灰雀 | 冯利民 摄

灰腹灰雀 | 王春芳 摄

锡嘴雀 | 王春芳 摄

锡嘴雀 Hawfinch *Coccothraustes coccothraustes*

　　【识别特征】体型大（17 cm）。喙粗大，雌雄相似，眼先、喙基、颏、喉黑色，脸和头顶橙褐色，后颈到颈侧灰色，具翅斑，尾羽端白色。【生态习性】栖息于林地，集群。【分布】国外分布于欧亚大陆、非洲。国内除西藏、云南、海南外，见于各省。

黑尾蜡嘴雀（雄） 朱英 摄

黑尾蜡嘴雀（雌） 朱英 摄

黑头蜡嘴雀 朱英 摄

黑尾蜡嘴雀 Yellow-billed Grosbeak *Eophona migratoria*

【识别特征】体型大（17～21 cm）。喙黄色且尖端黑色，雄鸟具黑色头罩，腹部、背部灰色，两翅近黑色，初级飞羽、三级飞羽羽端白色。雌鸟似雄鸟但头部黑色少。幼鸟似雌鸟但褐色较重。【生态习性】栖息于林地、花园及果园。【分布】国外分布于西伯利亚东部、蒙古等地区。国内除宁夏、新疆、西藏、青海外，见于各省。

黑头蜡嘴雀 Japenese Grosbeak *Eophona personata*

【识别特征】体型略大壮实的雀（20 cm）。雄雌同色，喙黄色硕大，体羽近灰色，三级飞羽近的黑色具白色斑。【生态习性】结小群活动。惧生。【分布】国外分布于西伯利亚东部、北朝鲜及日本。国内见于东北、南方及台湾。

黄颈拟蜡嘴雀 Collared Grosbeak *Mycerobas affinis*

【识别特征】体型大（20～22 cm）。雄鸟头部、两翅及尾黑色，其余部位黄色。雌鸟头暗灰色。幼鸟似成鸟但色暗淡。【生态习性】栖息于林线附近的针叶林及混交林。冬季结群活动。【分布】国外分布于喜马拉雅山脉、缅甸。国内分布于西藏、云南、四川、甘肃等地区。

白点翅拟蜡嘴雀 Spot-winged Grosbeak *Mycerobas melanozanthos*

【识别特征】体型大（20～22 cm）。雄鸟头部及上体黑色，胸腹部黄色。初级飞羽外羽具白色斑。雌鸟及幼鸟具明显黑色纵纹。两翅上具点斑纹，幼鸟黄色较雌鸟淡。【生态习性】栖息于略低海拔的针叶林及混交林。【分布】国外分布于喜马拉雅山脉、缅甸、泰国。国内分布于西藏、云南、四川等地区。

黄颈拟蜡嘴雀（雄）　周华明　摄　　　　黄颈拟蜡嘴雀（雌）　周华明　摄

白点翅拟蜡嘴雀（雄）　董磊　摄　　　　白点翅拟蜡嘴雀（雌）　肖克坚　摄

白斑翅拟蜡嘴雀 White-winged Grosbeak *Mycerobas carnipes*

【识别特征】体型大（20～23 cm）。雄鸟头部、胸部、上背黑色，腹、腰黄色，初级飞羽具白色块斑。雌鸟似雄鸟但色暗。幼鸟似雌鸟但褐色较重。【生态习性】栖息于林地、花园及果园。常成对或结小群活动。【分布】国外分布于喜马拉雅山脉、西亚等地区。国内分布于西部地区。

白斑翅拟蜡嘴雀（雄）｜肖克坚 摄

白斑翅拟蜡嘴雀（雌）｜冯利民 摄

金枕黑雀（雄）　肖克坚　摄

金枕黑雀（雌）　董江天　摄

金枕黑雀 Gold-naped Finch *Pyrrhoplectes epauletta*

【识别特征】体型小（13～15 cm）。雄鸟体羽黑色，枕部金色，肩部具金色块斑。雌鸟两翅及下体棕褐色，头灰色。【生态习性】栖息于杜鹃丛及竹林的林下植被或地面，有时结小群并时与朱雀混群。【分布】国外分布于喜马拉雅山脉等地区。国内分布于西藏、云南、四川等地区。

蒙古沙雀 | 朱英 摄

巨嘴沙雀(雄) | 王春芳 摄

蒙古沙雀 Mongolian Finch *Rhodopechys mongolicus*

【识别特征】小型雀（11～14 cm）。成鸟喙较厚重，翅羽具粉红色羽缘。雄鸟整体粉红色，大覆羽多绯红色，腰部、胸部及眼周沾粉红色。【生态习性】栖息于半干旱的有稀疏矮丛的地带。不喜干燥多石或多沙的荒漠。也见于花园及耕地。【分布】国外分布于中亚、蒙古等地区。国内分布于黑龙江、河北、新疆、青海、甘肃、宁夏、内蒙古等地区。

巨嘴沙雀 Desert Finch *Rhodospiza obsoleta*

【识别特征】体型小（13～16 cm）。成鸟喙亮黑，两翅粉红色。雄鸟眼先黑色，雌鸟眼先无黑色。【生态习性】栖息于林地、花园及果园。常成对或结小群活动。【分布】国外分布于北非、中东、中亚等地区。国内分布于陕西、内蒙古、宁夏、甘肃、新疆、青海。

长尾雀 Long-tailed Rosefinch *Uragus sibiricus*

【识别特征】体型中等（13～18 cm）。雄鸟脸部、腰部及胸部粉红色，两翅多具白色，上背褐色而具近黑色纵纹，繁殖期外色彩较淡。雌鸟具灰色纵纹，腰部、胸部棕色。【生态习性】栖息于低山丘陵、山谷和溪流岸边的灌丛和小树丛，也常光顾公园。成鸟常单独或成对活动，幼鸟结群。【分布】国外分布于中亚、西伯利亚、蒙古到东北亚。国内分布于北部、西北部。

长尾雀（雌）｜宋晔 摄

长尾雀（雄）｜王勇 摄

血雀 Scarlet Finch *Haematospiza sipahi*

【识别特征】体型中等（16～19 cm）。雄鸟整体为醒目红色，飞羽偏黑而羽缘红色。雌鸟上体橄榄褐色，下体灰色，具深色杂斑，腰黄色。幼鸟似雌鸟但上体具棕色调，腰橘黄色较多。【生态习性】栖息于针叶林或亚热带山地林。通常于林间空隙或林缘地带活动。【分布】国外分布于喜马拉雅山脉到越南。国内分布于西藏、云南等地区。

血雀（雄）│ 董磊 摄

血雀（雌）│ 董磊 摄

朱鹀　唐军　摄

朱鹀(雌)　朱英　摄　　　　　凤头鹀(雌)　冯利民　摄

鹀科 Emberizidae（Buntings）

朱鹀 Pink-tailed Rosefinch *Urocynchramus pylzowi*

【识别特征】体型略大的鹀类（16 cm）。繁殖期雄鸟的眉纹、颊部、颏部、喉部及尾羽羽缘呈粉色，上体深褐色且有浅色条纹，尾羽较长，下体胸部为深褐色，而腹部为棕色且有深色纵纹。雌鸟胸皮黄色而具深色纵纹，尾基部浅粉橙色。【生态习性】栖息于进水的灌丛及高山密丛。单独、成对或结小群活动。飞行弱而振翅多。【分布】我国特有种，分布于青海、甘肃、重庆、四川北部及西部、西藏东部。

凤头鹀 Crested Bunting *Melophus lathami*

【识别特征】体型较大的鹀类（16 cm）。颜色较深，雌雄鸟都具有显著的羽冠，大部分黑色，双翅、尾羽栗红色，腰、尾上覆羽及尾尖黑色。雌鸟为棕色，喉部较浅，胸部颜色最深且具有黑色纵纹，暖皮黄色双翅及羽缘，尾部深棕色。【生态习性】栖息于丘陵开阔地面及矮草地。活动区域均多在地面，活泼易见。冬季于稻田取食。【分布】国外分布于喜马拉雅山脉以及中南半岛北部。国内分布于华中、华南以及西南。

蓝鹀 Slaty Bunting *Latoucheornis siemsseni*

【识别特征】体型偏小区别特征明显的暗色鹀 (13 cm)。雄鸟头部、下体、双翅及尾羽、胸部及侧面深蓝色，白色的腹部、臀部和外侧尾羽。雌鸟为深棕色，冠部、枕部及胸部为暖皮黄色，耳羽和颏部颜色较浅，项背有黑色纵纹，双翅棕黑色边缘为较浅的棕色，形成了两道锈色翅斑以及飞羽的白色边缘。【生态习性】栖息于次生林及灌丛。【分布】我国特有种，见于中部及东南。

黄鹀 Yellowhammer *Emberiza citrinella*

【识别特征】体型略大的鹀 (16 cm)。雄鸟头黄具灰绿色条纹，下体黄，胸侧栗色，两胁纵纹深色，腰棕色，上体斑棕褐色，多数羽缘黄色。雌鸟多具暗色纵纹黄色较少，尾羽羽缘外侧白色。【生态习性】活动于矮丛地带。【分布】国外分布于欧洲至西伯利亚及蒙古北部。国内见于北京、河北、黑龙江及新疆西部。

蓝鹀(雄) │ 朱英 摄

蓝鹀(雌) │ 戴波 摄

黄鹀 │ 朱英 摄

白头鹀（雄）　朱英　摄　　　　白头鹀　宋晔　摄

藏鹀　唐军　摄

白头鹀 Pine Bunting *Emberiza leucocephalos*

【识别特征】体型较大的鹀（17 cm）。繁殖期雄性顶冠纹和耳羽为白色，眉纹、颏部和喉部以及头侧均为栗色。枕部为灰色，项背为棕色而带有黑色条纹，下背部、腰部以及尾上覆羽为棕色，尾羽为深棕色而羽缘白色，下体为棕色，具狭条状的灰白领部和颈部而将栗色的喉部和棕色的胸部分开，腹部和肛部为白色，双翅为深棕色且具棕色条纹。冬季雄鸟较暗淡，上下体均较灰，夏季顶冠有部分残留，颊部斑块仍显著。雌鸟通常为灰棕色，喙具双色，具髭下纹较暗的眉纹与延伸至胸部和侧面的深色喉部条纹之间为灰白色颊部。【生态习性】常出现在开阔的混交林、林缘以及具有乔木的农耕地。【分布】国外分布于欧洲东部、俄罗斯、蒙古、中亚、喜马拉雅山脉、东北亚等地。国内分布于西部及中北部、台湾。

藏鹀 Tibetan Bunting *Emberiza koslowi*

【识别特征】体型略大的鹀（16 cm）。繁殖期雄鸟顶冠及下部为黑色，眉纹、颏部及喉部白色，尾部为棕黄色，腰部为灰色，飞羽黑色，羽缘色浅，下体灰色具黑色项纹，尾下覆羽近白，具白色的横斑。雌鸟及非繁殖期雄鸟似繁殖期雄鸟但色暗且无黑色项纹，背栗色而具黑色纵纹，喉褐色具纵纹，眉线色浅而长。【生态习性】喜林线以上的开阔而荒瘠的高山灌丛、矮小桧树丛、杜鹃林及裸露地面。冬季结小群活动。【分布】我国特有种，分布于青藏高原东部山谷。

淡灰眉岩鹀 Rock Bunting *Emberiza cia*

【识别特征】体型略大的鹀（15～16.5 cm）。头部整体为灰白色，灰色冠纹边缘有黑色的侧冠纹，眼先为黑色，黑色眼后纹延伸至耳羽，下体暖色。【生态习性】喜干燥少植被的农田、沟壑岩山、灌丛及林缘，冬季移至开阔多矮丛的栖息生境。【分布】国外分布于西北非、南欧、中亚、蒙古和喜马拉雅山脉等地区。国内分布于新疆、西藏。

灰眉岩鹀 Godlewski's Bunting *Emberiza godlewskii*

【识别特征】体型略大的鹀（17 cm）。头部整体为灰色，灰色冠纹边缘有栗色的侧冠纹，眼先为黑色，栗色眼后纹延伸至耳羽，髭纹为黑色，上体为棕色且带有黑色条纹，腰部为浅棕黄色，尾羽为深棕色且外沿为白色。雌鸟的头部为灰白色或奶油白色，有灰色的侧冠纹，眼前纹和髭纹为黑色，但栗色眼后纹与雄鸟相比不明显，上体为较淡的棕色。【生态习性】喜干燥少植被的农田、沟壑岩山、灌丛及林缘，冬季移至开阔多矮丛的栖息生境。【分布】国外分布于俄罗斯、蒙古和印度等地区。国内分布于西部和北部。

淡灰眉岩鹀 ｜ 高云飞 摄

灰眉岩鹀 ｜ 董磊 摄

三道眉草鹀（雄） 朱英 摄

三道眉草鹀 Meadow Bunting *Emberiza cioides*

【识别特征】体型略大的鹀（16 cm）。雄鸟有显著的头部花纹，眉纹、颊部及喉部白色，领部、眼先和耳羽、髭纹为黑色，羽冠为深栗色而其侧缘偏黑，上身从头到尾部均为偏暗的皮黄色，其中在背部夹杂有黑色条纹，下背、腰部及尾上覆羽均为淡棕色，尾羽为黑色和皮黄色且边缘带白色，下体上胸部橘棕色，腹部由淡皮黄色渐变为灰白色。雌鸟通常偏灰，比皮黄色更偏沙色，具有较宽的白色眉纹，颏部及喉部为白色，耳羽为棕色。【生态习性】相对常见，栖息于低地或低矮丘陵的开阔林地、灌丛、林缘地带以及农耕地，冬季下至较低的平原地区。【分布】国外分布于西伯利亚、蒙古及东北亚等地。国内除西南外，分布于各省。

栗斑腹鹀 Jankowski's Bunting *Emberiza jankowskii*

【识别特征】体型略大的鹀（16 cm）。雄鸟与三道眉草鹀较像，前额、羽冠及枕部淡栗色，眉纹为白色，耳羽为棕色，髭纹为深棕色，下体灰白色，边缘由浅橘棕色渐变到中间的白色，腹部中央有单独的深棕色斑块，项背为皮黄色带有黑色条纹，下背部、腰部及尾上覆羽为浅皮黄色，尾羽为黑色和皮黄色且边缘带白色，眼先黑色，颊部、颏部及喉部白色，两翅的大、小覆羽都有白色条纹，因此形成了窄但显著的2道翅斑，二级飞羽和三级飞羽上则具有皮黄色。雌鸟头部特征不显著，颜色更为暗淡，背部为沙黄色带有黑色条纹，腹部中央没有斑块，深色髭纹延伸到胸上部位。【生态习性】栖息于低海拔开阔的有草或灌丛的沙地，以及落叶林和草地的交错地带。【分布】国外分布于西伯利亚东南部、蒙古等。国内见于东北、河北、内蒙古。

栗斑腹鹀 王瑞卿 摄

灰颈鹀 | 朱英 摄

圃鹀 | 朱英 摄

灰颈鹀 Gray-necked Bunting *Emberiza buchanani*

【识别特征】体型中等的鹀（15 cm）。头灰色，眼圈色浅，下体近粉色。非繁殖期鸟淡色，顶冠、胸及两胁纵纹黑色。【生态习性】结群混于其他鹀类中。【分布】国外分布于土耳其、伊朗、蒙古西部、巴基斯坦及印度西部。国内见于新疆。

圃鹀 Ortolan Bunting *Emberiza hortulana*

【识别特征】体型略大的鹀（16 cm）。雄鸟头、颈和胸为橄榄灰色，髭下纹、颏部及喉部为黄色，上体棕色且带有深色条纹，下体腹部皮黄色，小覆羽偏黑。雌鸟与雄鸟相比，棕色取代其灰色部分，且具有白赭色的喉、胸及腹部。【生态习性】常栖息于开阔的干燥生境，带有灌木丛的山区及高山草原。【分布】国外分布于西欧及中欧、中亚及蒙古西部。国内见于新疆西部。

红颈苇鹀 Ochre-rumped Bunting *Emberiza yessoensis*

【识别特征】体型略小的鹀（15 cm）。颜色鲜艳。繁殖期雄鸟头部为有光泽的黑色，并延伸到枕部、颈侧。下体、双翅、胸侧、腹侧均为暖皮黄色，项背有黑白纵纹，小覆羽呈蓝灰色，其他翅羽大部分为皮黄色，三级飞羽为黑色。冬季雄鸟头部仍有黑色的残留，有棕橘色的眉纹。雌鸟和冬季雄鸟类似，但有明显的皮黄色颊部以及与灰白的喉部形成对比的细长喉侧纹，下背、腰部及尾上覆羽在两性中均为皮黄色。【生态习性】经常出没于沼泽、具有灌丛和芦苇地的湿地边缘以及有高草的草甸，冬季也出现在附近有水体特别是海岸湿地的开阔农耕地。【分布】国外繁殖于日本及西伯利亚，越冬于日本沿海及朝鲜。国内繁殖于东北沼泽地带，越冬于江苏及福建沿海，迁徙见于辽宁、河北及山东。

红颈苇鹀（雌）　张建国　摄

红颈苇鹀（雄）　张建国　摄

白眉鹀 Tristram's Bunting *Emberiza tristrami*

【识别特征】体型中等的鹀（15 cm）。头具显著条纹。雄鸟的头部和颏部黑色，具有灰白色冠纹、眉纹及颊部，在其耳羽后具有白色斑块，项背灰棕色且带有黑色条纹，下背部、腰部及尾羽由皮黄色渐变为栗色，下体白色，且在胸部和两翅具有大片带有深色条纹的暗皮黄色。雌鸟对比较少，棕灰色取代了头部的黑色，但图纹基本一致，具浅黄色的眉纹和耳羽，颏部和喉部发白且带有黑色侧喉纹。【生态习性】典型出没于混有泰加林的有林区域，特别是在冷杉林下，较羞涩和紧张。常结成小群。【分布】国外分布于西伯利亚远东、朝鲜半岛、缅甸北部到越南北部等地。国内除宁夏、新疆、西藏、青海和海南外，见于各省。

白眉鹀（雌）｜朱英 摄

白眉鹀（雄）｜董磊 摄

栗耳鹀 Chestnut-eared Bunting
Emberiza fucata

【识别特征】体型略大的鹀（16 cm）。栗色耳羽和双重胸纹为其主要识别特征。雄鸟具有灰色的羽冠和枕部，亮栗色的耳羽，具有对比较强的黑色髭纹、白色的颊部、颏部及喉部，黑色的喉侧纹延伸形成黑色的项纹，项背棕灰色且带有黑色条纹，下背部、腰部及尾上覆羽为浅皮黄色，尾羽为棕黑色，下体颏部和喉部为白色且带有白色和栗色的胸纹，腹侧为棕橘色而在腹部渐变为白色，两翅为棕黑色而其羽缘为棕色。雌鸟特征较少，但仍具有栗色耳羽，缺少雄鸟明显的对比，但也有深色的侧喉纹，在胸部及其两侧延伸成深色条纹。【生态习性】常栖息于有灌木的开阔草地生境，包括各等级草甸和湿地的边缘，冬季在开阔的农耕地。【分布】国外分布于西伯利亚东部、东北亚、巴基斯坦、喜马拉雅山脉、印度到马来半岛。国内除新疆、青海外，见于各省。

小鹀 Little Bunting *Emberiza pusilla*

【识别特征】体型较小的鹀（13 cm）。整体干净而紧实，具有显著的栗色头侧，头部带有条纹。雄鸟头部、颊部和眼先的大部分为栗色，侧冠纹、细长的眼后纹以及耳羽边缘为黑色，细长的髭纹及喉侧纹也与其连接，细长的黑色条纹分布在原本净白的胸部及其侧面，上体棕灰色，项背具有黑色条纹，两翅也为棕黑色，覆羽具有白色尖端，从而形成了不明显的翅斑，次级飞羽为皮黄色。雌鸟、第一年雄鸟与成熟雄鸟相似，但侧冠纹较不清楚且栗色头侧也不明显，仍相对较浅。【生态习性】夏季喜欢泰加林和森林—苔原生境类型，冬季及其迁徙季见于矮树、林缘以及具有高草或芦苇的干燥农耕地。【分布】国外繁殖于欧洲北部和亚洲北部，越冬于印度东北部及喜马拉雅山脉周边国家。国内除西藏外，见于各省。

栗耳鹀 董江天 摄

小鹀 郭冬生 摄

小鹀 董磊 摄

黄眉鹀 | 朱英 摄

田鹀 | 朱英 摄

黄眉鹀 Yellow-browed Bunting *Emberiza chrysophrys*

【识别特征】体型略小的鹀（15 cm）。头部有条纹，眉纹前半部黄色，下体白纵纹多，翅斑白，腰更斑驳，尾色较重。【生态习性】活动于林缘及灌丛。【分布】国外繁殖于俄罗斯贝加尔湖以北，越冬于华南。国内见于除西南以外地区。

田鹀 Rustic Bunting *Emberiza rustica*

【识别特征】体型略小的鹀（14.5 cm）。具有明显的冠部和突出的头部图纹。繁殖期雄鸟头部黑色，具有竖立的羽冠，白色的侧冠纹从眼上一直枕部，白色的额部和喉部具有黑色的喉侧纹，上体颈背为栗色，背部为棕色但有黑色条纹，下背和腰部为暗栗色，尾长且具白色羽缘，下体白色，在上胸部有栗色带，胸侧有栗色条纹。冬季雄鸟对比较少，通常头部部位黑色，但在其棕色耳羽周围仍有黑色羽缘。雌鸟与冬季雄鸟相似，耳羽不为深色，覆羽的白色尖端形成了两道狭窄的翅斑。【生态习性】夏季常栖息于泰加林和林缘生境、河流灌丛以及沼泽林带。冬季发现于干燥的低地林地、灌丛、农耕地边缘。【分布】国外分布于欧亚大陆北部的泰加林、中亚、东北亚。国内见于东部、北部各省。

黄喉鹀 Yellow-throated Bunting
Emberiza elegans

【识别特征】体型中等的鹀（15 cm）。繁殖期雄鸟具黑色冠部及短羽冠，从眼先到耳羽及胸部为黑色，头部的其余部位为柠檬黄色，枕部有灰色斑块，项背为浅棕色而带有皮黄色的条纹，腰部棕灰色，尾羽为烟灰色和棕黑色，下体大部分白色而两侧具有栗色条纹，两翅覆羽棕黑色带有白色边缘，飞羽有棕色边缘而其三级飞羽则有较大的棕锈色边缘。冬季雄鸟相似但更暗淡，头部图纹对比较不明显。雌鸟特征不明显，头部和上体无黑色，但仍有显著的淡黄色眉纹、头侧及喉部，颊部无条纹。【生态习性】栖息于开阔的落叶林、城市公园以及具有高草的林地和森林边缘，也出现在低山区的农耕地。【分布】国外分布于东北亚、西伯利亚东部等地区。国内分布于除西北和西南外的地区。

黄喉鹀 | 韦铭 摄

黄喉鹀（雌）| 郭冬生 摄

栗鹀 | 朱英 摄

黄胸鹀 | 高云飞 摄

黄胸鹀 Yellow-breasted Bunting *Emberiza aureola*

【识别特征】体型中等颜色鲜亮的鹀（15 cm）。雄鸟顶冠和颈后栗色，脸和喉多黑色，栗色胸带介于黄色的领环与黄色胸腹部之间，翅角横纹白色。【生态习性】集群活动于稻田、芦苇地及草灌丛。【分布】国外繁殖于欧亚大陆，越冬于喜马拉雅山脉、中南半岛。国内除西藏外，见于各省。

栗鹀 Chestnut Bunting *Emberiza rutila*

【识别特征】体型略小栗色和黄色的鹀（15 cm）。雄鸟头、上体及胸栗色，腹部黄色。非繁殖期雄鸟色较暗，头及胸黄色。雌鸟顶冠、上背、胸及两胁纵纹深色，腰棕色，且无白色翅斑，尾部边缘白色。【生态习性】活动于低矮灌丛的林地。【分布】国外繁殖于西伯利亚，越冬于中南半岛。国内除新疆、西藏、青海、海南外，见于各省。

褐头鹀 | 宋晔 摄

褐头鹀(雌) | 朱英 摄   硫黄鹀(雌) | 朱英 摄

褐头鹀 Brown-headed Bunting *Emberiza bruniceps*

【识别特征】体型略大的鹀（16 cm）。雄鸟在繁殖期具有亮栗色的头部和胸部，上体亮黄色，下体橄榄黄色，腰部黄色，项背和腰部有黑色条纹，两翅黑色且带有白色羽缘。非繁殖期的雄鸟没有明显的栗色头部和胸部，颊部有黄色条纹，栗色中有黄色斑点。雌鸟头部、胸部及上体为淡棕色，侧面和腹部带黄色，臀部亮黄色，而腰部和尾上覆羽黄绿色，两翅黑色却羽缘为浅黄色。【生态习性】常栖息于有灌丛和矮树的开阔草地，偶尔出现在农耕地附近的灌丛和林地边缘。【分布】国外分布于中亚和印度。国内见于阿尔泰山、天山及新疆西部。

硫黄鹀 Yellow Bunting *Emberiza sulphurata*

【识别特征】体型略小的鹀（14 cm）。头近绿色，眼先和额近黑色，眼圈白色，两胁纵纹黑色。雌鸟下体有纵纹。【生态习性】活动于山麓林地。【分布】国外分布于日本及菲律宾。国内见于东南部和台湾。

灰头鹀 Black-faced Bunting *Emberiza spodocephala*

【识别特征】体型较小的鹀（14 cm）。有两道翅斑，尾羽有白色羽缘。雄鸟的头部及胸部深绿灰色或灰橄榄色，眼先及颏黑色，上体深棕色且带有黑色和灰色的条纹，腰部浅棕色，尾部较黑且带有白色羽缘，两翅黑色，所有覆羽都有棕黑色羽缘，下体腹部灰黄色，两侧偏棕且具有纵纹。雌鸟没有黑色的眼先、颏部以及深色的颊部，而具有较淡的棕灰色眉纹，颊部较暗，而髭纹和喉侧纹较深，胸部为橄榄棕色带有条纹，余下部分为灰白色。【生态习性】通常出没于混交林，但夏季最常出现在阔叶林，低地、河谷以及中海拔森林，冬季分布于森林和林地边缘、灌丛、公园、花园以及农耕地。【分布】国外繁殖于西伯利亚和东北亚，越冬于尼泊尔、印度、缅甸。国内除新疆、西藏外，见于各省。

灰头鹀（雌）　朱英　摄

灰头鹀（雄）　朱英　摄

苇鹀 ｜ 薄顺奇 摄

苇鹀 Pallas's Bunting *Emberiza pallasi*

【识别特征】体型较小的鹀（14 cm）。与其他鹀类相比更小、更灰。繁殖期雄鸟头部是有光泽的黑色，而其颈部为白色，枕部、颈侧及下体为没有纵纹的干净白色，上体为浅黄棕色而带有对比强烈的黑色纵纹，下背部、腰部及尾上覆羽为沙色或浅皮色，长尾为黑灰色且带有白色羽缘，两翅的小覆羽浅蓝灰色，而其他部位的羽毛具有沙色羽缘。冬季雄鸟没有黑色头部，但具有显著的淡黄色眉纹和颊部，以及较深的喉侧纹，下体淡皮黄色，但仍无纵纹。雌鸟与冬季雄鸟相似，但有细长区别显著的喉侧纹及更白的下体，具有不显著的暗色纵纹。【生态习性】常栖息于沿河流的灌丛以及苔原，也栖息于周围沼泽、湿地边缘、芦苇地以及干草地，冬季主要栖息于有灌丛、草丛及芦苇的干燥农耕地。【分布】国外分布于俄罗斯及西伯利亚、蒙古北部、东北亚等地区。国内见于除西南以外的地区。

芦鹀 | 王晓刚 摄

芦鹀 | 朱英 摄

芦鹀 Reed Bunting *Emberiza schoeniclus*

【识别特征】体型略小的鹀（15 cm）。具有较长的尾部。雄鸟在繁殖季从头部到胸部均为有光泽的黑色，但其颈部为白色，枕部、颈侧及下体为白色，有时侧面灰白，上体的项背、背部以及肩部为浅皮黄色且有深色纵纹，但下背部、腰部及尾上覆羽为烟灰棕色，尾长且外缘为白色羽毛。冬季雄鸟较暗，没有黑色的头部，但有较淡的冠纹，浅棕灰色眉纹，棕色眼先、冠部及耳羽，黑色的喉侧纹形成明显的颈部斑纹并与侧面的细纵纹融合。通常尾下覆羽部颜色较灰。雌鸟与冬季雄鸟类似，但喉侧纹更不明显，而眉纹延伸到喙基部。【生态习性】常栖息于湿地边缘、芦苇地、灌丛以及高草生境、各种草甸以及河流区域的草地，冬季生境类似，但也出现在有灌丛、草丛及芦苇的干燥农耕地。【分布】国外分布于欧亚大陆、非洲。国内除西南部外，分布于各省。

泰鹀 董江天 摄

泰鹀 Corn Bunting *Emberiza calandra*

【识别特征】体型较大全身具纵纹的灰褐色鹀 (19 cm)。雄雌同色，敦实，喙厚。上体灰褐色具黑色纵纹，下体皮黄色具纵纹，无浅色翅后缘。【生态习性】结群活动，飞行沉重，雄鸟多为多配型。【分布】国外分布于地中海、古北界西部、乌克兰及里海。国内见于新疆西部。

铁爪鹀 Lapland Longspur *Calcarius lapponicus*

【识别特征】体型中等矮实的鹀 (16 cm)。头大，尾短，后趾和爪长。繁殖期雄鸟脸及胸黑色。雌鸟颈背和覆羽边缘棕色，侧冠纹近黑，眉线色浅。【生态习性】常结群活动于地面。【分布】国外分布于北极区域。国内除西南地区外，见于各省。

铁爪鹀 董江天 摄

主要参考文献
REFERENCES

[1] 付桐生，陈鹏，金岚.吉林省动物地理区划[J].东北师范大学学报：自然科学版，1981，3:91-101.

[2] 高玮.中国东北地区鸟类及其生态学研究[M].北京：科学出版社，2006.

[3] 高行宜，谷景和，付春利，等.新疆阿尔泰山地鸟类区系与动物地理区划问题[J].高原生物学集刊，1987，6:97-102.

[4] 雷富民，卢汰春.中国鸟类特有种[M].北京：科学出版社，2006.

[5] 李桂垣.四川资源动物志·第3卷·鸟类[M].成都：四川科学技术出版社，1985.

[6] 刘小如，等.台湾鸟类志（上、中、下）[M].台北：台湾"行政院"农业委员会林务局，2010.

[7] 吴至康，贵州鸟类志[M].贵阳：贵州人民出版社，1986.

[8] 徐龙辉，刘振河，余斯绵.海南岛的鸟兽[M].北京：科学出版社，1983.

[9] 杨贵生，邢莲莲.内蒙古脊椎动物名录及分布[M].呼和浩特：内蒙古大学出版社，1998.

[10] 杨岚.云南鸟类志 非雀形目[M].昆明：云南科技出版社，1995.

[11] 杨岚，杨晓君.云南鸟类志 雀形目[M].昆明：云南科技出版社，2004.

[12] 约翰·马敬能，卡伦·菲利普斯，何芬奇.中国鸟类野外手册[M].长沙：湖南教育出版社，2000.

[13] 张荣祖.中国自然地理——动物地理[M].北京：科学出版社，1979.

[14] 张荣祖.《中国动物地理区划》的再修改[J].动物分类学报，1998，23（增刊）：159-173.

[15] 张荣祖，郑作新.论动物地理区划的原则和方法[J].地理，1961，6:268-271.

[16] 张荣祖.中国动物地理[M].北京：科学出版社，2004.

[17] 张荣祖.中国动物地理[M].北京：科学出版社，2011.

[18] 赵正阶.中国鸟类手册：非雀形目（上册）[M].长春：吉林科学技术出版社，1995.

[19] 赵正阶.中国鸟类志：雀形目（下册）[M].2版.长春：吉林科学技术出版社，2001.

[20] 郑光美.鸟类学[M].2版.北京：北京师范大学出版社，2012.

[21] 郑光美.世界鸟类分类与分布名录[M].北京：科学出版社，2002.

[22] 郑光美.中国鸟类分类与分布名录[M].2版.北京：科学出版社，2011.

[23] 郑作新，李德浩，王祖祥，等.西藏鸟类志[M].北京：科学出版社，1983.

[24] 郑作新，钱燕文，谭耀匡.秦岭鸟类志[M].北京：科学出版社，1973.

[25] 郑作新.中国鸟类种和亚种分类目录大全[M].2版.北京：科学出版社，2000.

[26] 郑作新.中国鸟类系统检索表[M].3版.北京：科学出版社，2002.

[27] 郑作新.中国动物志 鸟纲（第四卷）：鸡形目[M].北京：科学出版社，1978.

[28] Cheng Tso-hsin. A Symposis of the Avifauna of China [M]. Beijing: Science Press, 1987.

[29] Holt BG, Lessard JP, Borregaard MK, Fritz SA et al. An Update of Wallace's Zoogeographic Regions of the World [J]. Science, 2013, Vol. 339 (6115): 74-78.

[30] Josep Del Hoyo, Andrew Elliott, Jordi Sargatal. Handbook of the Birds of the World. Volum1-16 [M]. Barcelona：Lynx Ediciones, 1992-2011.

[31] Mark Brazil.Birds of East Asia [M]. Princeton University Press, 2009.

[32] Raffael Aye, Manuel Schweizer,Tobias Roth.Birds of Central Asia [M]. London: Christopher Helm, 2012.

[33] Richard Grimmett，Carol Inskipp,Tim Inskipp.Birds of the Indian Subcontinent [M]. Oxford university press, 2011.

[34] Wallace AR. The Geographical Distribution of Animals. Vol 2 [M]. London: Macmillan, 1876.

中文索引
INDEX OF THE CHINESE NAME

英文索引
INDEX OF THE ENGLISH NAME

学名索引

INDEX OF THE SCIENTIFIC NAME

中国鸟类生态大图鉴
CHINESE BIRDS ILLUSTRATED

好奇心重点书

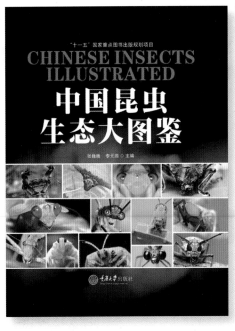

中国昆虫生态大图鉴　张巍巍　李元胜

常见园林植物识别图鉴　吴棣飞　尤志勉

常见兰花400种识别图鉴　吴棣飞　叶德平　陈亮俊

中国湿地植物图鉴　王辰　　王英伟

昆虫家谱　张巍巍

昆虫之美　李元胜

中国最美野花200　吴健梅

野外识别手册

常见植物野外识别手册　刘全儒　王辰

常见昆虫野外识别手册　张巍巍

常见鸟类野外识别手册　郭冬生

常见蝴蝶野外识别手册　黄灏　张巍巍

常见蘑菇野外识别手册　肖波　范宇光

常见蜘蛛野外识别手册　张志升

常见南方野花识别手册　江珊

自然观察手册

云与大气现象　张超　王燕平　王辰

天体与天象　朱江

中国常见古生物化石　唐永刚　邢立达

矿物与宝石　朱江

岩石与地貌　朱江